중학 연산의 빅데이터

빅터 연산

중학 연산의 **빅데이터**

빅터 연산

3-A

3-B

구성과 특징

STRUCTURE

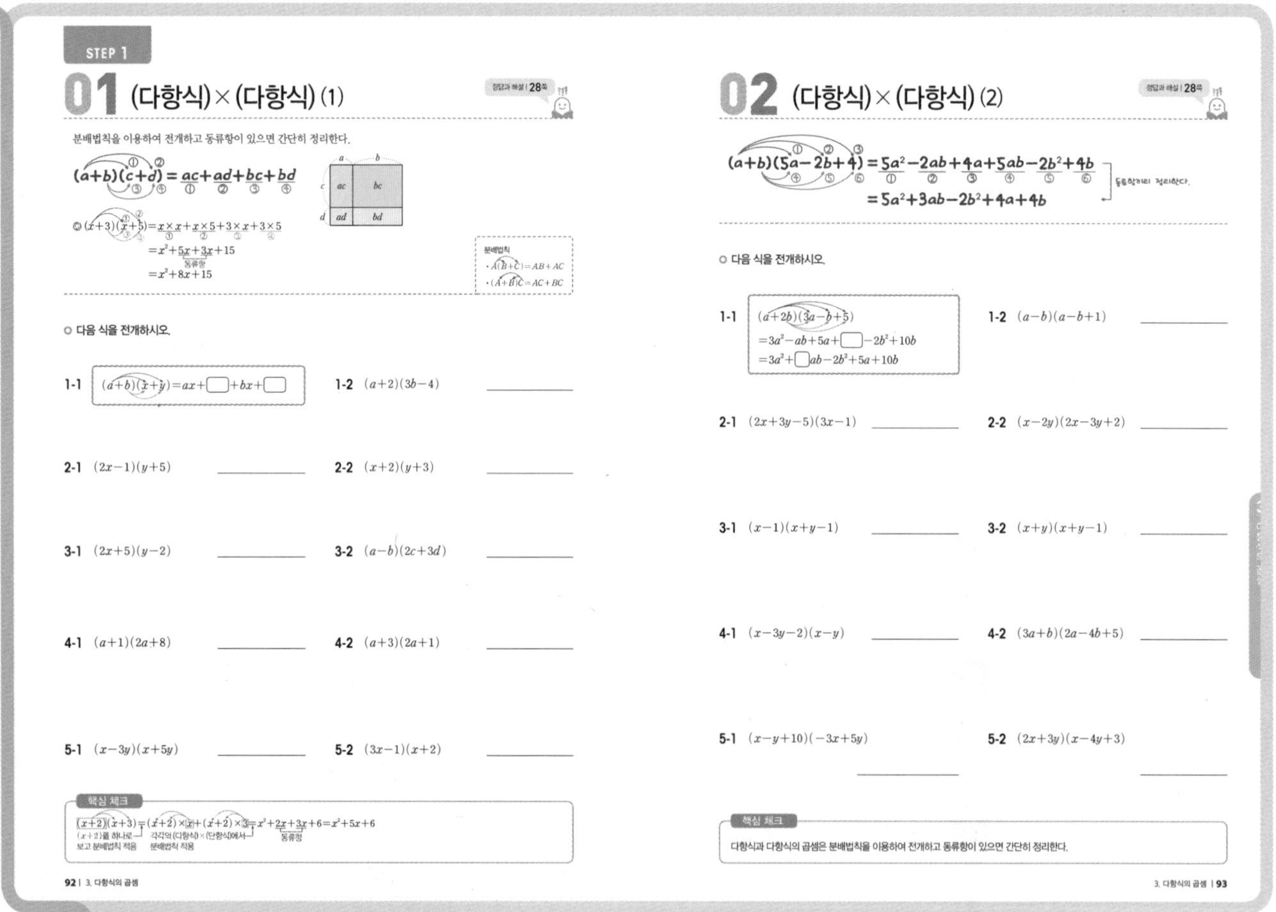
STEP 1

01 (다항식)×(다항식) (1)

정답과 해설 | 28쪽

분배법칙을 이용하여 전개하고 동류항이 있으면 간단히 정리한다.

$(a+b)(c+d)=ac+ad+bc+bd$

예 $(x+3)(x+5)=x\times x+x\times 5+3\times x+3\times 5$
$=x^2+5x+3x+15$
$=x^2+8x+15$

분배법칙
· $A(B+C)=AB+AC$
· $(A+B)C=AC+BC$

○ 다음 식을 전개하시오.

1-1 $(a+b)(x+y)=ax+\square+bx+\square$
1-2 $(a+2)(3b-4)$
2-1 $(2x-1)(y+5)$
2-2 $(x+2)(y+3)$
3-1 $(2x+5)(y-2)$
3-2 $(a-b)(2c+3d)$
4-1 $(a+1)(2a+8)$
4-2 $(a+3)(2a+1)$
5-1 $(x-3y)(x+5y)$
5-2 $(3x-1)(x+2)$

핵심 체크

$(x+2)(x+3)=(x+2)\times x+(x+2)\times 3=x^2+2x+3x+6=x^2+5x+6$
$(x+2)$를 하나로 보고 분배법칙 적용 / 각각의 (다항식)×(단항식)에서 분배법칙 적용 / 동류항

92 | 3. 다항식의 곱셈

02 (다항식)×(다항식) (2)

정답과 해설 | 28쪽

$(a+b)(5a-2b+4)=5a^2-2ab+4a+5ab-2b^2+4b$
$=5a^2+3ab-2b^2+4a+4b$
동류항끼리 정리한다.

○ 다음 식을 전개하시오.

1-1 $(a+2b)(3a-b+5)$
$=3a^2-ab+5a+\square-2b^2+10b$
$=3a^2+\square ab-2b^2+5a+10b$
1-2 $(a-b)(a-b+1)$
2-1 $(2x+3y-5)(3x-1)$
2-2 $(x-2y)(2x-3y+2)$
3-1 $(x-1)(x+y-1)$
3-2 $(x+y)(x+y-1)$
4-1 $(x-3y-2)(x-y)$
4-2 $(3a+b)(2a-4b+5)$
5-1 $(x-y+10)(-3x+5y)$
5-2 $(2x+3y)(x-4y+3)$

핵심 체크

다항식과 다항식의 곱셈은 분배법칙을 이용하여 전개하고 동류항이 있으면 간단히 정리한다.

3. 다항식의 곱셈 | 93

STEP 1 개념 정리 & 연산 반복 학습

주제별로 반드시 알아야 할 기본 개념과 원리가 자세히 설명되어 있습니다.
연산의 원리를 쉽고 재미있게 이해하도록 하였습니다.
가장 기본적인 문제를 반복적으로 풀어 개념을 확실하게 이해하도록 하였습니다.
핵심 체크 코너에서 개념을 다시 한번 되짚어 주고 틀리기 쉬운 예를 제시하였습니다.

QR 코드 사용 방법

1. 스마트폰의 앱설치 프로그램에서 'QR' 또는 '큐알'을 검색하여 앱을 설치한다.
2. 설치한 앱을 실행한 후 표지나 오른쪽에 있는 QR를 찍는다.

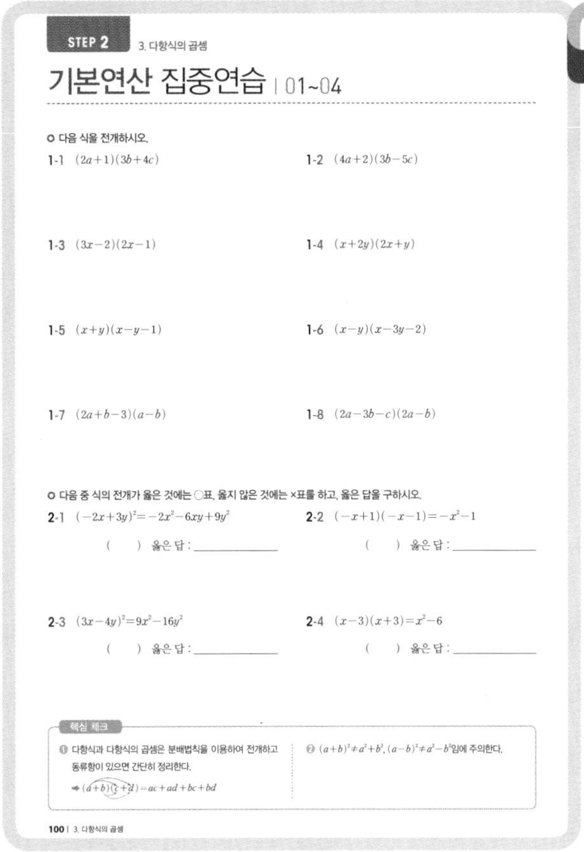

STEP 2 3. 다항식의 곱셈

기본연산 집중연습 | 01~04

○ 다음 식을 전개하시오.

1-1 $(2a+1)(3b+4c)$

1-2 $(4a+2)(3b-5c)$

1-3 $(3x-2)(2x-1)$

1-4 $(x+2y)(2x+y)$

1-5 $(x+y)(x-y-1)$

1-6 $(x-y)(x-3y-2)$

1-7 $(2a+b-3)(a-b)$

1-8 $(2a-3b-c)(2a-b)$

○ 다음 중 식의 전개가 옳은 것에는 ○표, 옳지 않은 것에는 ×표를 하고, 옳은 답을 구하시오.

2-1 $(-2x+3y)^2=-2x^2-6xy+9y^2$
( ) 옳은 답 : ______

2-2 $(-x+1)(-x-1)=-x^2-1$
( ) 옳은 답 : ______

2-3 $(3x-4y)^2=9x^2-16y^2$
( ) 옳은 답 : ______

2-4 $(x-3)(x+3)=x^2-6$
( ) 옳은 답 : ______

핵심 체크

❶ 다항식과 다항식의 곱셈은 분배법칙을 이용하여 전개하고 동류항이 있으면 간단히 정리한다.
➡ $(a+b)(c+d)=ac+ad+bc+bd$

❷ $(a+b)^2 \neq a^2+b^2$, $(a-b)^2 \neq a^2-b^2$임에 주의한다.

100 | 3. 다항식의 곱셈

STEP 2 기본연산 집중연습

다양한 형태의 문제로 쉽고 재미있게 연산을 학습하면서 실력을 쌓을 수 있도록 구성하였습니다.

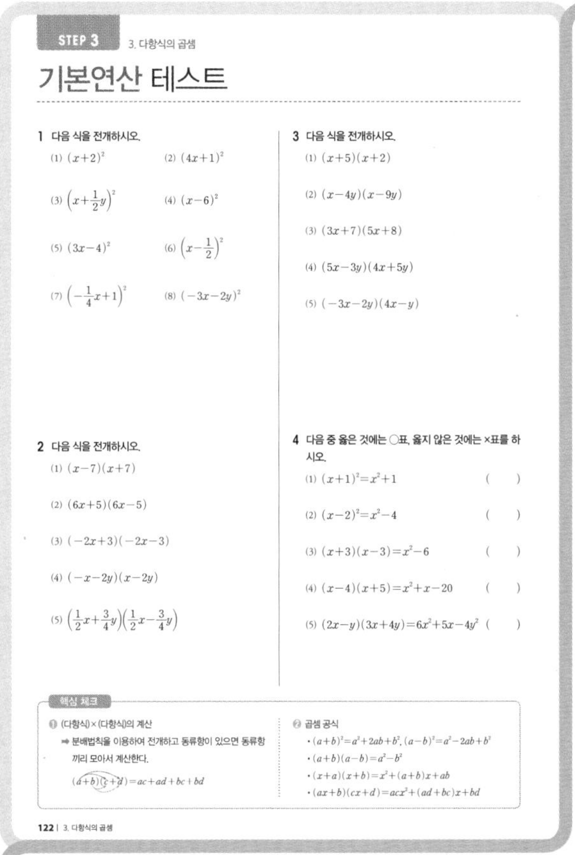

STEP 3 3. 다항식의 곱셈

기본연산 테스트

1 다음 식을 전개하시오.

(1) $(x+2)^2$ (2) $(4x+1)^2$

(3) $\left(x+\frac{1}{2}y\right)^2$ (4) $(x-6)^2$

(5) $(3x-4)^2$ (6) $\left(x-\frac{1}{2}\right)^2$

(7) $\left(-\frac{1}{4}x+1\right)^2$ (8) $(-3x-2y)^2$

2 다음 식을 전개하시오.

(1) $(x-7)(x+7)$

(2) $(6x+5)(6x-5)$

(3) $(-2x+3)(-2x-3)$

(4) $(-x-2y)(x-2y)$

(5) $\left(\frac{1}{2}x+\frac{3}{4}y\right)\left(\frac{1}{2}x-\frac{3}{4}y\right)$

3 다음 식을 전개하시오.

(1) $(x+5)(x+2)$

(2) $(x-4y)(x-9y)$

(3) $(3x+7)(5x+8)$

(4) $(5x-3y)(4x+5y)$

(5) $(-3x-2y)(4x-y)$

4 다음 중 옳은 것에는 ○표, 옳지 않은 것에는 ×표를 하시오.

(1) $(x+1)^2=x^2+1$ ( )

(2) $(x-2)^2=x^2-4$ ( )

(3) $(x+3)(x-3)=x^2-6$ ( )

(4) $(x-4)(x+5)=x^2+x-20$ ( )

(5) $(2x-y)(3x+4y)=6x^2+5x-4y^2$ ( )

핵심 체크

❶ (다항식)×(다항식)의 계산
➡ 분배법칙을 이용하여 전개하고 동류항이 있으면 동류항끼리 모아서 계산한다.
$(a+b)(c+d)=ac+ad+bc+bd$

❷ 곱셈 공식
• $(a+b)^2=a^2+2ab+b^2$, $(a-b)^2=a^2-2ab+b^2$
• $(a+b)(a-b)=a^2-b^2$
• $(x+a)(x+b)=x^2+(a+b)x+ab$
• $(ax+b)(cx+d)=acx^2+(ad+bc)x+bd$

122 | 3. 다항식의 곱셈

STEP 3 기본연산 테스트

중단원별로 실력을 테스트할 수 있도록 구성하였습니다.

| 빅터 연산 **공부 계획표** |

	주제	쪽수	학습한 날짜
STEP 1	**01** 제곱근	6쪽 ~ 7쪽	월 일
	02 제곱근 나타내기 (1)	8쪽	월 일
	03 제곱근 나타내기 (2)	9쪽 ~ 10쪽	월 일
	04 a의 제곱근과 제곱근 a	11쪽	월 일
STEP 2	기본연산 집중연습	12쪽 ~ 13쪽	월 일
STEP 1	**05** 제곱근의 성질 (1)	14쪽 ~ 15쪽	월 일
	06 제곱근의 성질 (2)	16쪽 ~ 17쪽	월 일
	07 제곱근의 성질을 이용한 덧셈, 뺄셈	18쪽	월 일
	08 제곱근의 성질을 이용한 곱셈, 나눗셈	19쪽	월 일
	09 제곱근의 성질을 이용한 사칙 계산	20쪽 ~ 21쪽	월 일
STEP 2	기본연산 집중연습	22쪽 ~ 23쪽	월 일
STEP 1	**10** $\sqrt{A^2}$의 성질 (1)	24쪽 ~ 25쪽	월 일
	11 $\sqrt{A^2}$의 성질 (2)	26쪽 ~ 27쪽	월 일
	12 제곱근의 대소 관계 (1)	28쪽	월 일
	13 제곱근의 대소 관계 (2)	29쪽 ~ 30쪽	월 일
	14 제곱근을 포함한 부등식	31쪽	월 일
STEP 2	기본연산 집중연습	32쪽 ~ 33쪽	월 일
STEP 1	**15** 유리수와 무리수	34쪽 ~ 35쪽	월 일
	16 제곱근표를 보고 제곱근의 값 구하기	36쪽	월 일
	17 무리수를 수직선 위에 나타내기	37쪽 ~ 39쪽	월 일
	18 두 실수의 대소 관계	40쪽 ~ 41쪽	월 일
STEP 2	기본연산 집중연습	42쪽 ~ 43쪽	월 일
STEP 3	기본연산 테스트	44쪽 ~ 45쪽	월 일

1

제곱근과 실수

고대 그리스의 피타고라스의 학파는 '길이를 나타내는 수는 모두 유리수이며 유리수가 아닌 수는 존재하지 않는다.'라고 생각하였다.

그러나 이후 한 변의 길이가 1인 정사각형의 대각선의 길이를 나타내는 수가 유리수가 아님을 알게 되었고, 이 새로운 수의 존재를 비밀로 부쳤다.

이 새로운 수가 무리수 $\sqrt{2}$이다.

STEP 1

01 제곱근

❶ 제곱근 : 어떤 수 x를 제곱하여 $a(a \geq 0)$가 될 때, x를 a의 제곱근이라 한다.

즉 $x^2=a(a \geq 0)$일 때, x는 a의 제곱근이다.

❷ 제곱근 구하기 : 4의 제곱근 ➡ 제곱하여 4가 되는 수

➡ $x^2=4$를 만족하는 x의 값

➡ $2, -2$

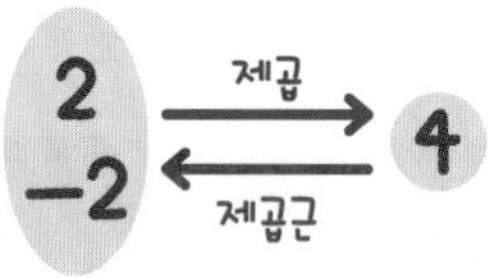

참고 양수의 제곱근은 양수와 음수 2개가 있고, 이 두 수의 절댓값은 같다.

○ 제곱하여 다음 수가 되는 수를 모두 구하시오.

1-1 25

➡ $5^2=25$, $(\square)^2=25$ 이므로 제곱하여 25가 되는 수는 5, $\square$

1-2 9 ______

1-3 1 ______

2-1 49 ______

2-2 0 ______

2-3 16 ______

3-1 $\frac{1}{4}$ ______

3-2 $\frac{1}{25}$ ______

3-3 $\frac{4}{9}$ ______

4-1 0.01 ______

4-2 0.04 ______

4-3 0.49 ______

핵심 체크

- 제곱하여 a $(a \geq 0)$가 되는 수는 $x^2=a$를 만족하는 x의 값을 찾으면 된다.
- 양수의 제곱근은 양수와 음수 2개가 있다.
- 0의 제곱근은 0 하나뿐이고, 음수의 제곱근은 생각하지 않는다.

○ 다음 수의 제곱근을 구하시오.

5-1 64
➡ $8^2=64$, $(\square)^2=64$
이므로 64의 제곱근은
8, $\square$

5-2 81 ________

5-3 144 ________

6-1 $\frac{1}{100}$ ________

6-2 $\frac{16}{25}$ ________

6-3 0.36 ________

7-1 $(-6)^2$
➡ $(-6)^2=36$이므로 36
의 제곱근은 $\square$, $\square$

7-2 8^2 ________

7-3 $\left(-\frac{1}{3}\right)^2$ ________

○ 다음 식을 만족하는 x의 값을 모두 구하시오.

8-1 $x^2=0$ ________

8-2 $x^2=121$ ________

8-3 $x^2=169$ ________

9-1 $x^2=(-4)^2$ ________

9-2 $x^2=\frac{9}{16}$ ________

9-3 $x^2=0.64$ ________

핵심 체크

a의 제곱근 (단, $a\geq0$) ➡ 제곱하여 a가 되는 수 ➡ $x^2=a$를 만족하는 x의 값

02 제곱근 나타내기 (1)

정답과 해설 | 2쪽

❶ 제곱근은 기호 $\sqrt{\ }$ (근호, 루트)를 사용하여 나타낸다.

➡ $\sqrt{3}$을 '제곱근 3' 또는 '루트 3'이라고 읽는다.

❷ 양수 a의 제곱근 ➡ [양의 제곱근 : $\sqrt{a}$, 음의 제곱근 : $-\sqrt{a}$] ➡ $\pm\sqrt{a}$ ('플러스 마이너스 루트 a'라고 읽는다.)

(한꺼번에 '$\pm$'로 쓰기도 한다.)

예 2의 제곱근 ➡ [양의 제곱근 : $\sqrt{2}$, 음의 제곱근 : $-\sqrt{2}$] ➡ $\pm\sqrt{2}$

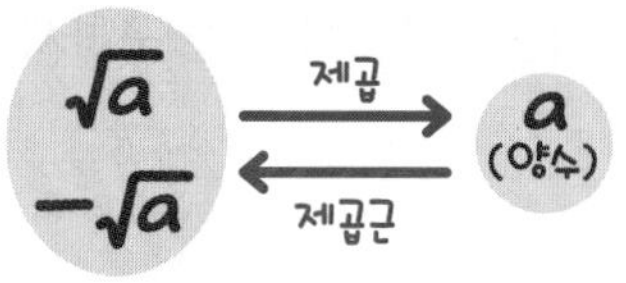

○ 다음 수의 제곱근을 근호를 사용하여 나타내시오.

1-1 3 ➡ $\sqrt{3}$, $\square$

1-2 7 ________

1-3 10 ________

2-1 13 ________

2-2 15 ________

2-3 21 ________

3-1 $\frac{2}{3}$ ➡ $\square$, $-\sqrt{\frac{2}{3}}$

3-2 $\frac{1}{2}$ ________

3-3 $\frac{5}{7}$ ________

4-1 0.5 ➡ $\sqrt{0.5}$, $\square$

4-2 1.1 ________

4-3 0.65 ________

핵심 체크

- 기호 $\sqrt{\ }$ 를 근호라 하고 $\sqrt{a}$를 '제곱근 a' 또는 '루트 a'라고 읽는다.
- 양수 a의 제곱근은 2개가 있고, 양수인 것을 양의 제곱근($\sqrt{a}$), 음수인 것을 음의 제곱근($-\sqrt{a}$)이라 한다.

03 제곱근 나타내기 (2)

정답과 해설 | 2쪽

근호 안의 수가 어떤 수의 제곱이면 근호를 벗길 수 있다.

예 9의 제곱근을 근호를 사용하여 나타내면 $\pm\sqrt{9}$
$3^2=9$, $(-3)^2=9$이므로 9의 제곱근은 ±3 ➡ $\pm\sqrt{9}=\pm3$

$\pm\sqrt{▲^2}=\pm▲$ (단, ▲>0)

○ 다음 수를 근호를 사용하지 않고 나타내시오.

1-1 $\sqrt{4}=$(□의 양의 제곱근)$=$□

1-2 $\sqrt{16}$ ________

2-1 $\sqrt{\frac{1}{16}}$ ________

2-2 $\sqrt{\frac{25}{9}}$ ________

3-1 $-\sqrt{9}=$(□의 음의 제곱근)$=$□

3-2 $-\sqrt{25}$ ________

4-1 $-\sqrt{\frac{1}{100}}$ ________

4-2 $-\sqrt{0.09}$ ________

5-1 $\pm\sqrt{49}=$(□의 제곱근)$=$□

5-2 $\pm\sqrt{121}$ ________

6-1 $\pm\sqrt{\frac{64}{81}}$ ________

6-2 $\pm\sqrt{0.36}$ ________

핵심 체크

$\sqrt{(\text{유리수})^2}$ 꼴이면 근호를 사용하지 않고 나타낼 수 있다.

03 제곱근 나타내기 (2)

○ 다음 수의 제곱근을 구하시오.

7-1 $\sqrt{9}$ ➡ $\sqrt{9}=3$이므로
3의 제곱근은 ☐, $-\sqrt{3}$

7-2 $\sqrt{25}$ ________

8-1 $\sqrt{81}$ ________

8-2 $\sqrt{100}$ ________

9-1 $\sqrt{121}$ ________

9-2 $\sqrt{196}$ ________

10-1 $\sqrt{\frac{4}{49}}$ ________

10-2 $\sqrt{\frac{16}{81}}$ ________

11-1 $\sqrt{\frac{25}{169}}$ ________

11-2 $\sqrt{0.36}$ ________

핵심 체크

근호를 사용하여 나타낸 수의 제곱근을 구할 때는 반드시 근호를 사용하지 않은 수로 나타낸 후 제곱근을 구해야 한다.

예 $\sqrt{16}$의 제곱근 ➡ 4, -4 (×), $\sqrt{16}$의 제곱근 ➡ $\sqrt{16}=4$이므로 4의 제곱근은 2, -2 (○)

04 a의 제곱근과 제곱근 a

정답과 해설 | 2쪽

❶ a의 제곱근 (단, $a>0$) ➡ $\pm\sqrt{a}$
└ a의 모든 제곱근

5의 제곱근

5의 제곱근 ➡ 제곱하여 5가 되는 수
➡ $\sqrt{5}$, $-\sqrt{5}$
$\pm\sqrt{5}$

❷ 제곱근 a ➡ $\sqrt{a}$
제곱근 → $\sqrt{\ }$, a → a
└ a의 양의 제곱근

제곱근 5

제곱근 5 ➡ 5의 양의 제곱근
➡ $\sqrt{5}$

○ 다음을 구하시오.

1-1
- 3의 제곱근 ➡ $\pm\sqrt{3}$
- 제곱근 3 ➡ 3의 ☐의 제곱근 : ☐

1-2
- 7의 제곱근 ______
- 제곱근 7 ______

2-1
- 13의 제곱근 ______
- 제곱근 13 ______

2-2
- 21의 제곱근 ______
- 제곱근 21 ______

3-1
- 9의 제곱근 ➡ $\pm\sqrt{9}=\pm$☐
- 제곱근 9 ➡ $\sqrt{9}=3$

3-2
- 16의 제곱근 ______
- 제곱근 16 ______

4-1
- 100의 제곱근 ______
- 제곱근 100 ______

4-2
- 144의 제곱근 ______
- 제곱근 144 ______

핵심 체크

a의 제곱근과 제곱근 a의 비교 (단, $a>0$) ➡
- a의 제곱근 ➡ $\pm\sqrt{a}$
- 제곱근 a ➡ $\sqrt{a}$

기본연산 집중연습 | 01~04

○ 다음을 구하시오.

1-1 6의 제곱근

1-2 6의 양의 제곱근

1-3 제곱근 6

1-4 제곱근 10

1-5 15의 제곱근

1-6 $x^2=11$을 만족하는 모든 x의 값

1-7 11의 음의 제곱근

1-8 1의 제곱근

1-9 16의 음의 제곱근

1-10 제곱근 49

1-11 $(-5)^2$의 양의 제곱근

1-12 $\left(-\frac{1}{8}\right)^2$의 음의 제곱근

1-13 $\sqrt{81}$의 제곱근

1-14 $\sqrt{121}$의 음의 제곱근

1-15 $\sqrt{1.44}$의 음의 제곱근

1-16 $\sqrt{\frac{25}{169}}$의 제곱근

핵심 체크

❶ 양수 a의 제곱근 ➡ 양의 제곱근 : $\sqrt{a}$ / 음의 제곱근 : $-\sqrt{a}$

❷ 제곱근 $a(a>0)$ ➡ $\sqrt{a}$

○ 다음 설명 중 옳은 것에는 ○표, 옳지 않은 것에는 ×표를 하시오.

2-1 제곱근 8은 $\pm\sqrt{8}$이다. 대

2-2 11의 제곱근은 $\pm\sqrt{11}$이다. 십

2-3 4의 제곱근은 ±2이다. 벌

2-4 $\sqrt{16}$의 제곱근은 ±4이다. 수

2-5 12의 제곱근은 ±6이다. 불

2-6 제곱근 0은 0이다. 지

2-7 -3은 3의 음의 제곱근이다. 기

2-8 5의 제곱근은 $-\sqrt{5}$이다. 석

2-9 $\sqrt{5}$는 5의 양의 제곱근이다. 목

2-10 모든 수의 제곱근은 2개이다. 성

○표 한 곳의 글자를 빈칸에 순서대로 써넣어 사자성어를 완성해 보세요.

어려운 일이라도 끊임없이 노력하면 이룰 수 있다는 뜻이에요.

핵심 체크

❸ 제곱근의 개수
- 양수 a의 제곱근 ➡ $\sqrt{a}$, $-\sqrt{a}$로 2개
- 0의 제곱근 ➡ 0으로 1개
- 음의 제곱근 ➡ 생각하지 않는다.

STEP 1

05 제곱근의 성질 (1)

$a>0$일 때, a의 제곱근 $\sqrt{a}$와 $-\sqrt{a}$를 제곱하면 a가 된다.

$(\sqrt{a})^2=a$, $(-\sqrt{a})^2=a$

○ 다음 값을 구하시오.

1-1 $(\sqrt{2})^2$

➡ $\sqrt{2}$는 ☐의 양의 제곱근이므로

$(\sqrt{2})^2=$ ☐

1-2 $(\sqrt{7})^2$ ________

1-3 $(\sqrt{9})^2$ ________

2-1 $\left(\sqrt{\frac{1}{2}}\right)^2$ ________

2-2 $\left(\sqrt{\frac{2}{3}}\right)^2$ ________

2-3 $(\sqrt{0.1})^2$ ________

3-1 $(-\sqrt{2})^2$

➡ $-\sqrt{2}$는 ☐의 음의 제곱근이므로

$(-\sqrt{2})^2=$ ☐

3-2 $(-\sqrt{5})^2$ ________

3-3 $(-\sqrt{10})^2$ ________

4-1 $\left(-\sqrt{\frac{1}{3}}\right)^2$ ________

4-2 $\left(-\sqrt{\frac{3}{5}}\right)^2$ ________

4-3 $(-\sqrt{0.3})^2$ ________

핵심 체크

$a(a>0)$의 양의 제곱근 $\sqrt{a}$와 음의 제곱근 $-\sqrt{a}$를 제곱하면 a가 된다.

➡ $(\sqrt{a})^2=a$, $(-\sqrt{a})^2=a$

○ 다음 값을 구하시오.

5-1 $-(\sqrt{3})^2$
➡ $(\sqrt{3})^2=$ ☐ 이므로
$-(\sqrt{3})^2=$ ☐

5-2 $-(\sqrt{7})^2$ ________

5-3 $-(\sqrt{9})^2$ ________

6-1 $-(\sqrt{17})^2$ ________

6-2 $-\left(\sqrt{\frac{1}{2}}\right)^2$ ________

6-3 $-(\sqrt{1.5})^2$ ________

7-1 $-(-\sqrt{3})^2$
➡ $(-\sqrt{3})^2=$ ☐ 이므로
$-(-\sqrt{3})^2=$ ☐

7-2 $-(-\sqrt{5})^2$ ________

7-3 $-(-\sqrt{10})^2$ ________

8-1 $-(-\sqrt{12})^2$ ________

8-2 $-\left(-\sqrt{\frac{5}{6}}\right)^2$ ________

8-3 $-(-\sqrt{1.3})^2$ ________

핵심 체크

- 음의 부호(−)가 제곱 안에 있으면 양수가 된다. 예 $(-\sqrt{3})^2=3$
- 음의 부호(−)가 제곱 밖에 있으면 음수가 된다. 예 $-(\sqrt{3})^2=-3$, $-(-\sqrt{3})^2=-3$

06 제곱근의 성질 (2)

$a>0$일 때, 근호 안의 수가 어떤 수의 제곱이면 근호를 없앨 수 있다.

$\sqrt{a^2}=a$, $\sqrt{(-a)^2}=a$

↳ $\sqrt{(-a)\times(-a)}=\sqrt{a^2}=a$

○ 다음 값을 구하시오.

1-1 $\sqrt{2^2}=\sqrt{4}$
$=$(4의 ☐의 제곱근)
$=$☐

1-2 $\sqrt{4^2}$ ________

1-3 $\sqrt{6^2}$ ________

2-1 $\sqrt{\left(\frac{1}{2}\right)^2}$ ________

2-2 $\sqrt{\left(\frac{3}{2}\right)^2}$ ________

2-3 $\sqrt{0.2^2}$ ________

3-1 $\sqrt{(-2)^2}$
$=\sqrt{(-2)\times(-2)}$
$=\sqrt{☐}=$☐

3-2 $\sqrt{(-7)^2}$ ________

3-3 $\sqrt{(-15)^2}$ ________

4-1 $\sqrt{\left(-\frac{1}{4}\right)^2}$ ________

4-2 $\sqrt{\left(-\frac{2}{5}\right)^2}$ ________

4-3 $\sqrt{(-0.8)^2}$ ________

핵심 체크

근호 안의 수가 어떤 수의 제곱일 때, 근호를 없앨 수 있다. 이때 값은 양수가 된다.

○ 다음 값을 구하시오.

5-1 $-\sqrt{2^2}$

5-2 $-\sqrt{5^2}$

5-3 $-\sqrt{11^2}$

6-1 $-\sqrt{(-2)^2}$

6-2 $-\sqrt{(-8)^2}$

6-3 $-\sqrt{(-14)^2}$

7-1 $-\sqrt{\left(\frac{3}{2}\right)^2}$

7-2 $-\sqrt{0.4^2}$

7-3 $-\sqrt{\left(-\frac{3}{11}\right)^2}$

8-1 $\sqrt{16}=\sqrt{\square^2}=\square$

8-2 $\sqrt{36}$

8-3 $-\sqrt{81}$

9-1 $\sqrt{\frac{4}{49}}$

9-2 $-\sqrt{\frac{100}{9}}$

9-3 $-\sqrt{0.64}$

핵심 체크

- $a>0$일 때, $-\sqrt{a^2}=-a$, $-\sqrt{(-a)^2}=-a$
- 근호 안의 수가 어떤 수의 제곱이면 근호를 사용하지 않고 나타낼 수 있다.

07 제곱근의 성질을 이용한 덧셈, 뺄셈

정답과 해설 | 4쪽

제곱근의 성질을 이용하여 근호를 없애고 덧셈, 뺄셈을 한다.

제곱은 근호($\sqrt{\ }$)를 벗긴다.

$$(\sqrt{4})^2-\sqrt{(-5)^2}=4-5=-1$$

제곱은 근호($\sqrt{\ }$)를 벗긴다.

양수 a에 대한 제곱근의 성질
① $(\sqrt{a})^2=a$, $(-\sqrt{a})^2=a$
② $\sqrt{a^2}=a$, $\sqrt{(-a)^2}=a$

○ 다음을 계산하시오.

1-1 $(\sqrt{6})^2+(-\sqrt{3})^2=6+\square=\square$

1-2 $(-\sqrt{8})^2+(-\sqrt{2})^2$ ____________

2-1 $(-\sqrt{2})^2+\sqrt{6^2}$ ____________

2-2 $\sqrt{5^2}+\sqrt{(-5)^2}$ ____________

3-1 $\sqrt{7^2}-\sqrt{(-10)^2}=7-\square=\square$

3-2 $\sqrt{5^2}-\sqrt{(-8)^2}$ ____________

4-1 $(-\sqrt{8})^2-\sqrt{3^2}$ ____________

4-2 $-\sqrt{(-3)^2}+(-\sqrt{5})^2$ ____________

5-1 $\sqrt{100}+\sqrt{(-2)^2}$ ____________

$\sqrt{100}=\sqrt{10^2}$이야.

5-2 $(\sqrt{9})^2-\sqrt{36}$ ____________

핵심 체크

$a>0$일 때, $(\sqrt{a})^2=a$, $(-\sqrt{a})^2=a$ ⋮ $a>0$일 때, $\sqrt{a^2}=a$, $\sqrt{(-a)^2}=a$

08 제곱근의 성질을 이용한 곱셈, 나눗셈

정답과 해설 | 4쪽

제곱근의 성질을 이용하여 근호를 없애고 곱셈, 나눗셈을 한다.

제곱은 근호($\sqrt{\ }$)를 벗긴다.　　역수로 바꾸어 곱한다.

$$\sqrt{\left(\frac{1}{3}\right)^2}\div\left(\sqrt{\frac{4}{3}}\right)^2=\frac{1}{3}\div\frac{4}{3}=\frac{1}{3}\times\frac{3}{4}=\frac{1}{4}$$

제곱은 근호($\sqrt{\ }$)를 벗긴다.

○ 다음을 계산하시오.

1-1 $(\sqrt{8})^2\times\left(-\sqrt{\frac{3}{4}}\right)^2=8\times\square=\square$

1-2 $(-\sqrt{14})^2\times\left(\sqrt{\frac{1}{7}}\right)^2$ ________

2-1 $(-\sqrt{6})^2\times\sqrt{(-3)^2}$ ________

2-2 $\sqrt{4^2}\times\sqrt{(-5)^2}$ ________

3-1 $\sqrt{9}\times\sqrt{5^2}$ ________

3-2 $-(\sqrt{0.3})^2\times\sqrt{10^2}$ ________

4-1 $\sqrt{(-12)^2}\div\sqrt{(-6)^2}=12\div\square=\square$

4-2 $\sqrt{9^2}\div(-\sqrt{3})^2$ ________

5-1 $\sqrt{\left(-\frac{1}{5}\right)^2}\div\left(-\sqrt{\frac{6}{5}}\right)^2$ ________

5-2 $(-\sqrt{6})^2\div\sqrt{\left(\frac{3}{2}\right)^2}$ ________

핵심 체크

제곱근의 성질을 이용하여 근호를 없앤 후 곱셈, 나눗셈을 한다. 이때 나눗셈은 역수의 곱셈으로 바꾸어 계산한다.

09 제곱근의 성질을 이용한 사칙 계산

❶ 제곱근의 성질을 이용하여 근호를 없애고 계산한다.

❷ 덧셈, 뺄셈, 곱셈, 나눗셈이 섞여 있을 때는 유리수에서와 마찬가지로 곱셈, 나눗셈부터 계산한 후 덧셈, 뺄셈을 한다.

$\left(-\sqrt{\frac{1}{3}}\right)^2 \times \sqrt{(-9)^2} - \sqrt{(-2)^2}$

→ 제곱근의 성질을 이용하여 근호를 없앤다.

$= \frac{1}{3} \times 9 - 2$

→ 곱셈을 한다.

$= 3 - 2$

→ 뺄셈을 한다.

$= 1$

○ 다음을 계산하시오.

1-1 $(\sqrt{2})^2+(-\sqrt{3})^2-(\sqrt{7})^2=2+\square-\square$

$=\square$

1-2 $-\sqrt{(-3)^2}+\sqrt{5^2}-(-\sqrt{6})^2$ __________

2-1 $(-\sqrt{2})^2-\sqrt{49}+\sqrt{(-4)^2}$ __________

2-2 $\sqrt{(-3)^2}+(-\sqrt{5})^2+\sqrt{16}$ __________

3-1 $(-\sqrt{5})^2-\sqrt{(-3)^2}+\sqrt{7^2}-(-\sqrt{3})^2$ __________

3-2 $\sqrt{(-11)^2}-(-\sqrt{12})^2-(-\sqrt{13})^2+\sqrt{(-14)^2}$ __________

4-1 $-\sqrt{9}+(-\sqrt{6})^2-\sqrt{(-4)^2}-\sqrt{100}$ __________

4-2 $\sqrt{7^2}-(-\sqrt{2})^2-\sqrt{(-11)^2}+\sqrt{144}$ __________

핵심 체크

제곱근의 성질을 이용한 계산 ➡ 제곱근의 성질을 이용하여 주어진 수를 근호를 사용하지 않고 나타낸 후 계산한다.

예 $(\sqrt{2})^2=2$, $(-\sqrt{3})^2=(\sqrt{3})^2=3$, $\sqrt{3^2}=3$, $\sqrt{(-5)^2}=\sqrt{5^2}=5$

○ 다음을 계산하시오.

5-1 $\sqrt{6^2}\times\sqrt{(-5)^2}\div(-\sqrt{3})^2=6\times\square\div3$
$=\square\div3$
$=\square$

5-2 $\sqrt{(-8)^2}\times\sqrt{4^2}\div(-\sqrt{16})^2$

6-1 $\sqrt{(-12)^2}\div(-\sqrt{6})^2\times\sqrt{\left(-\frac{1}{2}\right)^2}$

6-2 $-\sqrt{10^2}\div\sqrt{4}\times\left(-\sqrt{\frac{1}{5}}\right)^2$

7-1 $(\sqrt{8})^2-(-\sqrt{15})^2\div\sqrt{5^2}$

7-2 $(-\sqrt{7})^2-\sqrt{16}\times(-\sqrt{3})^2$

8-1 $(-\sqrt{5})^2+(-\sqrt{6})^2\times\sqrt{\left(\frac{1}{3}\right)^2}-(\sqrt{3})^2$

8-2 $\sqrt{(-5)^2}-(\sqrt{11})^2+\sqrt{81}\div(-\sqrt{3^2})$

9-1 $\sqrt{64}\div(-\sqrt{8})^2+\left(-\sqrt{\frac{1}{2}}\right)^2\times\sqrt{(-6)^2}$

9-2 $\sqrt{12^2}\div(\sqrt{4})^2-\sqrt{\left(-\frac{4}{5}\right)^2}\times\sqrt{25}$

핵심 체크

- 곱셈과 나눗셈만 있는 식은 앞에서부터 차례대로 계산한다. 예 $6\div\underline{3\times2}=6\div6=1$ (×), $\underline{6\div3}\times2=2\times2=4$ (○)
  (먼저 계산) (먼저 계산)
- 곱셈, 나눗셈을 먼저 계산한 후 덧셈, 뺄셈을 한다.

기본연산 집중연습 | 05~09

○ 다음을 구하시오.

1-1 $\sqrt{(-4)^2}$의 양의 제곱근을 a, $\sqrt{36^2}$의 음의 제곱근을 b라 할 때, $a+b$의 값

1-2 $\sqrt{(-16)^2}$의 양의 제곱근을 a, $(-\sqrt{9})^2$의 음의 제곱근을 b라 할 때, $a-b$의 값

1-3 $(-\sqrt{81})^2$의 양의 제곱근을 a, $(\sqrt{4})^2$의 음의 제곱근을 b라 할 때, $a+2b$의 값

○ 다음을 계산하시오.

2-1 $(-\sqrt{13})^2+(-\sqrt{7})^2$

2-2 $\sqrt{(-15)^2}-\sqrt{5^2}$

2-3 $-\left(\sqrt{\frac{3}{2}}\right)^2+\sqrt{\left(-\frac{5}{2}\right)^2}$

2-4 $\sqrt{(-1.2)^2}-\sqrt{(-0.2)^2}$

2-5 $\sqrt{25}-\sqrt{7^2}+(-\sqrt{6})^2$

2-6 $\sqrt{(-14)^2}-\sqrt{12^2}+\sqrt{16}$

2-7 $(-\sqrt{6})^2\times\left(\sqrt{\frac{1}{3}}\right)^2-\sqrt{(-1)^2}$

2-8 $-\sqrt{(-11)^2}+(-\sqrt{8})^2\times\left(\sqrt{\frac{1}{2}}\right)^2$

2-9 $(-\sqrt{10})^2\div\sqrt{(-2)^2}\times\left(\sqrt{\frac{1}{5}}\right)^2$

2-10 $-\left(\sqrt{\frac{2}{3}}\right)^2\div\sqrt{\left(-\frac{1}{6}\right)^2}\div(-\sqrt{2})^2$

핵심 체크

❶ 양수 a에 대한 제곱근의 성질
- $(\sqrt{a})^2=a$, $(-\sqrt{a})^2=a$
- $\sqrt{a^2}=a$, $\sqrt{(-a)^2}=a$

❷ 제곱근의 성질을 이용한 식의 계산
- 제곱근의 성질을 이용하여 근호를 없앤 후 계산한다.
- 덧셈, 뺄셈, 곱셈, 나눗셈이 섞여 있을 때는 곱셈, 나눗셈 ➡ 덧셈, 뺄셈 순으로 계산한다.

3. 계산 결과가 맞으면 ⬇ 방향으로, 틀리면 ➡ 방향으로 따라갈 때, 도착하는 곳에 있는 물건에 ○표를 하시오.

출발 ⬇

$\sqrt{25}+\sqrt{(-4)^2}$ $=1$	$\sqrt{(-3)^2}-\sqrt{9}$ $=0$	$(-\sqrt{6})^2-\sqrt{2^2}$ $=-8$	$\sqrt{10^2}\times\sqrt{\frac{1}{4}}$ $=5$	 코펠
$(-\sqrt{6})^2\div\sqrt{\left(\frac{3}{2}\right)^2}$ $=9$	$\sqrt{6^2}\div\sqrt{(-2)^2}$ $=3$	$(-\sqrt{3})^2\div\sqrt{0.3^2}$ $=10$	$\sqrt{49}-(-\sqrt{7})^2$ $=14$	 돗자리
$\sqrt{9}\times\sqrt{(-5)^2}$ $=-15$	$(\sqrt{7})^2+(-\sqrt{3})^2$ $=4$	$\sqrt{(-7)^2}-\sqrt{4}$ $=5$	$\sqrt{6^2}+\sqrt{(-6)^2}$ $=0$	 버너
$\sqrt{25}\div5$ $=5$	$\sqrt{2^2}+(-\sqrt{3})^2$ $=5$	$\sqrt{3^2}+(-\sqrt{2})^2$ $=1$	$\sqrt{(-3)^2}-\sqrt{(-2)^2}$ $=5$	 노끈
$(\sqrt{10})^2\times\sqrt{\left(-\frac{1}{2}\right)^2}$ $=5$	$\sqrt{(-3)^2}-(-\sqrt{5^2})$ $=8$	$\sqrt{\frac{1}{9}}\div\left(-\sqrt{\frac{1}{6}}\right)^2$ $=2$	$\sqrt{(-10)^2}\times\sqrt{0.25}$ $=5$	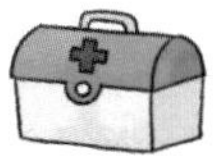 비상약
 텐트	 배낭	 간이 의자	 손전등	

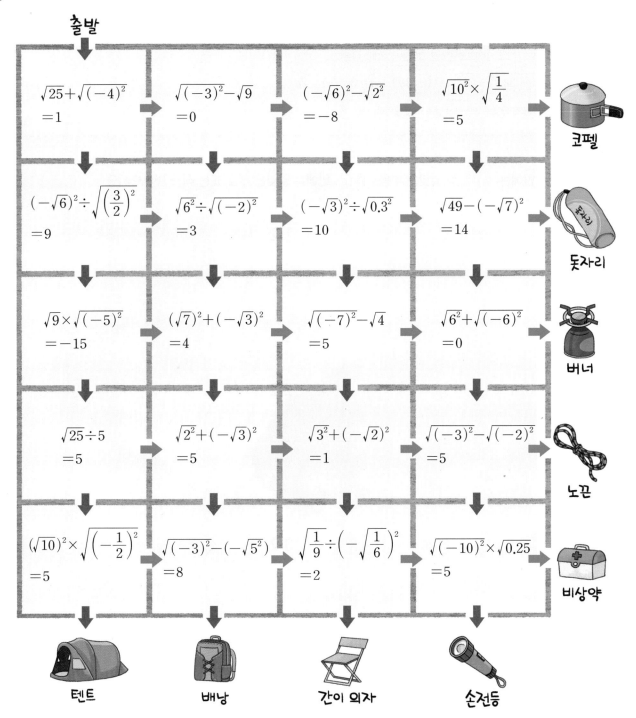

핵심 체크

③ 제곱근의 성질을 이용하여 식을 계산할 때는

제곱근의 성질을 이용하여 근호를 없애고 곱셈, 나눗셈 ➡ 덧셈, 뺄셈 순으로 계산한다.

STEP 1

10 $\sqrt{A^2}$의 성질 (1)

$\sqrt{A^2}$은 A^2의 양의 제곱근이므로 A의 부호에 관계없이 항상 음이 아닌 값을 가진다.

$$\sqrt{A^2}=\begin{cases} A & (A>0) \\ -A & (A<0) \end{cases}$$

A가 양수이면 그대로,
A가 음수이면 $-$와 함께 탈출!

예 $a>0$일 때, $\sqrt{(-3a)^2}-\sqrt{a^2}=-(-3a)-a=3a-a=2a$

$a>0$이므로 근호를 없애면서 그대로 나온다.

$-3a<0$이므로 근호를 없애면서 앞에 $-$를 붙인다.

$\sqrt{(\text{양수})^2}=(\text{양수})$
$\sqrt{(\text{음수})^2}=-(\text{음수})$

○ $a>0$일 때, ◯ 안에는 $>$, $<$ 중 알맞은 부등호를, □ 안에는 알맞은 부호 또는 식을 써넣으시오.

1-1 $\sqrt{a^2}$에서 a ◯ 0이므로
$\sqrt{a^2}=$□

1-2 $\sqrt{(4a)^2}$에서 $4a$ ◯ 0이므로
$\sqrt{(4a)^2}=$□

2-1 $-\sqrt{(2a)^2}$에서 $2a$ ◯ 0이므로
$-\sqrt{(2a)^2}=$□

근호 밖의 $-$는 근호 안에서 나온 수 앞에 붙여야 해.

2-2 $-\sqrt{(5a)^2}$에서 $5a$ ◯ 0이므로
$-\sqrt{(5a)^2}=$□

3-1 $\sqrt{(-a)^2}$에서 $-a$ ◯ 0이므로
$\sqrt{(-a)^2}=$□$(-a)=$□

3-2 $\sqrt{(-7a)^2}$에서 $-7a$ ◯ 0이므로
$\sqrt{(-7a)^2}=$□$(-7a)=$□

4-1 $-\sqrt{(-5a)^2}$에서 $-5a$ ◯ 0이므로
$-\sqrt{(-5a)^2}=-\{-($□$)\}=$□

4-2 $-\sqrt{(-10a)^2}$에서 $-10a$ ◯ 0이므로
$-\sqrt{(-10a)^2}=-\{-($□$)\}=$□

핵심 체크

$a>0$일 때, $\sqrt{a^2}=a$
a가 양수이므로 a가 그대로 나온다.

$a>0$일 때, $\sqrt{(-a)^2}=a$
$-a$는 음수이므로 부호가 바뀌어 나온다.

○ $a<0$일 때, $\bigcirc$ 안에는 $>$, $<$ 중 알맞은 부등호를, $\square$ 안에는 알맞은 식을 써넣으시오.

5-1 $\sqrt{a^2}$에서 $a \bigcirc 0$이므로

$\sqrt{a^2}=\square$

5-2 $\sqrt{(2a)^2}$에서 $2a \bigcirc 0$이므로

$\sqrt{(2a)^2}=\square$

6-1 $-\sqrt{(3a)^2}$에서 $3a \bigcirc 0$이므로

$-\sqrt{(3a)^2}=-\{-(\square)\}=\square$

6-2 $-\sqrt{(4a)^2}$에서 $4a \bigcirc 0$이므로

$-\sqrt{(4a)^2}=-\{-(\square)\}=\square$

7-1 $\sqrt{(-2a)^2}$에서 $-2a \bigcirc 0$이므로

$\sqrt{(-2a)^2}=\square$

7-2 $\sqrt{(-5a)^2}$에서 $-5a \bigcirc 0$이므로

$\sqrt{(-5a)^2}=\square$

8-1 $-\sqrt{(-6a)^2}$에서 $-6a \bigcirc 0$이므로

$-\sqrt{(-6a)^2}=-(\square)=\square$

8-2 $-\sqrt{(-11a)^2}$에서 $-11a \bigcirc 0$이므로

$-\sqrt{(-11a)^2}=-(\square)=\square$

○ 다음 식을 간단히 하시오.

9-1 $a>0$일 때

$a>0$

$\sqrt{a^2}+\sqrt{(-2a)^2}=\square+\{-(\square)\}=\square$

$-2a<0$

9-2 $a>0$일 때, $\sqrt{(-5a)^2}-\sqrt{(-4a)^2}$

10-1 $a<0$일 때, $\sqrt{(-2a)^2}+\sqrt{(-a)^2}$

10-2 $a<0$일 때, $\sqrt{(-3a)^2}-\sqrt{(8a)^2}$

핵심 체크

$a<0$일 때, $\sqrt{a^2}=-a$

a는 음수이므로 부호가 바뀌어 나온다.

$a<0$일 때, $\sqrt{(-a)^2}=-a$

$-a$는 양수이므로 $-a$가 그대로 나온다.

11 $\sqrt{A^2}$의 성질 (2)

$\sqrt{A^2}$에서 $A=a-b$로 주어질 때에도 $a-b$의 부호를 먼저 조사한다.

$$\sqrt{(a-b)^2} \Rightarrow \begin{cases} a-b>0\text{일 때, } \sqrt{(a-b)^2}=a-b & \text{(그대로)} \\ a-b<0\text{일 때, } \sqrt{(a-b)^2}=-(a-b)=-a+b & \text{(앞에 }-\text{를 붙인다.)} \end{cases}$$

○ $a>1$일 때, ◯ 안에는 $>$, $<$ 중 알맞은 부등호를, ▢ 안에는 알맞은 식을 써넣으시오.

1-1 $\sqrt{(a-1)^2}$에서 $a-1$ ◯ 0이므로

$\sqrt{(a-1)^2}=$ ▢

1-2 $\sqrt{(1-a)^2}$에서 $1-a$ ◯ 0이므로

$\sqrt{(1-a)^2}=-($ ▢ $)=$ ▢

2-1 $-\sqrt{(a-1)^2}$에서 $a-1$ ◯ 0이므로

$-\sqrt{(a-1)^2}=-($ ▢ $)=$ ▢

2-2 $-\sqrt{(1-a)^2}$에서 $1-a$ ◯ 0이므로

$-\sqrt{(1-a)^2}=-\{-($ ▢ $)\}=$ ▢

○ $a<-1$일 때, ◯ 안에는 $>$, $<$ 중 알맞은 부등호를, ▢ 안에는 알맞은 식을 써넣으시오.

3-1 $\sqrt{(a+1)^2}$에서 $a+1$ ◯ 0이므로

$\sqrt{(a+1)^2}=-($ ▢ $)=$ ▢

3-2 $\sqrt{(-1-a)^2}$에서 $-1-a$ ◯ 0이므로

$\sqrt{(-1-a)^2}=$ ▢

4-1 $-\sqrt{(a+1)^2}$에서 $a+1$ ◯ 0이므로

$-\sqrt{(a+1)^2}=-\{-($ ▢ $)\}=$ ▢

4-2 $-\sqrt{(-1-a)^2}$에서 $-1-a$ ◯ 0이므로

$-\sqrt{(-1-a)^2}=-($ ▢ $)=$ ▢

핵심 체크

$\sqrt{(a-b)^2}$ 꼴을 간단히 할 때는 $a-b$의 부호를 먼저 조사한다. ➡ $\sqrt{(a-b)^2}=\begin{cases} a>b\text{일 때, } a-b \\ a<b\text{일 때, } -(a-b) \end{cases}$

○ 다음 식을 간단히 하시오.

5-1 $-2<x<1$일 때, $\sqrt{(x+2)^2}+\sqrt{(x-1)^2}$
➡ $x+2$ ◯ 0, $x-1$ ◯ 0이므로
$\sqrt{(x+2)^2}+\sqrt{(x-1)^2}$
$=(\square)+\{-(x-1)\}=\square$

5-2 $-1<x<3$일 때, $\sqrt{(x+1)^2}-\sqrt{(x-3)^2}$

______

6-1 $-4<x<2$일 때, $\sqrt{(x-2)^2}+\sqrt{(x+4)^2}$

______

6-2 $1<x<2$일 때, $\sqrt{(1-x)^2}-\sqrt{(x-2)^2}$

______

7-1 $2<x<4$일 때, $\sqrt{(x+2)^2}-\sqrt{(x-4)^2}$

______

7-2 $x<-2$일 때, $\sqrt{(x+2)^2}-\sqrt{(x-2)^2}$

______

8-1 $-1<x<2$일 때, $\sqrt{(x-2)^2}+\sqrt{(3-x)^2}$

______

8-2 $-3<x<3$일 때, $-\sqrt{(x+3)^2}-\sqrt{(-x+3)^2}$

______

핵심 체크

$\sqrt{(\ \ )^2}$에서 ( ) 안의 값이 양수인지 음수인지 판단하는 방법 예 $-2<a<4$일 때, $\sqrt{(a+2)^2}-\sqrt{(a-4)^2}$

① 부등식의 성질을 이용한다. ➡ $-2<a<4$이므로 $a+2>0$, $a-4<0$
(양변에 2를 더한다. / 양변에서 4를 뺀다.)

② $-2<a<4$인 수 중 적당한 수를 대입해서 생각한다. ➡ $a=0$이라 하면 $a+2=0+2=2>0$, $a-4=0-4=-4<0$

12 제곱근의 대소 관계 (1)

정답과 해설 | 6쪽

$a>0$, $b>0$일 때
1. $a<b$이면 $\sqrt{a}<\sqrt{b}$
2. $\sqrt{a}<\sqrt{b}$이면 $a<b$
3. $a<b$이면 $-\sqrt{a}>-\sqrt{b}$

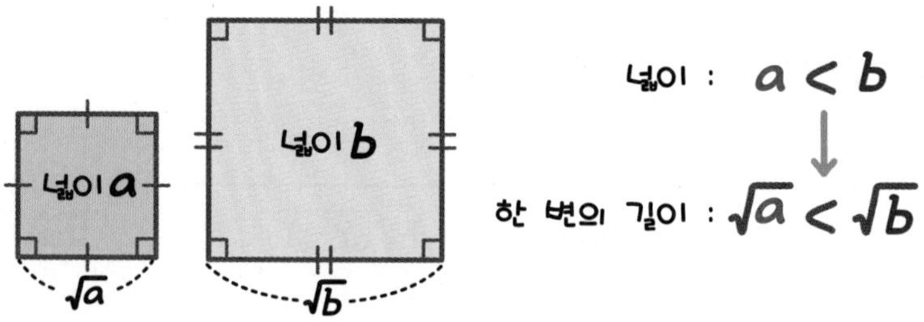

○ 다음 ○ 안에 >, < 중 알맞은 부등호를 써넣으시오.

1-1 $\sqrt{3}$ ● $\sqrt{5}$ ➡ $3<5$이므로 $\sqrt{3}$ ○ $\sqrt{5}$

1-2 $\sqrt{8}$ ○ $\sqrt{6}$

2-1 $\sqrt{5}$ ○ $\sqrt{10}$

2-2 $\sqrt{0.2}$ ○ $\sqrt{0.36}$

3-1 $\sqrt{\frac{1}{4}}$ ● $\sqrt{\frac{1}{5}}$

➡ $\frac{1}{4}=\frac{5}{20}$, $\frac{1}{5}=\frac{4}{20}$이고 $\frac{5}{20}>\frac{4}{20}$이므로

$\sqrt{\frac{1}{4}}$ ○ $\sqrt{\frac{1}{5}}$

3-2 $\sqrt{\frac{1}{2}}$ ○ $\sqrt{\frac{2}{3}}$

4-1 $-\sqrt{11}$ ○ $-\sqrt{7}$

4-2 $-\sqrt{15}$ ○ $-\sqrt{17}$

5-1 $-\sqrt{0.3}$ ○ $-\sqrt{0.43}$

5-2 $-\sqrt{\frac{3}{5}}$ ○ $-\sqrt{\frac{2}{3}}$

핵심 체크

$a>0$, $b>0$일 때, $a<b$이면 $\sqrt{a}<\sqrt{b}$, $-\sqrt{a}>-\sqrt{b}$

13 제곱근의 대소 관계 (2)

정답과 해설 | 6쪽

a와 $\sqrt{b}$의 대소 비교 (단, $a>0$, $b>0$)

방법 1 근호가 없는 수를 근호가 있는 수로 바꾸어 비교한다. ➡ $\sqrt{a^2}$과 $\sqrt{b}$의 대소를 비교한다.

방법 2 각 수를 제곱하여 비교한다. ➡ a^2과 b의 대소를 비교한다.

2와 $\sqrt{3}$의 대소 비교

방법 1 $2=\sqrt{2^2}=\sqrt{4}$이므로 $\sqrt{4}>\sqrt{3}$
$\therefore 2>\sqrt{3}$

방법 2 $2^2=4$, $(\sqrt{3})^2=3$이므로 $4>3$
$\therefore 2>\sqrt{3}$

○ 다음 ◯ 안에 >, < 중 알맞은 부등호를 써넣으시오.

1-1 $\sqrt{8}$ ● 3
➡ $3=\sqrt{3^2}=\sqrt{9}$이고 $\sqrt{8}$ ◯ $\sqrt{9}$이므로
$\sqrt{8}$ ◯ 3

1-2 $\sqrt{15}$ ◯ 4

2-1 8 ◯ $\sqrt{60}$

2-2 7 ◯ $\sqrt{48}$

3-1 $-\sqrt{35}$ ● -6
➡ $6=\sqrt{6^2}=\sqrt{36}$이고 $\sqrt{35}$ ◯ $\sqrt{36}$이므로
$-\sqrt{35}>-\sqrt{36}$ $\therefore -\sqrt{35}$ ◯ -6

3-2 $-\sqrt{12}$ ◯ -3

4-1 -5 ◯ $-\sqrt{24}$

4-2 -8 ◯ $-\sqrt{65}$

핵심 체크

$a>0$, $b>0$일 때, a와 $\sqrt{b}$의 대소 비교는 $a=\sqrt{a^2}$이므로 $\sqrt{a^2}$과 $\sqrt{b}$의 대소를 비교하면 된다.

13 제곱근의 대소 관계 (2)

○ 다음 ◯ 안에 >, < 중 알맞은 부등호를 써넣으시오.

5-1 0.1 ● $\sqrt{0.1}$

➡ $0.1=\sqrt{0.1^2}=\sqrt{0.01}$이고

$\sqrt{0.01}$ ◯ $\sqrt{0.1}$이므로 0.1 ◯ $\sqrt{0.1}$

5-2 $\sqrt{0.5}$ ◯ 0.5

6-1 $\sqrt{1.6}$ ◯ 0.4

6-2 $\sqrt{0.09}$ ◯ 0.2

7-1 -0.2 ◯ $-\sqrt{0.4}$

7-2 -0.1 ◯ $-\sqrt{0.09}$

8-1 $\frac{1}{2}$ ● $\sqrt{\frac{1}{2}}$

➡ $\frac{1}{2}=\sqrt{\left(\frac{1}{2}\right)^2}=\sqrt{\frac{1}{4}}$ 이고

$\sqrt{\frac{1}{4}}$ ◯ $\sqrt{\frac{1}{2}}$ 이므로 $\frac{1}{2}$ ◯ $\sqrt{\frac{1}{2}}$

8-2 $\sqrt{\frac{5}{9}}$ ◯ $\frac{2}{3}$

9-1 $\sqrt{\frac{1}{5}}$ ◯ $\frac{1}{2}$

9-2 $-\frac{1}{2}$ ◯ $-\sqrt{\frac{3}{4}}$

10-1 -2 ◯ $-\sqrt{\frac{5}{2}}$

10-2 $-\sqrt{\frac{5}{12}}$ ◯ $-\frac{1}{6}$

핵심 체크

- $\sqrt{\ }$ 가 없는 수는 $\sqrt{\ }$ 가 있는 수로 바꾸어 대소를 비교한다.
- 두 분수의 비교에서 분모가 다른 경우 분모가 같아지도록 통분한 후 분자끼리 크기를 비교한다.

14 제곱근을 포함한 부등식

정답과 해설 | 7쪽

제곱근을 포함한 부등식의 각 변이 모두 양수이면 각 변을 제곱해도 부등호의 방향은 바뀌지 않는다.

➡ $a>0$, $b>0$일 때, $a<\sqrt{x}<b$이면 $a^2<x<b^2$

$2<\sqrt{x}<3$을 만족하는 자연수 x 구하기

$2<\sqrt{x}<3$

➡ $2^2<(\sqrt{x})^2<3^2$ ← 각 변을 제곱한다.

➡ $4<x<9$

➡ 자연수 x는 5, 6, 7, 8

참고 각 변에 음의 부호가 있을 때는 각 변에 -1을 곱하여 음의 부호를 먼저 없앤다.

○ 다음 부등식을 만족하는 자연수 x의 값을 모두 구하시오.

1-1 $1<\sqrt{x}<2$

➡ 각 변을 제곱하면 □$<x<4$

따라서 자연수 x의 값은 □, 3

1-2 $3<\sqrt{x}<4$ ________

2-1 $2\le\sqrt{2x}<4$ ________

2-2 $1\le\sqrt{\dfrac{x}{3}}\le2$ ________

3-1 $-3<-\sqrt{x}<-2$

➡ 각 변에 -1을 곱하면 3 ○ $\sqrt{x}$ ○ 2

각 변을 제곱하면 9 ○ x ○ 4

따라서 자연수 x의 값은 5, 6, □, □

3-2 $-2<-\sqrt{x}<-1$ ________

4-1 $1<\sqrt{x-2}\le2$ ________

4-2 $3<\sqrt{x-6}<4$ ________

핵심 체크

$a>0$, $b>0$, $c>0$일 때

$\sqrt{a}<\sqrt{b}<\sqrt{c}$ ➡ $(\sqrt{a})^2<(\sqrt{b})^2<(\sqrt{c})^2$ ➡ $a<b<c$

$a>0$, $b>0$, $c>0$일 때

$-\sqrt{a}<-\sqrt{b}<-\sqrt{c}$ ➡ $\sqrt{a}>\sqrt{b}>\sqrt{c}$ ➡ $a>b>c$

└ 각 변에 -1을 곱한다.

기본연산 집중연습 | 10~14

○ 다음 식을 간단히 하시오.

1-1 $a>0$일 때, $\sqrt{(3a)^2}$

1-2 $a>0$일 때, $\sqrt{(-2a)^2}$

1-3 $a<0$일 때, $\sqrt{(-3a)^2}$

1-4 $a<0$일 때, $-\sqrt{a^2}$

1-5 $a>0$일 때, $\sqrt{4a^2}$

1-6 $a<0$일 때, $-\sqrt{4a^2}$

1-7 $a>0$일 때, $-\sqrt{(-8a)^2}$

1-8 $a<0$일 때, $-\sqrt{(-5a)^2}$

○ 다음 식을 간단히 하시오.

2-1 $a>0$일 때, $\sqrt{(-9a)^2}-\sqrt{9a^2}$

2-2 $a>0$일 때, $\sqrt{81a^2}-\sqrt{(-5a)^2}$

2-3 $a<0$일 때, $-\sqrt{(4a)^2}+\sqrt{49a^2}$

2-4 $-1<a<2$일 때, $\sqrt{(a-2)^2}+\sqrt{(a+1)^2}$

2-5 $-2<a<1$일 때, $\sqrt{(a+2)^2}-\sqrt{(a-1)^2}$

2-6 $-2<a<3$일 때, $\sqrt{(a-3)^2}-\sqrt{(a+2)^2}$

핵심 체크

❶ $\sqrt{a^2}=\begin{cases} a>0\text{일 때, } & a\ (\text{부호 그대로}) \\ a<0\text{일 때, } & -a\ (\text{부호 반대로}) \end{cases}$

❷ $\sqrt{(a-b)^2}=\begin{cases} a>b\text{일 때, } & a-b \\ a<b\text{일 때, } & -(a-b) \end{cases}$

3. 갈림길에서 가장 큰 수를 따라가면 보석함 열쇠가 있을 때, 보석함 열쇠는 몇 번 열쇠인지 말하시오.

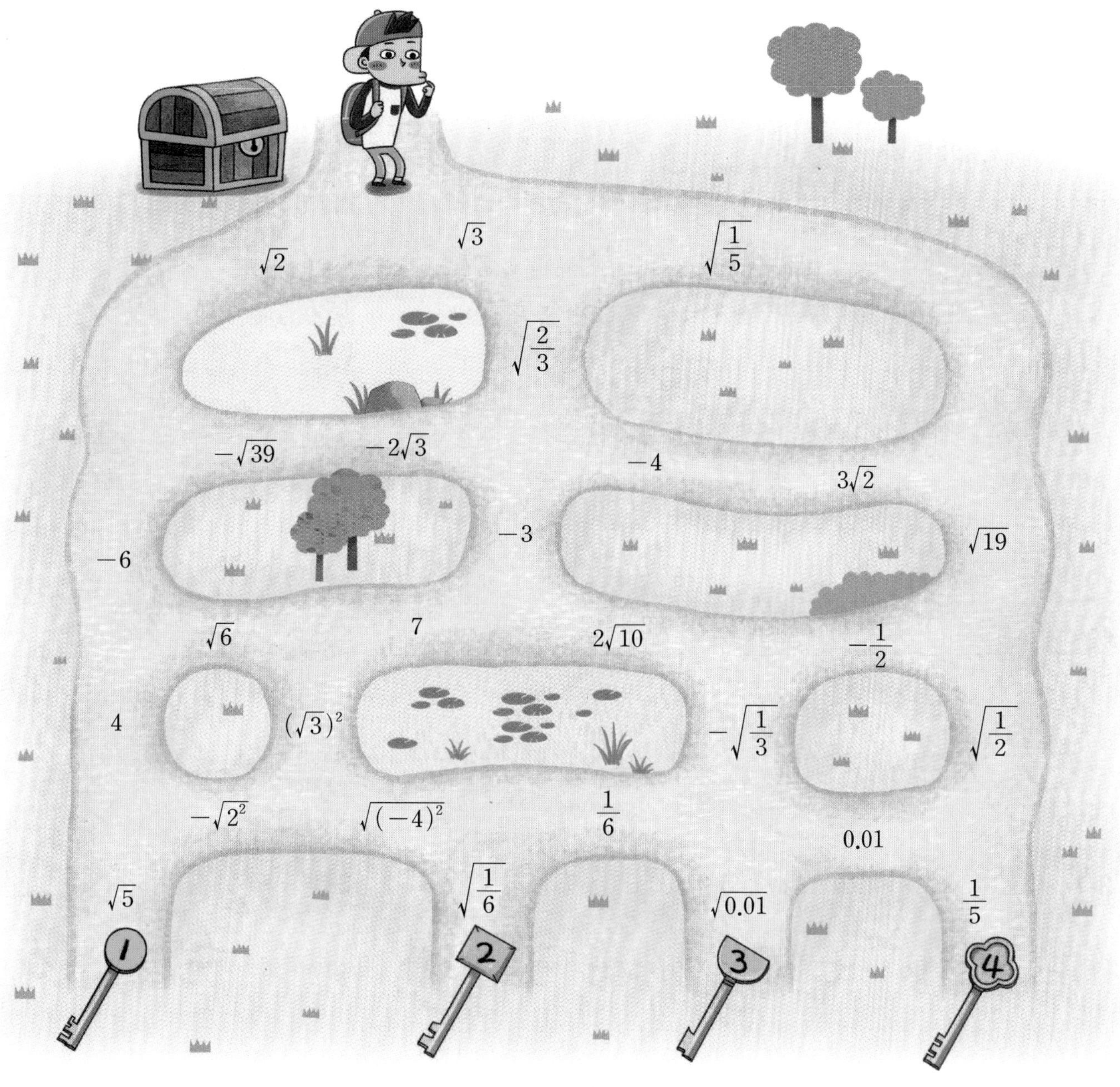

핵심 체크

③ $a>0$, $b>0$일 때
$a<b$이면 $\sqrt{a}<\sqrt{b}$, $-\sqrt{a}>-\sqrt{b}$

④ 근호가 있는 것과 없는 것의 대소 비교는 근호가 없는 수를 근호가 있는 수로 바꾸어 비교한다.

STEP 1

15 유리수와 무리수

❶ 유리수 ➡ $\dfrac{(\text{정수})}{(0\text{이 아닌 정수})}$ 꼴로 나타낼 수 있는 수

➡ 정수, 유한소수, 순환소수

➡ 근호를 벗길 수 있는 수

예 $-1, 2, 1.21, 0.\dot{3}, \sqrt{9}, \cdots$

❷ 무리수 ➡ 유리수가 아닌 수

➡ 순환하지 않는 무한소수

➡ 근호를 벗길 수 없는 수

예 $\sqrt{2}, \pi, 3.1212345\cdots, \sqrt{2}+1, \cdots$

❸ 실수 : 유리수와 무리수를 통틀어 실수라 한다.

- 실수
  - 유리수
    - 정수
      - 양의 정수(자연수) : $1, 2, 3, \cdots$
      - 0
      - 음의 정수 : $-1, -2, -3, \cdots$
    - 정수가 아닌 유리수 : $2.5, \frac{8}{5}, -0.\dot{3}, \cdots$
      - → 유한소수, 순환소수
  - 무리수 : $\sqrt{2}, -\sqrt{3}, \pi, \cdots$
    - → 순환하지 않는 무한소수

○ 다음 수가 유리수이면 '유'를, 무리수이면 '무'를 (　　) 안에 써넣으시오.

1-1 10 (　　) **1-2** $\frac{1}{2}$ (　　) **1-3** -1 (　　)

2-1 π (　　) **2-2** $0.\dot{2}$ (　　) **2-3** -3.14 (　　)

3-1 $\sqrt{5}$ (　　) **3-2** $\sqrt{11}$ (　　) **3-3** $\sqrt{16}$ (　　)

4-1 $-\sqrt{\frac{1}{9}}$ (　　) **4-2** $\sqrt{0.01}$ (　　) **4-3** $\sqrt{\frac{25}{36}}$ (　　)

핵심 체크

근호를 사용하여 나타낸 수는 모두 무리수라고 착각하기 쉽지만 무리수가 아닐 수도 있다.

➡ $\sqrt{9}(=3)$, $\sqrt{\frac{1}{4}}\left(=\frac{1}{2}\right)$과 같이 근호 안의 수가 어떤 수의 제곱이면 유리수가 된다.

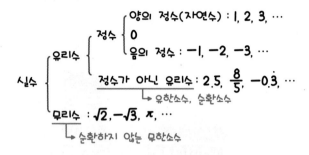

5-1 아래의 수에 대하여 다음을 모두 구하시오.

$-\sqrt{7}$,	0,	$2.\dot{3}\dot{5}$,	5,
$\sqrt{49}$,	$\sqrt{\frac{2}{3}}$,	$\sqrt{1.96}$,	$3-\sqrt{25}$

(1) 자연수 ______

(2) 정수 ______

(3) 유리수 ______

(4) 무리수 ______

5-2 아래의 수에 대하여 다음을 모두 구하시오.

$\sqrt{8}$,	-2,	0.24,	$\sqrt{25}$,
π,	$\sqrt{\frac{4}{9}}$,	$-\sqrt{0.02}$,	$-\sqrt{(-3)^2}$

(1) 자연수 ______

(2) 정수 ______

(3) 유리수 ______

(4) 무리수 ______

○ 다음 설명 중 옳은 것에는 ○표, 옳지 않은 것에는 ×표를 (   ) 안에 써넣으시오.

6-1 $\sqrt{3}$은 실수이다. (   )

6-2 $\sqrt{5}$는 $\dfrac{(\text{정수})}{(0\text{이 아닌 정수})}$ 꼴로 나타낼 수 있다. (   )

7-1 $\sqrt{64}$는 무리수이다. (   )

7-2 유한소수는 유리수이다. (   )

8-1 무한소수는 모두 무리수이다. (   )

8-2 근호를 사용하여 나타낸 수는 무리수이다. (   )

핵심 체크

소수
- 유한소수 → 유리수
- 무한소수
  - 순환소수 → 유리수
  - 순환하지 않는 무한소수 → 무리수

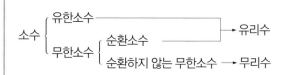

16 제곱근표를 보고 제곱근의 값 구하기

정답과 해설 | 8쪽

제곱근표 : 1.00에서 99.9까지의 수에 대한 양의 제곱근의 값을 소수점 아래 넷째 자리에서 반올림하여 나타낸 표

예 $\sqrt{3.42}$의 값은 제곱근표에서 3.4의 가로줄과 2의 세로줄이 만나는 곳의 수인 1.849이다.

∴ $\sqrt{3.42}=1.849$

참고 제곱근표에서 1.00부터 9.99까지의 수는 0.01 간격으로, 10.0부터 99.9까지의 수는 0.1 간격으로 되어 있다.

수	0	1	2	…	9
3.2	1.789	1.792	1.794	…	1.814
3.3	1.817	1.819	1.822	…	1.841
3.4	1.844	1.847	1.849	…	1.868
3.5	1.871	1.873	1.876	…	1.895

1-1 아래 제곱근표를 보고 다음 수의 값을 구하시오.

수	0	1	2	3	4
3.0	1.732	1.735	1.738	1.741	1.744
3.1	1.761	1.764	1.766	1.769	1.772
3.2	1.789	1.792	1.794	1.797	1.800
3.3	1.817	1.819	1.822	1.825	1.828

(1) $\sqrt{3.12}$

➡ 3.1의 가로줄과 ☐의 세로줄이 만나는 곳의 수, 즉 ☐이다.

(2) $\sqrt{3.03}$ ________

(3) $\sqrt{3.14}$ ________

(4) $\sqrt{3.23}$ ________

(5) $\sqrt{3.32}$ ________

1-2 아래 제곱근표를 보고 다음 수의 값을 구하시오.

수	6	7	8	9
35	5.967	5.975	5.983	5.992
36	6.050	6.058	6.066	6.075
37	6.132	6.140	6.148	6.156
38	6.213	6.221	6.229	6.237

(1) $\sqrt{35.6}$

➡ ☐의 가로줄과 ☐의 세로줄이 만나는 곳의 수, 즉 ☐이다.

(2) $\sqrt{35.7}$ ________

(3) $\sqrt{36.8}$ ________

(4) $\sqrt{37.9}$ ________

(5) $\sqrt{38.6}$ ________

핵심 체크

제곱근표에서 $\sqrt{2.57}$의 값 찾기

➡ 2.5의 가로줄과 7의 세로줄이 만나는 곳에 있는 수를 읽으면 된다.

∴ $\sqrt{2.57}=1.603$

수	…	7	…
⋮	⋮		⋮
2.5		1.603	

17 무리수를 수직선 위에 나타내기

정답과 해설 | 9쪽

❶ 정사각형의 넓이를 이용하여 정사각형의 한 변의 길이를 구한다.

➡ 넓이가 a인 정사각형의 한 변의 길이 : $\sqrt{a}$

❷ 기준점을 중심으로 하고 반지름의 길이가 $\sqrt{a}$인 원을 그려 수직선과 만나는 점을 찾는다.

➡ 대응하는 점이 기준점의 [오른쪽 : (기준점의 좌표)$+\sqrt{a}$ / 왼쪽 : (기준점의 좌표)$-\sqrt{a}$]

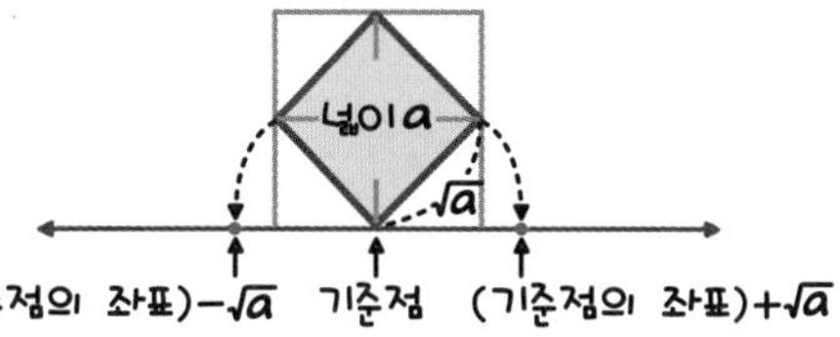

○ **다음 그림에서 모눈 한 칸은 한 변의 길이가 1인 정사각형이다. 점 A를 중심으로 하고 $\overline{AB}$를 반지름으로 하는 원을 그려 수직선과 만나는 두 점을 P, Q라 할 때, P, Q에 대응하는 수를 각각 구하시오.**

1-1

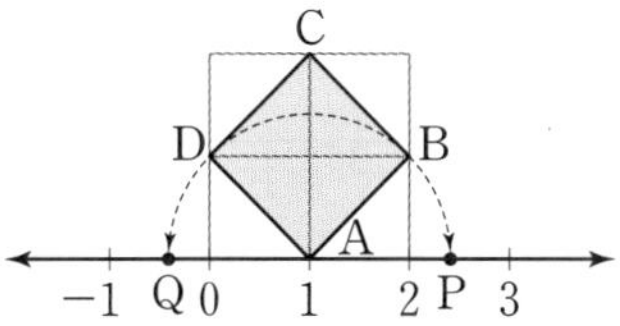

➡ $\square ABCD=2\times2-4\times\left(\frac{1}{2}\times1\times1\right)=2$

이므로 $\overline{AB}=\overline{AD}=$☐

$\overline{AP}=\overline{AB}=\overline{AD}=\overline{AQ}=$☐

점 P는 기준점 A(1)의 오른쪽에 있으므로 점 P에 대응하는 수는 $1+$☐

점 Q는 기준점 A(1)의 왼쪽에 있으므로 점 Q에 대응하는 수는 $1-$☐

1-2

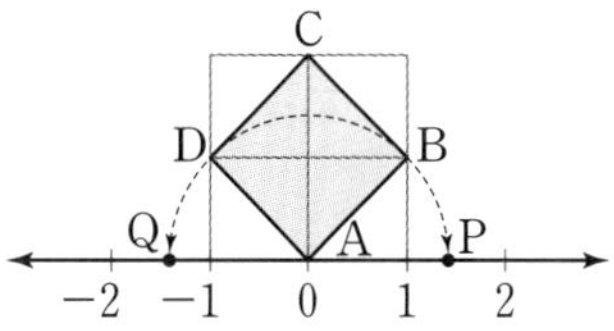

(1) □ABCD의 넓이 ________

(2) $\overline{AB}$의 길이 ________

(3) $\overline{AD}$의 길이 ________

(4) 점 P에 대응하는 수 ________

(5) 점 Q에 대응하는 수 ________

2-1

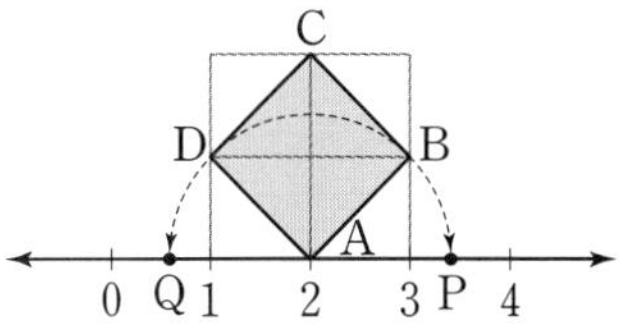

____

2-2

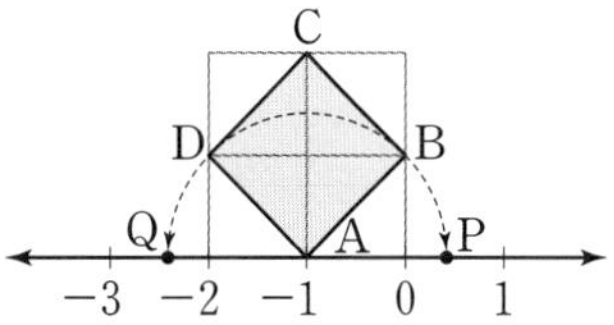

____

핵심 체크

수직선 위에 무리수 $\sqrt{2}$ 나타내기

① 수직선 위의 원점을 한 꼭짓점으로 하고 넓이가 2인 정사각형을 그린다.

② ①의 정사각형의 한 변(길이가 $\sqrt{2}$)을 반지름으로 하는 원을 그리면, 원점의 오른쪽에서 수직선과 만나는 점에 대응하는 수가 $\sqrt{2}$이다.

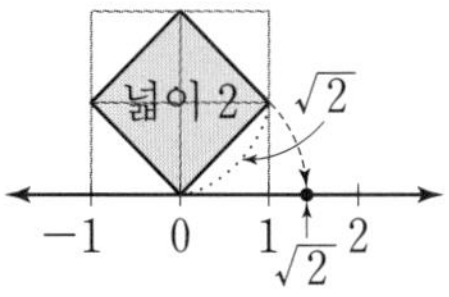

17 무리수를 수직선 위에 나타내기

○ 다음 그림과 같이 수직선 위에 한 변의 길이가 1인 정사각형 ABCD가 있다. $\overline{BD}=\overline{BP}$, $\overline{CA}=\overline{CQ}$일 때, 두 점 P, Q에 대응하는 수를 각각 구하시오.

3-1

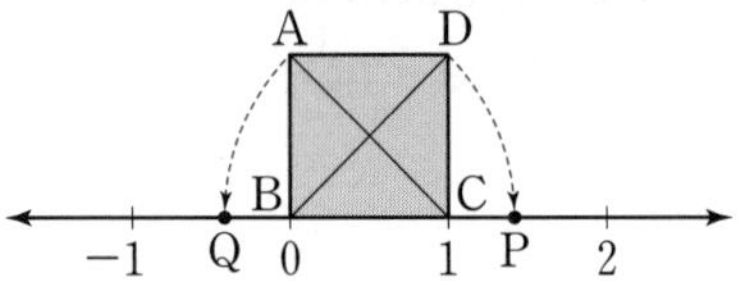

➡ □ABCD의 대각선의 길이는 □이다.
점 P는 기준점 B(0)의 오른쪽에 있으므로 점 P에 대응하는 수는 0+□=□
점 Q는 기준점 C(1)의 왼쪽에 있으므로 점 Q에 대응하는 수는 1−□

3-2

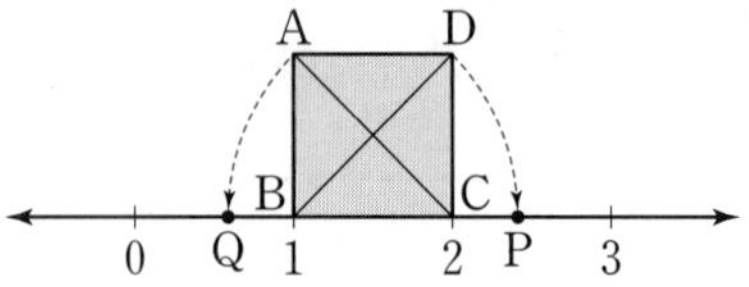

______

3-3

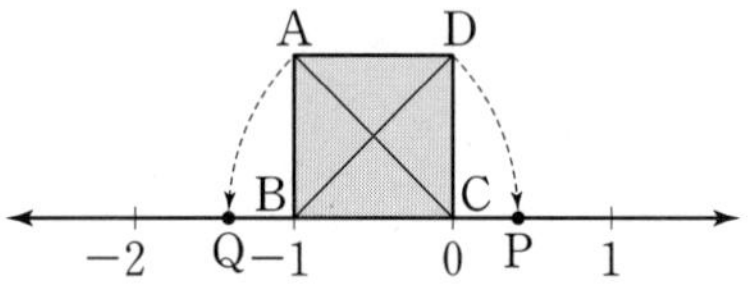

______

○ 다음 그림에서 모눈 한 칸은 한 변의 길이가 1인 정사각형이고 $\overline{BA}=\overline{BP}$, $\overline{BC}=\overline{BQ}$이다. 두 점 P, Q에 대응하는 수를 각각 구하시오.

4-1

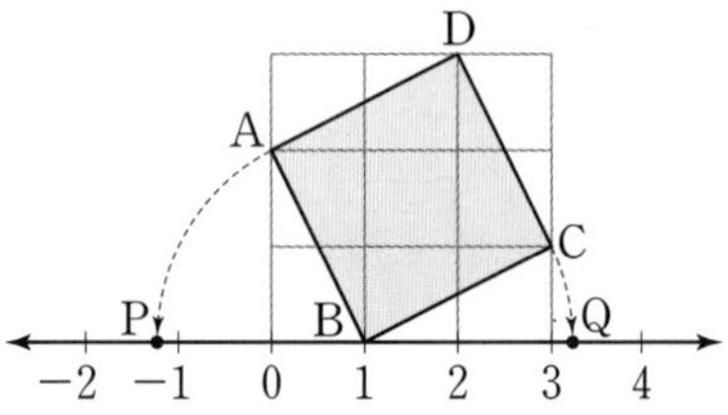

➡ $\square ABCD=3\times3-4\times\left(\frac{1}{2}\times2\times1\right)=5$
이므로 $\overline{AB}=\overline{BC}=$□
점 P는 기준점 B(1)의 왼쪽에 있으므로 점 P에 대응하는 수는 1−□
점 Q는 기준점 B(1)의 오른쪽에 있으므로 점 Q에 대응하는 수는 1+□

4-2

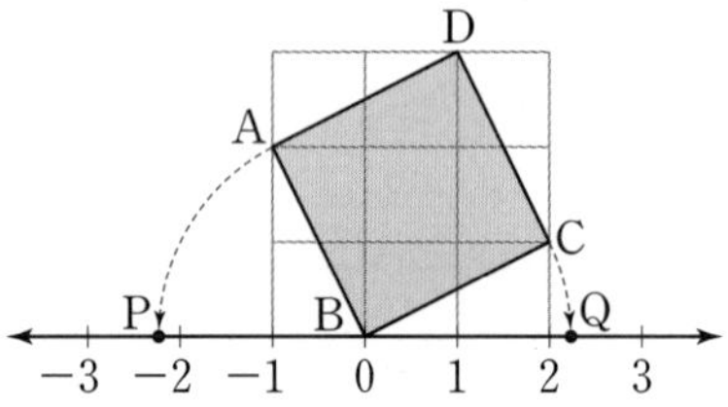

(1) □ABCD의 넓이 ______

(2) $\overline{BC}$의 길이 ______

(3) $\overline{BA}$의 길이 ______

(4) 점 P에 대응하는 수 ______

(5) 점 Q에 대응하는 수 ______

핵심 체크

넓이가 1인 정사각형의 대각선의 길이는 $\sqrt{2}$이다.

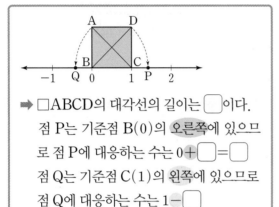

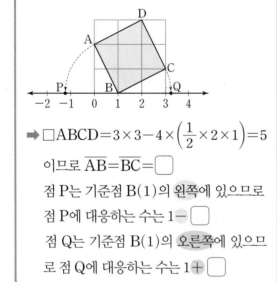

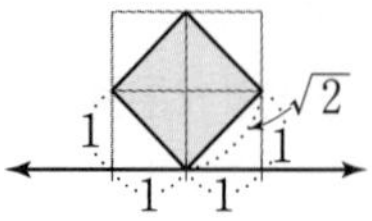

(색칠한 정사각형의 넓이)
=(전체 모눈의 넓이)−(색칠하지 않은 모눈의 넓이)

5-1

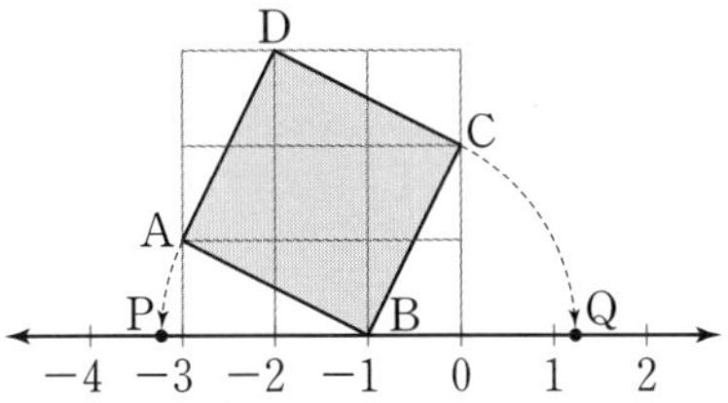

5-2

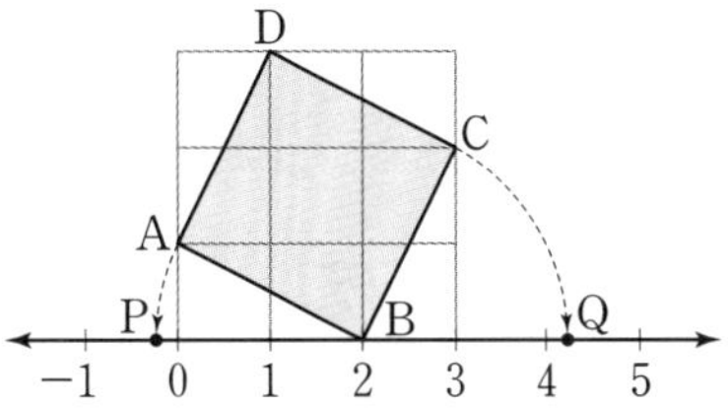

○ 다음 그림에서 모눈 한 칸은 한 변의 길이가 1인 정사각형이고 $\overline{BA}=\overline{BP}$, $\overline{BC}=\overline{BQ}$이다. 두 점 P, Q에 대응하는 수를 각각 구하시오.

6-1

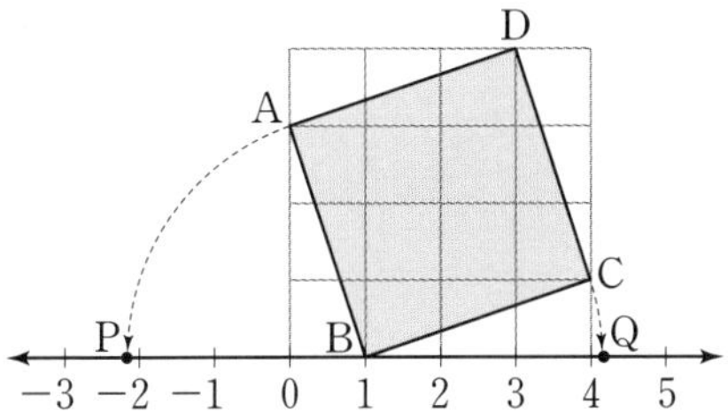

➡ $\square ABCD=4\times4-4\times\left(\frac{1}{2}\times3\times1\right)$
$=\square$

이므로 $\overline{AB}=\overline{BC}=\square$

점 P는 기준점 B(1)의 왼쪽에 있으므로

점 P에 대응하는 수는 $1-\square$

점 Q는 기준점 B(1)의 오른쪽에 있으므로 점 Q에 대응하는 수는 $1+\square$

6-2

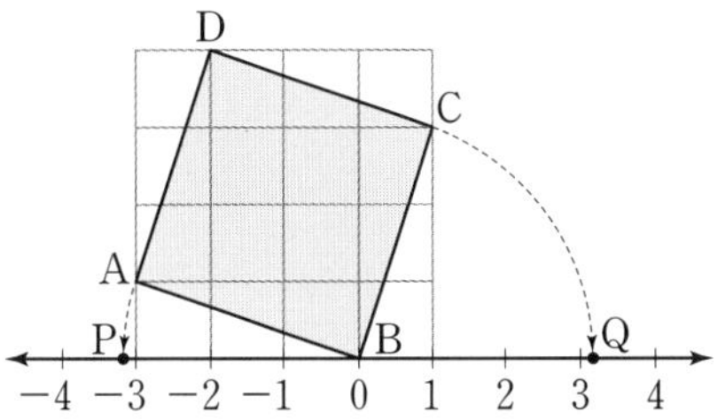

6-3

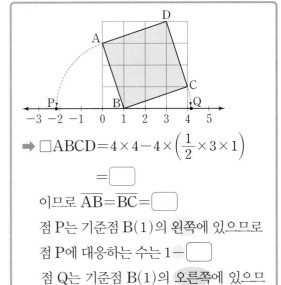

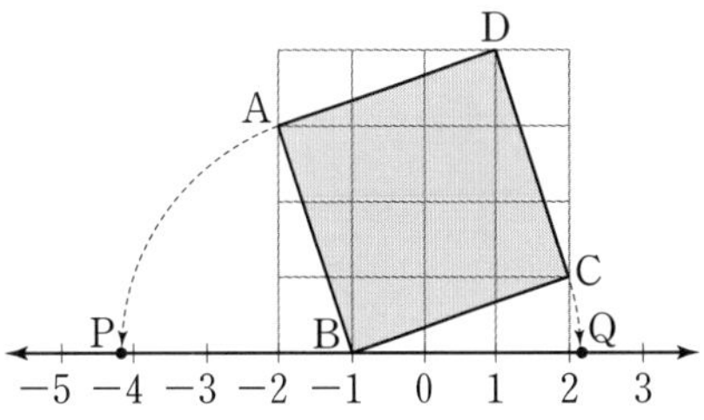

핵심 체크

- 넓이가 a인 정사각형의 한 변의 길이는 $\sqrt{a}$이다.
- 기준점에서 오른쪽이면 ➡ (기준점의 좌표)+(정사각형의 한 변의 길이)
  기준점에서 왼쪽이면 ➡ (기준점의 좌표)−(정사각형의 한 변의 길이)

18 두 실수의 대소 관계

방법 1 부등식의 성질을 이용

$2+\sqrt{3}$ ● $2+\sqrt{2}$ ┐ 양변에서 2를 뺀다.

$\sqrt{3}$ > $\sqrt{2}$

$\therefore 2+\sqrt{3} > 2+\sqrt{2}$

방법 2 제곱근의 값을 이용

$\underset{2.xxx}{\sqrt{5}}$ ● $2+\underset{1.414xxx}{\sqrt{2}}$

$\therefore \sqrt{5} < \underset{3.414xxx}{2+\sqrt{2}}$

참고 제곱근의 값

$\sqrt{2}=1.414\times\times\times$

$\sqrt{3}=1.732\times\times\times$

$\sqrt{4}=2$

$\sqrt{5}, \sqrt{6}, \sqrt{7}, \sqrt{8}$ ➡ $2.\times\times\times$

$\sqrt{9}=3$

$\sqrt{10}, \cdots, \sqrt{15}$ ➡ $3.\times\times\times$

○ 부등식의 성질을 이용하여 다음 ◯ 안에 $>$, $<$ 중 알맞은 부등호를 써넣으시오.

1-1

$3-\sqrt{2}$ ● $3-\sqrt{5}$ ┐ 양변에서 3을 뺀다.

$-\sqrt{2}$ ● $-\sqrt{5}$

$\sqrt{2}$ ◯ $\sqrt{5}$이므로 $-\sqrt{2}$ ◯ $-\sqrt{5}$

$\therefore 3-\sqrt{2}$ ◯ $3-\sqrt{5}$

1-2 $2-\sqrt{3}$ ◯ $2-\sqrt{6}$

2-1 $\sqrt{3}+1$ ◯ $\sqrt{5}+1$

2-2 $\sqrt{5}-2$ ◯ $\sqrt{7}-2$

3-1

$\sqrt{15}-\sqrt{17}$ ● $-\sqrt{17}+4$ ┐ 양변에 $\sqrt{17}$을 더한다.

$\sqrt{15}$ ● 4 ┐ 근호가 없는 수를 근호가 있는 수로 바꾼다.

$\sqrt{15}$ ◯ $\sqrt{16}$

$\therefore \sqrt{15}-\sqrt{17}$ ◯ $-\sqrt{17}+4$

3-2 $\sqrt{6}-3$ ◯ $\sqrt{6}-5$

4-1 $3-\sqrt{7}$ ◯ $\sqrt{5}-\sqrt{7}$

4-2 $\sqrt{17}+\sqrt{5}$ ◯ $4+\sqrt{5}$

핵심 체크

두 실수의 대소를 비교할 때, 양변에 같은 수가 보이면 부등식의 성질을 이용하는 것이 좋다.

○ 제곱근의 값을 이용하여 다음 ○ 안에 >, < 중 알맞은 부등호를 써넣으시오.

5-1 3 ● $\sqrt{10}-1$

➡ $9<10<16$이므로 $\sqrt{9}<\sqrt{10}<\sqrt{16}$

이때 $\sqrt{9}=$□, $\sqrt{16}=$□이므로

$\sqrt{10}=$□.×××

따라서 $\sqrt{10}-1=$□.×××이므로

3 ○ $\sqrt{10}-1$

5-2 $\sqrt{10}-2$ ○ 1

6-1 $\sqrt{2}+3$ ○ 5

6-2 3 ○ $\sqrt{6}+1$

7-1 $6-\sqrt{8}$ ○ 4

7-2 $\sqrt{6}$ ○ $\sqrt{11}-2$

○ 다음 ○ 안에 >, < 중 알맞은 부등호를 써넣으시오.

8-1 4 ○ $3+\sqrt{2}$

8-2 $\sqrt{5}+1$ ○ 3

9-1 $\sqrt{7}-3$ ○ $-3+\sqrt{3}$

9-2 $\sqrt{3}-\sqrt{5}$ ○ $2-\sqrt{5}$

핵심 체크

- 두 실수의 대소를 비교할 때, 양변에 같은 수가 보이지 않으면 제곱근의 값을 이용하는 것이 좋다.
- 자주 쓰는 제곱근의 값 ➡ $\sqrt{2}=1.414\times\times\times$, $\sqrt{3}=1.732\times\times\times$, $\sqrt{5}=2.236\times\times\times$

기본연산 집중연습 | 15~18

1. 다음 수가 수의 분류에 해당되면 ○표, 해당하지 않으면 ×표를 빈칸에 써넣으시오.

수의 분류 \ 수	0	-3	$\sqrt{25}$	$-\frac{3}{2}$	$\sqrt{18}$	$0.\dot{5}$	$\sqrt{\frac{4}{81}}$	$\sqrt{(-7)^2}$
자연수								
정수								
정수가 아닌 유리수								
유리수								
무리수								
실수								

○ 다음 설명 중 옳은 것에는 ○표, 옳지 않은 것에는 ×표를 (   ) 안에 써넣으시오.

2-1 실수는 유리수와 무리수로 이루어져 있다. (   )

2-2 순환하는 무한소수는 모두 무리수가 아니다. (   )

2-3 무한소수 중 유리수인 것도 있다. (   )

2-4 정수가 아닌 유리수는 모두 유한소수로 나타낼 수 있다. (   )

○ 다음 그림과 같이 수직선 위에 한 변의 길이가 1인 정사각형 ABCD가 있다. $\overline{CA}=\overline{CQ}$, $\overline{BD}=\overline{BP}$일 때, 두 점 P, Q에 대응하는 수를 각각 구하시오.

3-1

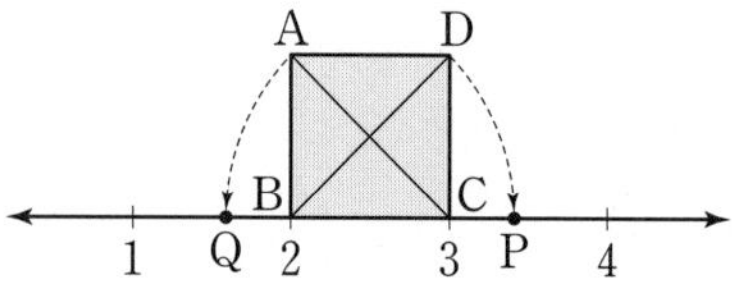

(1) 점 P에 대응하는 수 ________

(2) 점 Q에 대응하는 수 ________

3-2

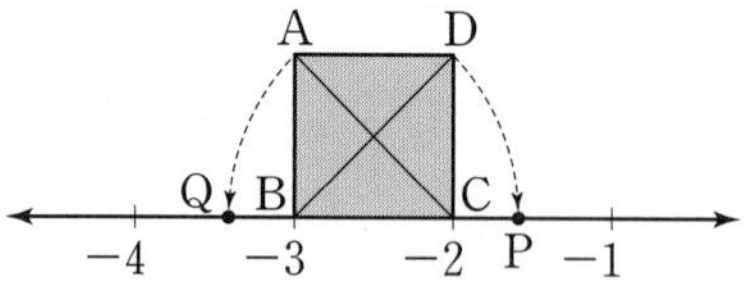

(1) 점 P에 대응하는 수 ________

(2) 점 Q에 대응하는 수 ________

핵심 체크

❶ 실수 { 유리수 { 정수, 정수가 아닌 유리수 → 유한소수, 순환소수 }, 무리수 }

❷ 넓이가 1인 정사각형의 대각선의 길이는 $\sqrt{2}$이다.
넓이가 a인 정사각형의 한 변의 길이는 $\sqrt{a}$이다.

○ 다음 그림에서 모눈 한 칸은 한 변의 길이가 1인 정사각형이다. $\overline{BA}=\overline{BP}$, $\overline{EF}=\overline{EQ}$일 때, 두 점 P, Q에 대응하는 수를 각각 구하시오.

4-1

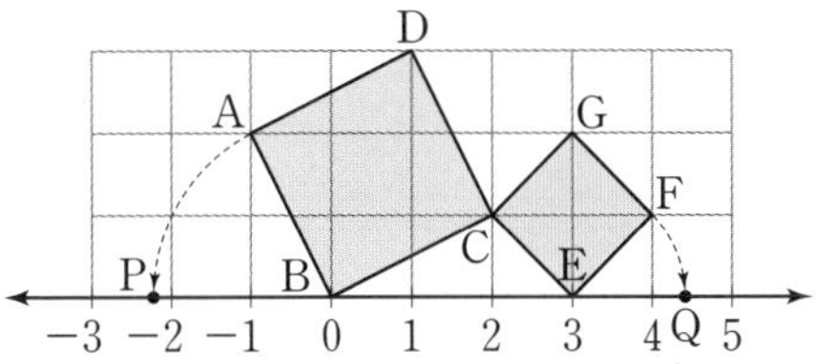

(1) 점 P에 대응하는 수 ____________

(2) 점 Q에 대응하는 수 ____________

4-2

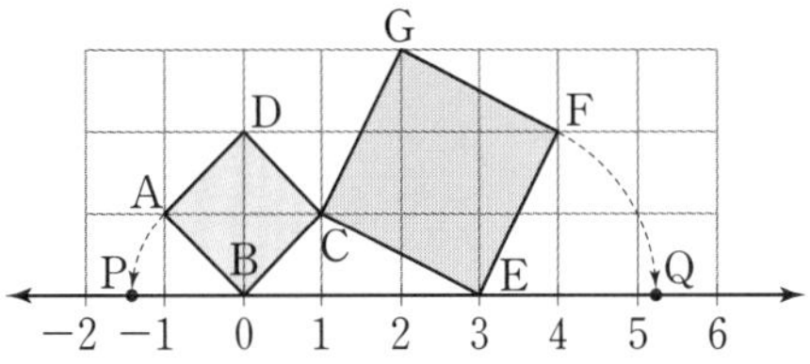

(1) 점 P에 대응하는 수 ____________

(2) 점 Q에 대응하는 수 ____________

5. 종훈이는 친구와 함께 여행을 가려고 한다. 함께 갈 친구는 다음에서 두 실수의 대소 관계가 옳을 때에는 실선을, 옳지 않을 때에는 점선을 따라 이동하여 만나는 친구로 정하려고 한다. 종훈이와 함께 갈 친구를 말하시오.

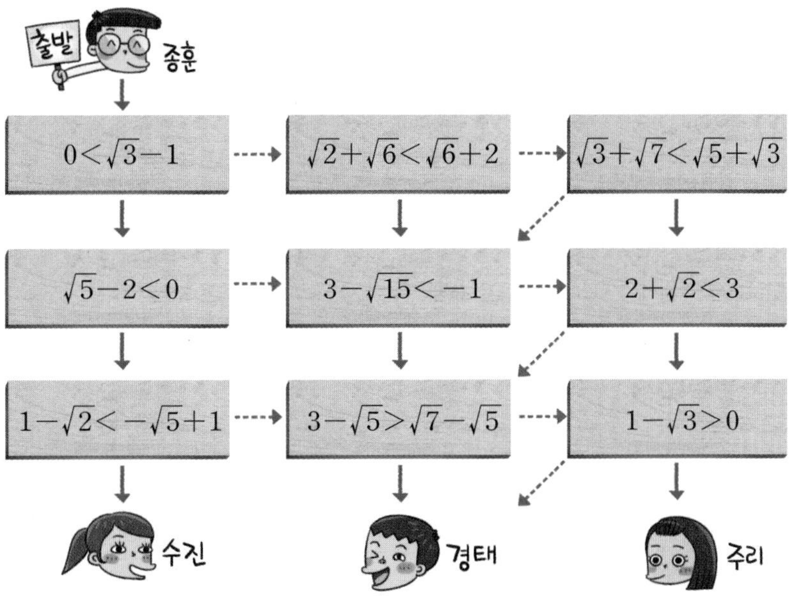

핵심 체크

❸ 두 실수의 대소를 비교할 때, 양변에 같은 수가 보이면 부등식의 성질을 이용하는 것이 좋다.

예 $1+\sqrt{2}$와 $2+\sqrt{2}$의 비교

$1<2$이므로 양변에 $\sqrt{2}$를 더하면 $1+\sqrt{2}<2+\sqrt{2}$

❹ 두 실수의 대소를 비교할 때, 양변에 같은 수가 보이지 않으면 제곱근의 값을 이용하는 것이 좋다.

예 $\sqrt{7}+3$과 5의 비교

$\sqrt{7}=2.\times\times\times$이므로 $\sqrt{7}+3=5.\times\times\times$ $\therefore \sqrt{7}+3>5$

기본연산 테스트

1 다음 수의 제곱근을 구하시오.

(1) 49

(2) $(-6)^2$

(3) 21

(4) 43

(5) $\sqrt{121}$

2 다음 설명 중 옳은 것에는 ○표, 옳지 않은 것에는 ×표를 ( ) 안에 써넣으시오.

(1) $\sqrt{16}$의 제곱근은 ±4이다. ( )

(2) 모든 수의 제곱근은 2개이다. ( )

(3) 6의 음의 제곱근은 $-\sqrt{6}$이다. ( )

(4) 제곱근 16은 ±4이다. ( )

(5) $(-5)^2$의 제곱근은 ±5이다. ( )

3 다음 값을 구하시오.

(1) $(\sqrt{8})^2$

(2) $(-\sqrt{15})^2$

(3) $-(\sqrt{5})^2$

(4) $\sqrt{\left(\frac{2}{5}\right)^2}$

(5) $-\sqrt{(-0.2)^2}$

4 다음을 계산하시오.

(1) $\sqrt{4^2}+\sqrt{(-7)^2}$

(2) $(-\sqrt{7})^2-(-\sqrt{5})^2$

(3) $(\sqrt{5})^2\times(-\sqrt{6})^2$

(4) $\sqrt{12^2}\div\sqrt{(-4)^2}$

(5) $-\sqrt{(-5)^2}\div\sqrt{\frac{25}{81}}-(-\sqrt{6})^2$

핵심 체크

❶ 제곱근 : $x^2=a\,(a\geq0)$일 때, x를 a의 제곱근이라 한다.
- 양수의 제곱근은 양수, 음수 2개가 있다.
- 0의 제곱근은 0 하나뿐이다.
- 음수의 제곱근은 생각하지 않는다.

❷ $a>0$일 때
- $(\sqrt{a})^2=a$, $(-\sqrt{a})^2=a$
- $\sqrt{a^2}=a$, $\sqrt{(-a)^2}=a$

5 다음 식을 간단히 하시오.

(1) $x<0$일 때, $\sqrt{x^2}$

(2) $x>-4$일 때, $\sqrt{(x+4)^2}$

(3) $x<6$일 때, $\sqrt{(x-6)^2}$

(4) $2<x<3$일 때, $\sqrt{(x-3)^2}+\sqrt{(2-x)^2}$

6 다음 ○ 안에 알맞은 부등호를 써넣으시오.

(1) $\sqrt{12}$ ○ $\sqrt{17}$

(2) $\sqrt{8}$ ○ 3

(3) -5 ○ $-\sqrt{27}$

(4) $\frac{1}{2}$ ○ $\sqrt{\frac{2}{3}}$

7 다음 수 중 무리수인 것을 모두 고르시오.

$\sqrt{3}$, $\quad 0.\dot{2}$, $\quad \sqrt{64}$, $\quad \sqrt{\frac{4}{3}}$, $\quad 0.101001000\cdots$

8 아래 그림에서 모눈 한 칸은 한 변의 길이가 1인 정사각형이고 $\overline{BA}=\overline{BP}$, $\overline{BC}=\overline{BQ}$일 때, 다음을 구하시오.

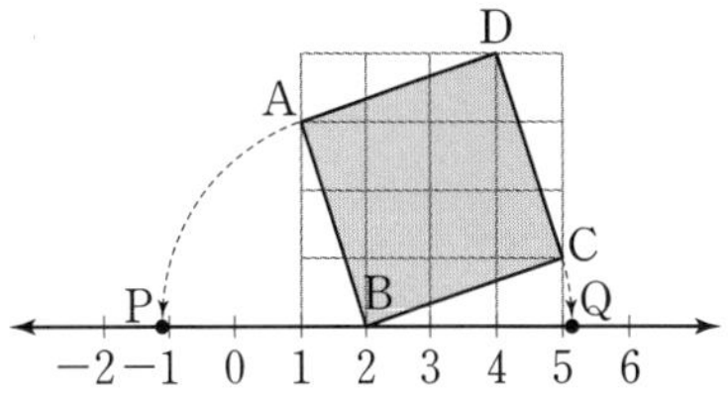

(1) □ABCD의 넓이

(2) $\overline{AB}$, $\overline{BC}$의 길이

(3) 점 P에 대응하는 수

(4) 점 Q에 대응하는 수

9 다음 ○ 안에 알맞은 부등호를 써넣으시오.

(1) 2 ○ $\sqrt{3}+1$

(2) $6-\sqrt{8}$ ○ 4

(3) $1-\sqrt{2}$ ○ $-\sqrt{5}+1$

(4) $\sqrt{6}+3$ ○ $\sqrt{6}+\sqrt{7}$

핵심 체크

❸ $\sqrt{A^2}$에서 $\begin{cases} A>0\text{일 때, } \sqrt{A^2}=A \\ A<0\text{일 때, } \sqrt{A^2}=-A \end{cases}$

❹ $a>0$, $b>0$일 때

• $a<b$이면 $\sqrt{a}<\sqrt{b}$ • $\sqrt{a}<\sqrt{b}$이면 $a<b$

❺ 무리수 : 유리수가 아닌 수 ➡ 근호를 벗길 수 없는 수

❻ 두 실수의 대소 비교

• 양변에 같은 수가 보이면 부등식의 성질을 이용한다.

• 양변에 같은 수가 보이지 않으면 제곱근의 값을 이용한다.

| 빅터 연산 **공부 계획표** |

	주제	쪽수	학습한 날짜
STEP 1	**01** 제곱근의 곱셈 (1)	48쪽	월 일
	02 제곱근의 곱셈 (2)	49쪽	월 일
	03 근호가 있는 식의 변형 : 곱셈식 (1)	50쪽	월 일
	04 근호가 있는 식의 변형 : 곱셈식 (2)	51쪽 ~ 52쪽	월 일
	05 근호가 있는 식의 변형을 이용한 대소 비교	53쪽	월 일
	06 근호가 있는 식의 변형을 이용한 제곱근의 곱셈	54쪽 ~ 55쪽	월 일
STEP 2	기본연산 집중연습	56쪽 ~ 57쪽	월 일
STEP 1	**07** 제곱근의 나눗셈 (1)	58쪽	월 일
	08 제곱근의 나눗셈 (2)	59쪽	월 일
	09 근호가 있는 식의 변형 : 나눗셈식 (1)	60쪽	월 일
	10 근호가 있는 식의 변형 : 나눗셈식 (2)	61쪽	월 일
	11 제곱근표에 없는 제곱근의 값 구하기	62쪽 ~ 63쪽	월 일
STEP 2	기본연산 집중연습	64쪽 ~ 65쪽	월 일

	주제	쪽수	학습한 날짜
STEP 1	**12** 분모의 유리화 (1)	66쪽 ~ 67쪽	월 일
	13 분모의 유리화 (2)	68쪽	월 일
	14 제곱근의 곱셈과 나눗셈	69쪽	월 일
	15 제곱근의 곱셈과 나눗셈의 혼합 계산	70쪽 ~ 71쪽	월 일
STEP 2	기본연산 집중연습	72쪽 ~ 73쪽	월 일
STEP 1	**16** 제곱근의 덧셈과 뺄셈 (1)	74쪽 ~ 75쪽	월 일
	17 제곱근의 덧셈과 뺄셈 (2)	76쪽	월 일
	18 제곱근의 덧셈과 뺄셈 (3)	77쪽	월 일
	19 분모의 유리화를 이용한 제곱근의 덧셈과 뺄셈	78쪽 ~ 79쪽	월 일
	20 근호가 있는 식의 분배법칙	80쪽 ~ 81쪽	월 일
	21 근호가 있는 복잡한 식의 계산	82쪽 ~ 83쪽	월 일
	22 실수의 대소 관계	84쪽	월 일
STEP 2	기본연산 집중연습	85쪽 ~ 87쪽	월 일
STEP 3	기본연산 테스트	88쪽 ~ 89쪽	월 일

2

제곱근을 포함한 식의 계산

기상학자는 기상과 기후의 변화를 관측하며 기상 현상을 예측하는데, 이때 수학을 많이 이용한다. 특히 태풍으로 인한 폭풍우의 지속 시간, 체감 온도, 지진, 해일의 속도 등과 같은 기상 현상을 예측하는 데 근호를 포함한 식이 이용된다. 태풍의 반지름의 길이를 R km라 하면 폭풍우의 지속 시간은 $\frac{\sqrt{R^3}}{\sqrt{54}}$시간 으로 나타낼 수 있다.

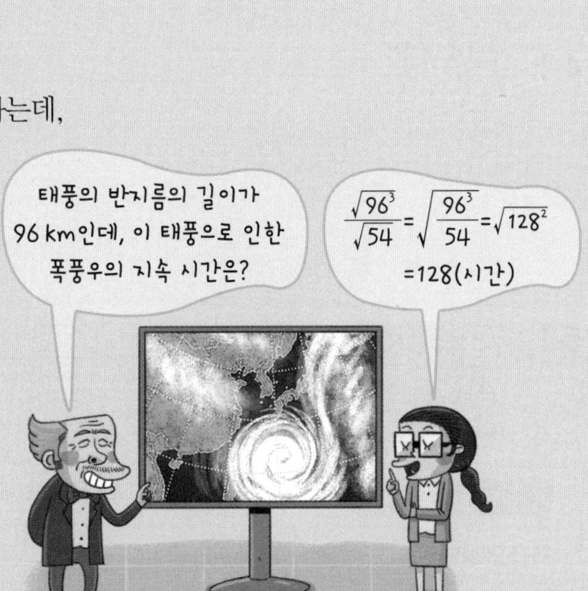

태풍의 반지름의 길이가 96 km인데, 이 태풍으로 인한 폭풍우의 지속 시간은?
$\frac{\sqrt{96^3}}{\sqrt{54}}=\sqrt{\frac{96^3}{54}}=\sqrt{128^2}$ =128(시간)

01 제곱근의 곱셈 (1)

정답과 해설 | 11쪽

제곱근끼리 곱할 때는 근호 안의 수끼리 곱한다.

$$\sqrt{2}\times\sqrt{3}=\sqrt{2\times3}=\sqrt{6}$$

근호 안의 수끼리 곱한다.

○ 다음 식을 간단히 하시오.

1-1 $\sqrt{3}\times\sqrt{5}=\sqrt{3\times\square}=\sqrt{\square}$

1-2 $\sqrt{6}\times\sqrt{11}$ ________

2-1 $\sqrt{3}\sqrt{7}$ ________

$\sqrt{a}\times\sqrt{b}$는 $\times$를 생략하여 $\sqrt{a}\sqrt{b}$와 같이 나타내기도 해.

2-2 $\sqrt{3}\sqrt{12}$ ________

3-1 $\sqrt{\frac{1}{5}}\times\sqrt{20}=\sqrt{\frac{1}{5}\times20}=\sqrt{\square}=\square$

3-2 $\sqrt{39}\times\sqrt{\frac{3}{13}}$ ________

4-1 $\sqrt{\frac{14}{3}}\sqrt{\frac{9}{7}}$ ________

4-2 $\sqrt{\frac{4}{7}}\sqrt{\frac{21}{4}}$ ________

5-1 $\sqrt{2}\times\sqrt{3}\times\sqrt{5}$ ________

$\sqrt{a}\times\sqrt{b}\times\sqrt{c}=\sqrt{abc}$

5-2 $\sqrt{2}\sqrt{5}\sqrt{7}$ ________

핵심 체크

제곱근끼리 곱할 때는 근호 안의 수끼리 곱한다.

➡ $a>0, b>0, c>0$일 때, $\sqrt{a}\sqrt{b}=\sqrt{ab}$, $\sqrt{a}\sqrt{b}\sqrt{c}=\sqrt{abc}$

02 제곱근의 곱셈 (2)

정답과 해설 | 11쪽

근호 밖에 수가 곱해져 있을 때는 근호 안의 수는 근호 안의 수끼리, 근호 밖의 수는 근호 밖의 수끼리 곱한다.

근호 밖의 수끼리 곱한다.

$$2\sqrt{3}\times4\sqrt{5}=(2\times4)\times\sqrt{3\times5}=8\sqrt{15}$$

근호 안의 수끼리 곱한다.

○ 다음 식을 간단히 하시오.

1-1 $3\sqrt{3}\times2\sqrt{2}=(3\times2)\times\sqrt{3\times\square}=6\sqrt{\square}$

1-2 $\sqrt{3}\times5\sqrt{5}$ ______

2-1 $4\sqrt{7}\times3\sqrt{3}$ ______

2-2 $\frac{2}{3}\sqrt{2}\times\frac{3}{2}\sqrt{3}$ ______

3-1 $4\sqrt{6}\times2$ ______

3-2 $6\times2\sqrt{5}$ ______

4-1 $(-3\sqrt{5})\times4\sqrt{5}$ ______

4-2 $2\sqrt{5}\times(-3\sqrt{2})$ ______

5-1 $(-5\sqrt{2})\times2\sqrt{2}$ ______

5-2 $(-2\sqrt{6})\times(-3\sqrt{6})$ ______

핵심 체크

근호 밖에 수가 곱해져 있을 때는 근호 안의 수는 근호 안의 수끼리, 근호 밖의 수는 근호 밖의 수끼리 곱한다.

➡ $a>0$, $b>0$이고 m, n이 유리수일 때, $m\sqrt{a}\times n\sqrt{b}=(m\times n)\times\sqrt{a\times b}=mn\sqrt{ab}$

03 근호가 있는 식의 변형 : 곱셈식 (1)

정답과 해설 | 12쪽

근호 밖의 수를 근호 안으로 넣는 경우

➡ 근호 밖의 양수는 제곱하여 근호 안으로 넣을 수 있다.

$2\sqrt{3}=\sqrt{2^2\times3}=\sqrt{12}$

(근호 안으로)

○ 다음을 $\sqrt{a}$ 또는 $-\sqrt{a}$의 꼴로 나타내시오.

1-1 $3\sqrt{2}=\sqrt{\square^2\times2}$
$=\sqrt{\square}$

1-2 $2\sqrt{5}$ ________

1-3 $3\sqrt{10}$ ________

2-1 $2\sqrt{6}$ ________

2-2 $5\sqrt{2}$ ________

2-3 $4\sqrt{3}$ ________

3-1 $-5\sqrt{3}=-\sqrt{\square^2\times3}$
$=-\sqrt{\square}$

3-2 $-2\sqrt{11}$ ________

3-3 $-3\sqrt{7}$ ________

4-1 $-10\sqrt{7}$ ________

4-2 $-6\sqrt{2}$ ________

4-3 $-2\sqrt{15}$ ________

핵심 체크

- 근호 밖에 곱해져 있는 수를 근호 안으로 넣을 때는 근호 밖의 수를 제곱하여 근호 안의 수와 곱하면 된다.
  ➡ $a>0, b>0$일 때, $a\sqrt{b}=\sqrt{a^2b}$
- 근호 밖의 $-$는 근호 안으로 넣을 수 없다. 예 $-3\sqrt{6}=-\sqrt{3^2\times6}=-\sqrt{54}$

04 근호가 있는 식의 변형 : 곱셈식 (2)

정답과 해설 | 12쪽

근호 안의 수를 근호 밖으로 꺼내는 경우

➡ 근호 안의 수를 소인수분해하여 제곱인 인수는 근호 밖으로 꺼낼 수 있다.

$$\sqrt{12}=\sqrt{2^2\times3}=2\sqrt{3}$$

근호 안을 소인수분해　　근호 밖으로

○ 다음을 $a\sqrt{b}$의 꼴로 나타내시오. (단, b는 가능한 한 가장 작은 자연수)

1-1 $\sqrt{63}=\sqrt{\square^2\times7}$
$=\square\sqrt{7}$

1-2 $\sqrt{8}$ ______

1-3 $\sqrt{18}$ ______

2-1 $\sqrt{20}$ ______

2-2 $\sqrt{44}$ ______

2-3 $\sqrt{50}$ ______

3-1 $-\sqrt{28}=-\sqrt{\square^2\times7}$
$=-\square\sqrt{7}$

3-2 $-\sqrt{45}$ ______

3-3 $-\sqrt{52}$ ______

4-1 $-\sqrt{63}$ ______

4-2 $-\sqrt{75}$ ______

4-3 $-\sqrt{98}$ ______

핵심 체크

근호 안의 수를 소인수분해했을 때, 제곱인 인수는 근호 밖으로 꺼낼 수 있다.

➡ $a>0, b>0$일 때, $\sqrt{a^2b}=a\sqrt{b}$

04 근호가 있는 식의 변형 : 곱셈식 (2)

○ 다음을 $a\sqrt{b}$의 꼴로 나타내시오. (단, b는 가능한 한 가장 작은 자연수)

5-1 $\sqrt{48}=\sqrt{2^4\times 3}$
$=\sqrt{\square^2\times 3}$
$=\square\sqrt{3}$

5-2 $\sqrt{32}$ ______

5-3 $\sqrt{80}$ ______

6-1 $\sqrt{54}=\sqrt{2\times 3^3}$
$=\sqrt{\square^2\times 6}$
$=\square\sqrt{6}$

6-2 $\sqrt{90}$ ______

6-3 $\sqrt{135}$ ______

7-1 $-\sqrt{40}$ ______

7-2 $-\sqrt{56}$ ______

7-3 $-\sqrt{136}$ ______

8-1 $\sqrt{72}=\sqrt{2^3\times 3^2}$
$=\sqrt{2^2\times 3^2\times 2}$
$=\sqrt{\square^2\times 2}$
$=\square\sqrt{2}$

8-2 $\sqrt{180}$ ______

8-3 $\sqrt{300}$ ______

9-1 $-\sqrt{108}$ ______

9-2 $-\sqrt{450}$ ______

9-3 $-\sqrt{1000}$ ______

핵심 체크

근호 안의 수를 a^2b의 꼴로 나타내려면 소인수분해하여 지수가 짝수인 부분끼리 모은다.

예 $700=2^2\times 5^2\times 7=(2\times 5)^2\times 7=10^2\times 7$

지수가 3 이상의 홀수인 경우는 (지수)=(짝수)+1의 꼴로 바꾼다.

예 $27=3^3=3^{2+1}=3^2\times 3$

05 근호가 있는 식의 변형을 이용한 대소 비교

정답과 해설 | **13**쪽

$2\sqrt{3}$과 3의 대소 비교

$$2\sqrt{3} = \sqrt{2^2 \times 3}\ \ \left(\begin{matrix} 2\sqrt{3} \ \bullet \ 3 \\ \downarrow \\ \sqrt{12} \ > \ \sqrt{9} \end{matrix}\right)\ \ 3 = \sqrt{3^2}$$

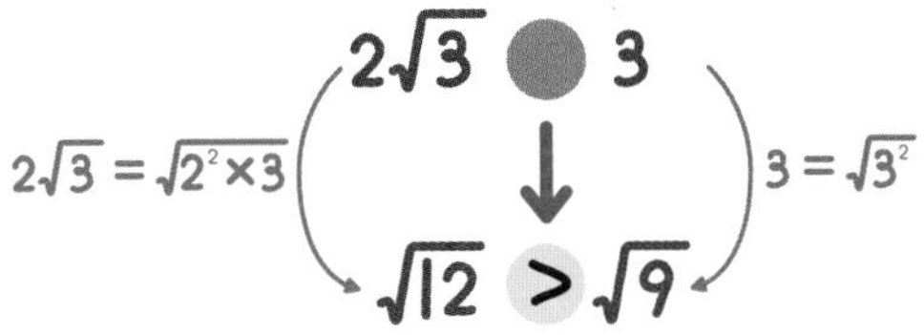

> 근호가 포함된 두 실수의 대소를 비교할 때는 두 수를 \sqrt{a} 또는 $-\sqrt{a}$의 꼴로 나타내어 비교해.

○ 다음 ◯ 안에 $>$, $<$ 중 알맞은 부등호를 써넣으시오.

1-1
> $3\sqrt{2}\ \bullet\ \sqrt{20}$
>
> ➡ $3\sqrt{2} = \sqrt{\boxed{}}$이므로 $3\sqrt{2}\ ◯\ \sqrt{20}$

1-2 $2\sqrt{7}\ ◯\ \sqrt{29}$

2-1 $4\sqrt{3}\ ◯\ 2\sqrt{5}$

2-2 $2\sqrt{5}\ ◯\ 3\sqrt{2}$

3-1 $-2\sqrt{3}\ ◯\ -\sqrt{10}$

> $a>0, b>0$일 때
> $a<b$이면 $-\sqrt{a}>-\sqrt{b}$

3-2 $-\sqrt{7}\ ◯\ -2\sqrt{2}$

4-1 $-4\sqrt{2}\ ◯\ -6$

4-2 $-5\sqrt{2}\ ◯\ -7$

5-1 $2\sqrt{3}+1\ ◯\ 3\sqrt{2}+1$

5-2 $-4\sqrt{3}+1\ ◯\ -3\sqrt{5}+1$

핵심 체크

$a\sqrt{b}$의 꼴이 포함된 두 실수의 대소를 비교할 때는 근호가 있는 식의 변형을 이용하여 $a\sqrt{b}$를 $\sqrt{a^2 b}$의 꼴로 고친 후 비교한다.

예 $2\sqrt{3}$과 $\sqrt{11}$의 대소 비교 ➡ $2\sqrt{3} = \sqrt{2^2 \times 3} = \sqrt{12}$이므로 $\sqrt{12} > \sqrt{11}$ ∴ $2\sqrt{3} > \sqrt{11}$

06 근호가 있는 식의 변형을 이용한 제곱근의 곱셈

$\sqrt{8}\times\sqrt{45}$의 계산

$\sqrt{45}=\sqrt{3^2\times5}$

$\sqrt{8}=\sqrt{2^2\times2}$

$$\sqrt{8}\times\sqrt{45}=2\sqrt{2}\times3\sqrt{5}$$
$$=(2\times3)\times\sqrt{2\times5}$$
$$=6\sqrt{10}$$

유리수는 유리수끼리
무리수는 무리수끼리

근호 안의 수를 소인수분해하여 제곱인 인수는 근호 밖으로 꺼내어 $a\sqrt{b}$의 꼴로 고친 후 계산해!

○ 다음 식을 간단히 하시오.

1-1
$\sqrt{12}\times\sqrt{63}=\square\sqrt{3}\times\square\sqrt{7}$
$=(\square\times\square)\times(\sqrt{3}\times\sqrt{7})$
$=\square$

1-2 $2\sqrt{5}\times\sqrt{8}$ ____________

2-1 $\sqrt{20}\times\sqrt{24}$ ____________

2-2 $\sqrt{27}\times\sqrt{50}$ ____________

3-1
$\sqrt{2}\times\sqrt{18}=\sqrt{2}\times\square\sqrt{2}$
$=(1\times\square)\times(\sqrt{2}\times\sqrt{2})$
$=\square$

3-2 $\sqrt{12}\times\sqrt{48}$ ____________

4-1 $3\sqrt{6}\times\sqrt{24}$ ____________

4-2 $\sqrt{27}\times2\sqrt{3}$ ____________

핵심 체크

- 근호 안의 수를 소인수분해했을 때, 제곱인 인수가 있으면 근호 밖으로 꺼내어 $a\sqrt{b}$의 꼴로 고친 후 계산한다.
- 계산 결과가 $\sqrt{(수)^2}$의 꼴일 때는 근호 없이 나타낸다.

○ 다음 식을 간단히 하시오.

5-1 $\sqrt{14}\times\sqrt{21}=\sqrt{2\times7}\times\sqrt{3\times\square}$
$=\square\sqrt{2\times3}=\square$

5-2 $\sqrt{3}\times\sqrt{15}$ __________

6-1 $\sqrt{6}\times\sqrt{10}$ __________

6-2 $\sqrt{7}\times\sqrt{21}$ __________

7-1 $\sqrt{10}\times\sqrt{35}$ __________

7-2 $\sqrt{33}\times\sqrt{11}$ __________

○ 다음 식을 간단히 하시오.

8-1 $(-\sqrt{48})\times\sqrt{72}$ __________

8-2 $\sqrt{12}\times\sqrt{75}$ __________

9-1 $(-\sqrt{21})\times(-\sqrt{63})$ __________

9-2 $\sqrt{125}\times\sqrt{50}$ __________

핵심 체크

제곱근의 곱셈

① 근호 안의 수를 소인수분해했을 때, 제곱인 인수가 있으면 $a\sqrt{b}$의 꼴로 고친 후 계산한다.

② $\sqrt{a}\times\sqrt{a}=(\sqrt{a})^2=a$를 이용하면 편리하다.

불편한 계산	편리한 계산
$\sqrt{15}\times\sqrt{35}=\sqrt{15\times35}$	$\sqrt{15}\times\sqrt{35}=\sqrt{3\times5}\times\sqrt{5\times7}$
$=\sqrt{525}$	$=\sqrt{3}\times\sqrt{5}\times\sqrt{5}\times\sqrt{7}$
$=\sqrt{3\times5^2\times7}$	$=5\times\sqrt{3\times7}$
$=5\sqrt{21}$	$=5\sqrt{21}$

기본연산 집중연습 | 01~06

○ 다음 중 옳은 것에는 ○표, 옳지 않은 것에는 ×표를 하시오.

1-1 $4\sqrt{2}=\sqrt{32}$ ( )

1-2 $-5\sqrt{3}=\sqrt{75}$ ( )

1-3 $\sqrt{72}=6\sqrt{2}$ ( )

1-4 $\sqrt{44}=4\sqrt{11}$ ( )

1-5 $-\sqrt{112}=-4\sqrt{7}$ ( )

1-6 $-\sqrt{162}=9\sqrt{2}$ ( )

1-7 $-\sqrt{80}=-8\sqrt{10}$ ( )

1-8 $\sqrt{96}=4\sqrt{6}$ ( )

○ 다음 ◯ 안에 알맞은 부등호를 써넣으시오.

2-1 3 ◯ $2\sqrt{2}$

2-2 $\sqrt{15}$ ◯ $3\sqrt{2}$

2-3 $-2\sqrt{2}$ ◯ $-\sqrt{7}$

2-4 $5\sqrt{3}$ ◯ $4\sqrt{5}$

2-5 -5 ◯ $-2\sqrt{6}$

2-6 $4\sqrt{3}$ ◯ 7

2-7 $-2\sqrt{3}$ ◯ $-3\sqrt{2}$

2-8 $3\sqrt{6}$ ◯ $5\sqrt{2}$

핵심 체크

❶ $a>0, b>0$일 때, $a\sqrt{b}=\sqrt{a^2b}$

❷ $a\sqrt{b}$의 꼴이 포함된 두 실수의 대소를 비교할 때는 $a\sqrt{b}$를 $\sqrt{a^2b}$의 꼴로 고친 후 비교한다.

○ 길에 적힌 곱셈식을 간단히 하시오.

출발

3-1 $5\sqrt{\frac{15}{7}}\times2\sqrt{\frac{14}{5}}$

3-2 $6\sqrt{\frac{15}{2}}\times\sqrt{\frac{8}{3}}$

3-3 $6\sqrt{3}\times2\sqrt{6}$

3-4 $(-2\sqrt{2})\times5\sqrt{3}$

3-5 $\sqrt{2}\times\sqrt{50}$

3-6 $(-\sqrt{15})\times\sqrt{35}$

3-7 $\sqrt{\frac{10}{3}}\times\left(-\sqrt{\frac{3}{5}}\right)$

3-8 $\left(-\sqrt{\frac{2}{5}}\right)\times\sqrt{30}$

3-9 $\sqrt{14}\times\sqrt{42}$

3-10 $4\sqrt{7}\times2\sqrt{21}$

3-11 $\sqrt{12}\times\sqrt{24}$

3-12 $\sqrt{72}\times\sqrt{108}$

도착

핵심 체크

③ $a>0$, $b>0$이고 m, n이 유리수일 때, $\sqrt{a}\sqrt{b}=\sqrt{ab}$, $m\sqrt{a}\times n\sqrt{b}=mn\sqrt{ab}$

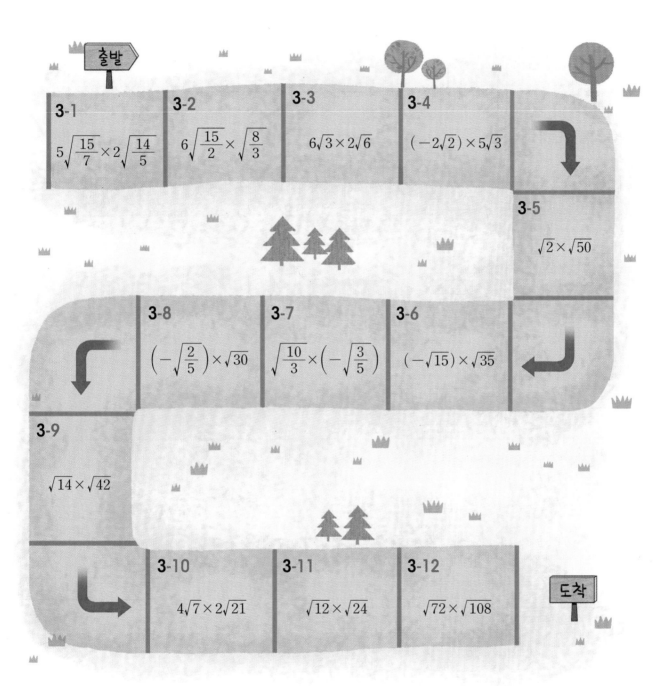

STEP 1

07 제곱근의 나눗셈 (1)

정답과 해설 | 14쪽

제곱근끼리 나눌 때는 근호 안의 수끼리 나눈다.

$$\sqrt{2}\div\sqrt{3}=\frac{\sqrt{2}}{\sqrt{3}}=\sqrt{\frac{2}{3}}$$

근호 안의 수끼리 나눈다.

나눗셈은 역수를 이용하여 곱셈으로 바꾸어 풀 수도 있다.

역수

▲÷$\frac{■}{●}$=▲×$\frac{●}{■}$

○ 다음 식을 간단히 하시오.

1-1 $\sqrt{10}\div\sqrt{5}=\frac{\sqrt{10}}{\sqrt{5}}=\sqrt{\frac{10}{\square}}=\square$

약분이 가능하면 반드시 약분해!

1-2 $\sqrt{12}\div\sqrt{4}$ ________

2-1 $\sqrt{24}\div\sqrt{6}$ ________

2-2 $\sqrt{48}\div\sqrt{6}$ ________

3-1 $\frac{\sqrt{45}}{\sqrt{9}}$ ________

3-2 $-\frac{\sqrt{63}}{\sqrt{7}}$ ________

4-1 $\sqrt{\frac{4}{3}}\div\sqrt{\frac{2}{9}}=\sqrt{\frac{4}{3}\div\frac{2}{9}}=\sqrt{\frac{4}{3}\times\square}=\square$

4-2 $\sqrt{\frac{9}{5}}\div\sqrt{\frac{3}{20}}$ ________

5-1 $\sqrt{30}\div\frac{\sqrt{15}}{\sqrt{8}}$ ________

5-2 $(-\sqrt{39})\div\sqrt{\frac{13}{3}}$ ________

핵심 체크

제곱근끼리 나눌 때는 근호 안의 수끼리 나눈다.

➡ $a>0, b>0$일 때, $\sqrt{a}\div\sqrt{b}=\frac{\sqrt{a}}{\sqrt{b}}=\sqrt{\frac{a}{b}}$

08 제곱근의 나눗셈 (2)

정답과 해설 | 15쪽

근호 밖에 수가 곱해져 있을 때는 근호 안의 수는 근호 안의 수끼리, 근호 밖의 수는 근호 밖의 수끼리 나눈다.

근호 밖의 수끼리 나눈다.

$$3\sqrt{2} \div 2\sqrt{3} = \frac{3\sqrt{2}}{2\sqrt{3}} = \frac{3}{2}\sqrt{\frac{2}{3}}$$

근호 안의 수끼리 나눈다.

○ 다음 식을 간단히 하시오.

1-1 $8\sqrt{6} \div 2\sqrt{3} = \frac{8\sqrt{6}}{2\sqrt{3}} = \frac{8}{\square}\sqrt{\frac{6}{3}} = \square$

1-2 $15\sqrt{12} \div 3\sqrt{6}$ ____________

2-1 $4\sqrt{14} \div \sqrt{7}$ ____________

2-2 $5\sqrt{21} \div \sqrt{3}$ ____________

3-1 $2\sqrt{12} \div 3\sqrt{6}$ ____________

3-2 $8\sqrt{34} \div 4\sqrt{2}$ ____________

4-1 $(-4\sqrt{30}) \div 2\sqrt{5}$ ____________

4-2 $12\sqrt{10} \div (-\sqrt{2})$ ____________

5-1 $10\sqrt{6} \div (-5\sqrt{3})$ ____________

5-2 $(-9\sqrt{15}) \div (-3\sqrt{5})$ ____________

핵심 체크

근호 밖에 수가 곱해져 있을 때는 근호 안의 수는 근호 안의 수끼리, 근호 밖의 수는 근호 밖의 수끼리 나눈다.

➡ $a>0, b>0$이고 m, n이 유리수일 때, $m\sqrt{a} \div n\sqrt{b} = \frac{m\sqrt{a}}{n\sqrt{b}} = \frac{m}{n}\sqrt{\frac{a}{b}}$ (단, $n \neq 0$)

09 근호가 있는 식의 변형 : 나눗셈식 (1)

정답과 해설 | 15쪽

근호 밖의 수를 근호 안으로 넣는 경우

➡ 근호 밖의 양수는 제곱하여 근호 안으로 넣을 수 있다.

$$\frac{\sqrt{2}}{3}=\frac{\sqrt{2}}{\sqrt{3^2}}=\sqrt{\frac{2}{3^2}}=\sqrt{\frac{2}{9}}$$

근호 안으로

○ 다음을 $\sqrt{\frac{b}{a}}$ 또는 $-\sqrt{\frac{b}{a}}$의 꼴로 나타내시오. (단, a, b는 서로소)

1-1 $\frac{\sqrt{44}}{3}=\sqrt{\frac{44}{\square^2}}=\sqrt{\frac{44}{\square}}$

1-2 $\frac{\sqrt{13}}{2}$ ________

2-1 $\frac{\sqrt{6}}{5}$ ________

2-2 $\frac{\sqrt{7}}{3}$ ________

3-1 $-\frac{\sqrt{91}}{9}$ ________

3-2 $-\frac{\sqrt{15}}{4}$ ________

4-1 $\frac{4\sqrt{21}}{5}=\sqrt{\frac{4^2\times 21}{\square^2}}=\sqrt{\frac{336}{\square}}$

4-2 $\frac{2\sqrt{11}}{3}$ ________

5-1 $\frac{3\sqrt{3}}{2}$ ________

5-2 $\frac{2\sqrt{3}}{7}$ ________

핵심 체크

근호 밖의 수를 근호 안으로 넣을 때는 근호 밖의 수를 제곱하여 근호가 있는 수로 바꾼 후 근호를 합친다.

➡ $a>0$, $b>0$일 때, $\frac{\sqrt{b}}{a}=\frac{\sqrt{b}}{\sqrt{a^2}}=\sqrt{\frac{b}{a^2}}$

10 근호가 있는 식의 변형 : 나눗셈식 (2)

정답과 해설 | 15쪽

근호 안의 수를 근호 밖으로 꺼내는 경우

➡ 근호 안의 수를 소인수분해하여 제곱인 인수는 근호 밖으로 꺼낼 수 있다.

$$\sqrt{\frac{2}{9}}=\sqrt{\frac{2}{3^2}}=\frac{\sqrt{2}}{\sqrt{3^2}}=\frac{\sqrt{2}}{3}$$

근호 밖으로

○ 다음을 $\frac{\sqrt{b}}{a}$의 꼴로 나타내시오. (단, b는 가능한 한 가장 작은 자연수)

1-1 $\sqrt{\frac{7}{25}}=\sqrt{\frac{7}{\square^2}}=\frac{\sqrt{7}}{\sqrt{\square^2}}=\frac{\sqrt{7}}{\square}$

1-2 $\sqrt{\frac{21}{4}}$ ______

2-1 $\sqrt{\frac{11}{36}}$ ______

2-2 $\sqrt{\frac{7}{100}}$ ______

3-1 $\sqrt{0.06}=\sqrt{\frac{6}{100}}=\sqrt{\frac{6}{\square^2}}=\frac{\sqrt{6}}{\square}$

3-2 $\sqrt{0.11}$ ______

4-1 $\sqrt{0.18}$ ______

4-2 $\sqrt{0.27}$ ______

5-1 $\sqrt{0.3}=\sqrt{\frac{30}{100}}=\frac{\sqrt{30}}{\square}$

5-2 $\sqrt{0.2}$ ______

핵심 체크

근호 안의 수를 근호 밖으로 꺼낼 때는 근호를 분리한 후 근호 안의 제곱인 인수를 근호 밖으로 꺼낸다.

➡ $a>0, b>0$일 때, $\sqrt{\frac{b}{a^2}}=\frac{\sqrt{b}}{\sqrt{a^2}}=\frac{\sqrt{b}}{a}$

근호 안의 수가 0보다 크고 1보다 작을 때

➡ 근호 안의 수를 $\frac{1}{10^2}, \frac{1}{10^4}, \frac{1}{10^6}, \cdots$과의 곱으로 나타낸 후 $\sqrt{\frac{b}{a^2}}=\frac{\sqrt{b}}{a}$임을 이용한다.

11 제곱근표에 없는 제곱근의 값 구하기

❶ 100보다 큰 수 : $\sqrt{100a}=10\sqrt{a}$, $\sqrt{10000a}=100\sqrt{a}$, ⋯ 이용

예 $\sqrt{132}=\sqrt{1.32\times100}=10\sqrt{1.32}=10\times1.149=11.49$

❷ 0과 1 사이의 수 : $\sqrt{\dfrac{a}{100}}=\dfrac{\sqrt{a}}{10}$, $\sqrt{\dfrac{a}{10000}}=\dfrac{\sqrt{a}}{100}$, ⋯ 이용

예 $\sqrt{0.0235}=\sqrt{\dfrac{2.35}{100}}=\dfrac{\sqrt{2.35}}{10}=\dfrac{1.533}{10}=0.1533$

$\sqrt{0.235}=\sqrt{\dfrac{23.5}{100}}=\dfrac{\sqrt{23.5}}{10}=\dfrac{4.848}{10}=0.4848$

근호 안의 수가 100보다 큰 수는 소수점을 왼쪽으로 두 자리씩 이동!!

근호 안의 수가 0보다 크고 1보다 작은 수는 소수점을 오른쪽으로 두 자리씩 이동!!

○ $\sqrt{3}=1.732$, $\sqrt{30}=5.477$일 때, 다음 $\square$ 안에 알맞은 수를 써넣으시오.

1-1 $\sqrt{300}=\sqrt{3\times\square}=\square\sqrt{3}$
$=\square\times1.732=\square$

1-2 $\sqrt{3000}=\sqrt{30\times\square}=\square\sqrt{30}$
$=\square\times5.477=\square$

2-1 $\sqrt{30000}=\sqrt{\square\times10000}=100\sqrt{\square}$
$=100\times\square=\square$

2-2 $\sqrt{0.03}=\sqrt{\dfrac{3}{\square}}=\dfrac{\sqrt{3}}{\square}$
$=\dfrac{1.732}{\square}=\square$

3-1 $\sqrt{0.3}=\sqrt{\dfrac{\square}{100}}=\dfrac{\sqrt{\square}}{10}$
$=\dfrac{\square}{10}=\square$

3-2 $\sqrt{0.0003}=\sqrt{\dfrac{\square}{10000}}=\dfrac{\sqrt{\square}}{100}$
$=\dfrac{\square}{100}=\square$

핵심 체크

• 100보다 큰 수의 제곱근의 값은 근호 안의 수를 10^2, 10^4, ⋯과의 곱으로 나타낸 후 $\sqrt{a^2b}=a\sqrt{b}$임을 이용하여 구한다.

• 0보다 크고 1보다 작은 수의 제곱근의 값은 근호 안의 수를 $\dfrac{1}{10^2}$, $\dfrac{1}{10^4}$, ⋯과의 곱으로 나타낸 후 $\sqrt{\dfrac{b}{a^2}}=\dfrac{\sqrt{b}}{a}$임을 이용하여 구한다.

○ $\sqrt{2}=1.414$, $\sqrt{20}=4.472$일 때, 다음 제곱근의 값을 구하시오.

4-1 $\sqrt{200}$ __________

4-2 $\sqrt{2000}$ __________

5-1 $\sqrt{20000}$ __________

5-2 $\sqrt{0.2}$ __________

6-1 $\sqrt{0.02}$ __________

6-2 $\sqrt{0.002}$ __________

○ $\sqrt{7.53}=2.744$, $\sqrt{75.3}=8.678$일 때, 다음 제곱근의 값을 구하시오.

7-1 $\sqrt{753}$ __________

7-2 $\sqrt{7530}$ __________

8-1 $\sqrt{75300}$ __________

8-2 $\sqrt{753000}$ __________

9-1 $\sqrt{0.753}$ __________

9-2 $\sqrt{0.0753}$ __________

핵심 체크

제곱근표는 1에서 99.9까지의 수만 있으므로 100보다 크거나 0보다 크고 1보다 작은 수는 변형하여 제곱근표에 있는 수를 이용할 수 있도록 만들어야 한다.

예 $\sqrt{500}=\sqrt{5\times100}=10\sqrt{5}$, $\sqrt{0.05}=\sqrt{\frac{5}{100}}=\frac{\sqrt{5}}{10}$

기본연산 집중연습 | 07~11

○ 다음 중 옳은 것에는 ○표, 옳지 않은 것에는 ×표를 하시오.

1-1 $\frac{\sqrt{2}}{5}=\sqrt{\frac{2}{25}}$ ( )

1-2 $-\frac{\sqrt{3}}{2}=\sqrt{-\frac{3}{4}}$ ( )

1-3 $\frac{2\sqrt{2}}{3}=\sqrt{\frac{8}{9}}$ ( )

1-4 $\sqrt{0.12}=\frac{\sqrt{3}}{5}$ ( )

1-5 $\sqrt{0.21}=\frac{\sqrt{21}}{10}$ ( )

1-6 $\sqrt{\frac{5}{49}}=\frac{\sqrt{5}}{7}$ ( )

1-7 $\sqrt{\frac{15}{20}}=\frac{\sqrt{3}}{4}$ ( )

1-8 $\sqrt{0.07}=\frac{\sqrt{7}}{100}$ ( )

○ $\sqrt{6}=2.449$, $\sqrt{60}=7.746$일 때, 다음 제곱근의 값을 구하시오.

2-1 $\sqrt{600}$

2-2 $\sqrt{6000}$

2-3 $\sqrt{60000}$

2-4 $\sqrt{0.6}$

2-5 $\sqrt{0.06}$

2-6 $\sqrt{0.006}$

핵심 체크

❶ $a>0$, $b>0$일 때, $\sqrt{\frac{b}{a^2}}=\frac{\sqrt{b}}{a}$

예 $\sqrt{\frac{5}{64}}=\sqrt{\frac{5}{8^2}}=\frac{\sqrt{5}}{8}$

❷ 제곱근표에 없는 제곱근의 값

- 100보다 큰 수 : $\sqrt{100a}=10\sqrt{a}$, $\sqrt{10000a}=100\sqrt{a}$, ⋯ 이용
- 0과 1 사이의 수 : $\sqrt{\frac{a}{100}}=\frac{\sqrt{a}}{10}$, $\sqrt{\frac{a}{10000}}=\frac{\sqrt{a}}{100}$, ⋯ 이용

○ 다음 식을 간단히 하시오.

3-1 $8\sqrt{6}\div2\sqrt{3}=$ □ 가

3-2 $10\sqrt{15}\div5\sqrt{3}=$ □ 빠

3-3 $6\sqrt{18}\div(-3\sqrt{3})=$ □ 세

3-4 $4\sqrt{30}\div2\sqrt{5}=$ □ 닭

3-5 $(-10\sqrt{20})\div2\sqrt{5}=$ □ 은

3-6 $6\sqrt{28}\div(-2\sqrt{7})=$ □ 상

3-7 $\sqrt{10}\div\frac{\sqrt{5}}{\sqrt{14}}=$ □ 에

3-8 $\frac{\sqrt{21}}{\sqrt{5}}\div\frac{\sqrt{3}}{\sqrt{10}}=$ □ 장

3-9 $\sqrt{98}\div(-7\sqrt{2})=$ □ 른

3-10 $7\sqrt{108}\div6\sqrt{3}=$ □ 서

간단히 한 결과에 해당하는 글자를 빈칸에 써넣어 만든 이 수수께끼의 답은 무엇일까요?

$-2\sqrt{6}$	-6	$2\sqrt{7}$	7

$4\sqrt{2}$	$\sqrt{14}$

$2\sqrt{5}$	-1

$2\sqrt{6}$	-10

?

핵심 체크

③ $a>0$, $b>0$이고 m, n이 유리수일 때

- $\sqrt{a}\div\sqrt{b}=\frac{\sqrt{a}}{\sqrt{b}}=\sqrt{\frac{a}{b}}$
- $m\sqrt{a}\div n\sqrt{b}=\frac{m\sqrt{a}}{n\sqrt{b}}=\frac{m}{n}\sqrt{\frac{a}{b}}$ (단, $n\neq0$)

STEP 1

12 분모의 유리화 (1)

분모의 유리화 : 분모에 근호가 있을 때, 분모와 분자에 같은 무리수를 각각 곱하여 분모를 유리수로 고치는 것

$$\frac{b}{\sqrt{a}}=\frac{b\times\sqrt{a}}{\sqrt{a}\times\sqrt{a}}=\frac{b\sqrt{a}}{a}\ (a>0)$$

무리수 → 유리수 (유리화)

$\frac{2}{\sqrt{3}}=\frac{2\times\sqrt{3}}{\sqrt{3}\times\sqrt{3}}=\frac{2\sqrt{3}}{3}$ | $\frac{\sqrt{2}}{\sqrt{3}}=\frac{\sqrt{2}\times\sqrt{3}}{\sqrt{3}\times\sqrt{3}}=\frac{\sqrt{6}}{3}$ | $\frac{\sqrt{2}}{2\sqrt{3}}=\frac{\sqrt{2}\times\sqrt{3}}{2\sqrt{3}\times\sqrt{3}}=\frac{\sqrt{6}}{6}$

↑ 분모의 근호 부분만 분모, 분자에 각각 곱한다.

○ 다음 수의 분모를 유리화하시오.

1-1 $\frac{1}{\sqrt{2}}=\frac{1\times\sqrt{\square}}{\sqrt{2}\times\sqrt{\square}}=\frac{\sqrt{\square}}{\square}$

1-2 $\frac{1}{\sqrt{3}}$ ________

1-3 $\frac{1}{\sqrt{5}}$ ________

2-1 $\frac{1}{\sqrt{6}}$ ________

2-2 $\frac{1}{\sqrt{7}}$ ________

2-3 $\frac{1}{\sqrt{10}}$ ________

3-1 $\frac{3}{\sqrt{2}}=\frac{3\times\sqrt{\square}}{\sqrt{2}\times\sqrt{\square}}=\frac{3\sqrt{\square}}{\square}$

3-2 $\frac{6}{\sqrt{5}}$ ________

3-3 $\frac{2}{\sqrt{7}}$ ________

4-1 $\frac{5}{\sqrt{5}}$ ________

4-2 $\frac{2}{\sqrt{6}}$ ________

4-3 $\frac{3}{\sqrt{15}}$ ________

분모의 유리화를 한 후 약분되는 것은 약분하여 간단히 정리해!

핵심 체크

분모를 유리화할 때는 반드시 분모, 분자에 같은 수를 곱해야 한다.

예 $\frac{\sqrt{3}}{\sqrt{2}}=\frac{\sqrt{3}}{\sqrt{2}\times\sqrt{2}}=\frac{\sqrt{3}}{2}$ (×), $\frac{\sqrt{3}}{\sqrt{2}}=\frac{\sqrt{3}\times\sqrt{2}}{\sqrt{2}\times\sqrt{2}}=\frac{\sqrt{6}}{2}$ (○)

○ 다음 수의 분모를 유리화하시오.

5-1 $\frac{\sqrt{2}}{\sqrt{5}}=\frac{\sqrt{2}\times\sqrt{\square}}{\sqrt{5}\times\sqrt{5}}=\frac{\sqrt{\square}}{\square}$

5-2 $\frac{\sqrt{3}}{\sqrt{5}}$ ________

5-3 $\frac{\sqrt{5}}{\sqrt{7}}$ ________

6-1 $\frac{\sqrt{3}}{\sqrt{10}}$ ________

6-2 $\frac{\sqrt{5}}{\sqrt{13}}$ ________

6-3 $\frac{\sqrt{7}}{\sqrt{15}}$ ________

7-1 $\sqrt{\frac{3}{7}}$ ________

7-2 $\sqrt{\frac{2}{11}}$ ________

7-3 $\sqrt{\frac{5}{14}}$ ________

8-1 $\frac{3}{2\sqrt{2}}=\frac{3\times\sqrt{\square}}{2\sqrt{2}\times\sqrt{2}}=\square$

8-2 $\frac{1}{5\sqrt{3}}$ ________

8-3 $\frac{10}{3\sqrt{5}}$ ________

9-1 $\frac{\sqrt{5}}{4\sqrt{6}}$ ________

9-2 $\frac{\sqrt{3}}{8\sqrt{11}}$ ________

9-3 $\frac{3\sqrt{2}}{2\sqrt{5}}$ ________

핵심 체크

분모의 유리화를 할 때는 분모의 근호 부분만 분모, 분자에 각각 곱한다.

➡ 분모가 $a\sqrt{b}$ 꼴이면, 분모, 분자에 $\sqrt{b}$를 각각 곱한다.

13 분모의 유리화 (2)

정답과 해설 | 18쪽

분모의 근호 안에 제곱인 인수가 있으면 $a\sqrt{b}$의 꼴로 고친 후 분모를 유리화한다.

$$\frac{4}{\sqrt{12}}=\frac{4}{\sqrt{2^2\times3}}=\frac{4}{2\sqrt{3}}=\frac{2}{\sqrt{3}}=\frac{2\sqrt{3}}{3}$$

근호 안을 소인수분해 / $a\sqrt{b}$의 꼴 / 약분 / 분모의 유리화

○ 다음 수의 분모를 유리화하시오.

1-1 $\frac{2}{\sqrt{8}}=\frac{2}{\sqrt{\square^2\times2}}=\frac{2}{\square\sqrt{2}}=\square$

1-2 $\frac{9}{\sqrt{18}}$ ________

1-3 $\frac{2}{\sqrt{20}}$ ________

2-1 $\frac{5}{\sqrt{27}}$ ________

2-2 $\frac{3}{\sqrt{32}}$ ________

2-3 $\frac{10}{\sqrt{45}}$ ________

3-1 $\frac{\sqrt{5}}{\sqrt{24}}=\frac{\sqrt{5}}{\sqrt{\square^3\times\square}}=\frac{\sqrt{5}}{2\sqrt{\square}}=\square$

3-2 $\frac{\sqrt{3}}{\sqrt{28}}$ ________

3-3 $\frac{\sqrt{7}}{\sqrt{50}}$ ________

4-1 $\frac{4\sqrt{7}}{\sqrt{48}}$ ________

4-2 $\frac{6\sqrt{5}}{\sqrt{54}}$ ________

4-3 $\frac{3\sqrt{3}}{\sqrt{90}}$ ________

핵심 체크

근호 안의 수를 정리하여 근호 밖으로 꺼낼 수 있는 수를 꺼내면 분모의 유리화를 간단히 할 수 있다.

예 $\frac{1}{\sqrt{8}}=\frac{1}{2\sqrt{2}}=\frac{\sqrt{2}}{2\sqrt{2}\times\sqrt{2}}=\frac{\sqrt{2}}{4}$

14 제곱근의 곱셈과 나눗셈

정답과 해설 | 18쪽

① 근호 안의 수는 근호 안의 수끼리, 근호 밖의 수는 근호 밖의 수끼리 계산한다.
② 계산 결과가 분수 꼴이면서 그 분모가 근호를 포함한 무리수일 때는 분모를 유리화한다.

$\sqrt{6}\times\sqrt{\frac{5}{12}}$의 계산

$$\sqrt{6}\times\sqrt{\frac{5}{12}}=\sqrt{6\times\frac{5}{12}}=\sqrt{\frac{5}{2}}$$
$$=\frac{\sqrt{5}}{\sqrt{2}}=\frac{\sqrt{10}}{2}$$

분모의 유리화

$\sqrt{2}\div\sqrt{\frac{3}{5}}$의 계산

$$\sqrt{2}\div\sqrt{\frac{3}{5}}=\sqrt{2\div\frac{3}{5}}=\sqrt{2\times\frac{5}{3}}$$
$$=\sqrt{\frac{10}{3}}=\frac{\sqrt{10}}{\sqrt{3}}=\frac{\sqrt{30}}{3}$$

분모의 유리화

○ 다음 식을 간단히 하시오.

1-1 $\sqrt{\frac{2}{3}}\times\sqrt{\frac{3}{5}}=\sqrt{\frac{2}{3}\times\frac{3}{5}}=\sqrt{\frac{2}{5}}$
$=\frac{\sqrt{2}}{\square}=\square$

1-2 $\sqrt{\frac{1}{6}}\times\sqrt{8}$ ______

2-1 $6\sqrt{\frac{1}{3}}\times\frac{2}{3}\sqrt{\frac{1}{2}}$ ______

2-2 $4\sqrt{12}\times3\sqrt{\frac{2}{15}}$ ______

3-1 $2\sqrt{5}\div\sqrt{10}=\frac{2\sqrt{5}}{\sqrt{10}}=\frac{2}{\sqrt{\square}}=\square$

3-2 $2\sqrt{3}\div3\sqrt{2}$ ______

4-1 $\sqrt{3}\div\frac{\sqrt{15}}{\sqrt{8}}$ ______

4-2 $\frac{\sqrt{6}}{4\sqrt{5}}\div2\sqrt{3}$ ______

핵심 체크

식의 계산 결과가 분수 꼴이면서 그 분모가 근호를 포함한 무리수일 때는 보통 분모를 유리화하여 나타낸다.

15 제곱근의 곱셈과 나눗셈의 혼합 계산

❶ 유리수의 계산과 마찬가지로 앞에서부터 차례대로 계산한다.
❷ 나눗셈은 역수의 곱셈으로 바꾼 후 계산한다.
❸ 근호 안의 수는 근호 안의 수끼리, 근호 밖의 수는 근호 밖의 수끼리 계산한다.
❹ 계산 결과가 분수 꼴이면서 그 분모가 근호를 포함한 무리수일 때는 분모를 유리화하여 나타낸다.

$$\sqrt{2}\times\sqrt{3}\div\sqrt{5}=\sqrt{2}\times\sqrt{3}\times\frac{1}{\sqrt{5}}=\sqrt{2\times3\times\frac{1}{5}}=\sqrt{\frac{6}{5}}=\frac{\sqrt{6}}{\sqrt{5}}=\frac{\sqrt{30}}{5}$$

나눗셈을 곱셈으로! 분모의 유리화

○ 다음 식을 간단히 하시오.

1-1 $\sqrt{6}\times\sqrt{7}\div\sqrt{3}=\sqrt{6}\times\sqrt{7}\times\frac{1}{\sqrt{3}}$
$=\sqrt{6\times7\times\frac{1}{3}}=\square$

1-2 $\sqrt{2}\div\sqrt{3}\times\sqrt{6}$ ________

2-1 $5\sqrt{2}\times\sqrt{10}\div\sqrt{5}$ ________

2-2 $2\sqrt{5}\div\sqrt{10}\times\sqrt{7}$ ________

3-1 $2\sqrt{2}\times\sqrt{7}\div\sqrt{24}=2\sqrt{2}\times\sqrt{7}\times\frac{1}{2\sqrt{\square}}$
$=2\times\frac{1}{2}\times\sqrt{2\times7\times\frac{1}{\square}}$
$=\frac{\sqrt{\square}}{\square}$

3-2 $\sqrt{56}\div2\sqrt{7}\times\sqrt{2}$ ________

4-1 $\sqrt{27}\div\sqrt{6}\times4\sqrt{5}$ ________

4-2 $\sqrt{63}\times\sqrt{3}\div3\sqrt{2}$ ________

핵심 체크

곱셈과 나눗셈이 섞여 있는 계산은 나눗셈을 곱셈으로 바꾼 후 차례대로 계산한다.

예 $\sqrt{6}\div\sqrt{3}\times\sqrt{5}=\sqrt{6}\div\sqrt{15}=\sqrt{\frac{6}{15}}=\sqrt{\frac{2}{5}}=\frac{\sqrt{10}}{5}$ (×), $\sqrt{6}\div\sqrt{3}\times\sqrt{5}=\sqrt{6}\times\frac{1}{\sqrt{3}}\times\sqrt{5}=\sqrt{6\times\frac{1}{3}\times5}=\sqrt{10}$ (○)

○ 다음 식을 간단히 하시오.

5-1 $\frac{6}{\sqrt{3}} \div \frac{\sqrt{6}}{\sqrt{5}} \times \frac{\sqrt{18}}{\sqrt{15}} = \frac{6}{\sqrt{3}} \times \frac{\sqrt{5}}{\sqrt{6}} \times \frac{\sqrt{18}}{\sqrt{15}}$ (약분: $\sqrt{3}$, $\sqrt{5}$, $\sqrt{6}$, $\sqrt{18}$, $\sqrt{15}$ → 3)

$= \frac{6}{\sqrt{\square}} = \square$

5-2 $\frac{3}{\sqrt{5}} \times \frac{\sqrt{2}}{\sqrt{3}} \div \sqrt{6}$ ________

6-1 $\frac{3}{\sqrt{10}} \times \sqrt{12} \div \sqrt{30}$ ________

6-2 $\frac{\sqrt{6}}{\sqrt{5}} \times \frac{2}{\sqrt{3}} \div \frac{\sqrt{8}}{\sqrt{15}}$ ________

7-1 $\sqrt{15} \div 3\sqrt{5} \times \frac{1}{2\sqrt{2}}$ ________

7-2 $\frac{\sqrt{2}}{3} \times \frac{\sqrt{10}}{\sqrt{3}} \div \frac{\sqrt{2}}{\sqrt{15}}$ ________

8-1 $\frac{2}{\sqrt{3}} \times \frac{\sqrt{18}}{\sqrt{7}} \div \frac{\sqrt{6}}{\sqrt{14}}$ ________

8-2 $\frac{\sqrt{3}}{\sqrt{5}} \div \frac{\sqrt{2}}{\sqrt{3}} \times \frac{\sqrt{10}}{\sqrt{21}}$ ________

9-1 $\sqrt{28} \div \frac{\sqrt{7}}{\sqrt{3}} \times \frac{\sqrt{3}}{2}$ ________

9-2 $\frac{3}{\sqrt{2}} \times \frac{5}{\sqrt{3}} \div \frac{\sqrt{5}}{\sqrt{6}}$ ________

10-1 $3\sqrt{2} \times 2\sqrt{6} \div \frac{\sqrt{3}}{2}$ ________

10-2 $\frac{\sqrt{15}}{\sqrt{8}} \div \frac{\sqrt{5}}{2\sqrt{2}} \times \sqrt{30}$ ________

핵심 체크

곱셈과 나눗셈의 혼합 계산

- 나눗셈은 역수의 곱셈으로 바꾼 후 계산한다.
- 분모, 분자에서 약분할 수 있는 것은 약분한다.

기본연산 집중연습 | 12~15

○ 다음 수의 분모를 유리화하시오.

1-1 $\frac{1}{\sqrt{13}}$

1-2 $-\frac{\sqrt{3}}{\sqrt{7}}$

1-3 $\frac{3}{\sqrt{5}}$

1-4 $-\frac{3}{\sqrt{21}}$

1-5 $\sqrt{\frac{2}{5}}$

1-6 $\sqrt{\frac{7}{13}}$

1-7 $\frac{9}{5\sqrt{3}}$

1-8 $-\frac{4}{5\sqrt{2}}$

1-9 $\frac{12}{\sqrt{54}}$

1-10 $\frac{5}{\sqrt{80}}$

1-11 $\frac{\sqrt{6}}{\sqrt{3}\times\sqrt{5}}$

1-12 $\frac{\sqrt{14}}{\sqrt{3}\times\sqrt{7}}$

핵심 체크

❶ 분모를 유리화하는 방법

$a>0$일 때, $\frac{b}{\sqrt{a}}=\frac{b\times\sqrt{a}}{\sqrt{a}\times\sqrt{a}}=\frac{b\sqrt{a}}{a}$

❷ 분모의 근호 안에 제곱인 인수가 있으면 $a\sqrt{b}$의 꼴로 고친 후 분모를 유리화한다.

○ 사다리 타기를 하여 만든 식을 간단히 하여 화분의 빈 곳에 써넣으시오.

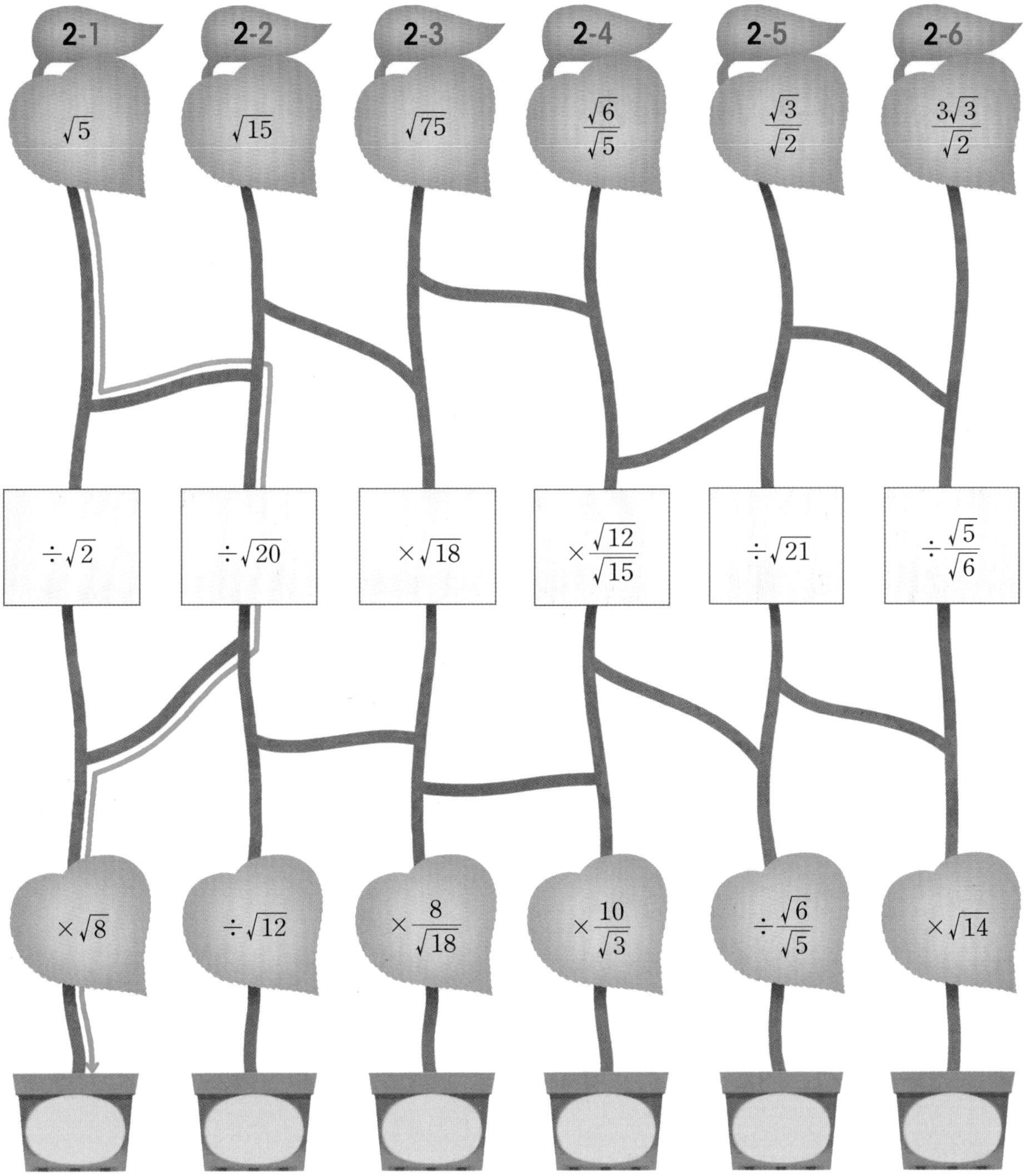

핵심 체크

③ 제곱근의 곱셈과 나눗셈의 혼합 계산

- 나눗셈은 역수의 곱셈으로 바꾼다.
- 계산 결과가 분수 꼴이면서 그 분모가 근호를 포함한 무리수일 때는 분모를 유리화한다.

STEP 1

16 제곱근의 덧셈과 뺄셈 (1)

$2\sqrt{3}+4\sqrt{3}$의 계산

$$2\sqrt{3}+4\sqrt{3}=(2+4)\sqrt{3}=6\sqrt{3}$$

$2\sqrt{3}-4\sqrt{3}$의 계산

$$2\sqrt{3}-4\sqrt{3}=(2-4)\sqrt{3}=-2\sqrt{3}$$

$\sqrt{3}$을 문자 x로 생각하여 다항식의 동류항의 덧셈, 뺄셈과 같은 방법으로 계산해!

○ 다음 식을 간단히 하시오.

1-1 $7\sqrt{2}+3\sqrt{2}=(7+\square)\sqrt{2}=\square$

1-2 $3\sqrt{5}+2\sqrt{5}$ ________

2-1 $\sqrt{3}+2\sqrt{3}$ ________

2-2 $5\sqrt{2}+\sqrt{2}$ ________

3-1 $4\sqrt{7}+5\sqrt{7}$ ________

3-2 $2\sqrt{6}+3\sqrt{6}$ ________

4-1 $2\sqrt{2}-3\sqrt{2}=(2-\square)\sqrt{2}=\square$

4-2 $\sqrt{3}-5\sqrt{3}$ ________

5-1 $7\sqrt{5}-2\sqrt{5}$ ________

5-2 $-2\sqrt{10}-3\sqrt{10}$ ________

핵심 체크

m, n이 유리수이고, $\sqrt{a}$가 무리수일 때

$m\sqrt{a}+n\sqrt{a}=(m+n)\sqrt{a}$, $m\sqrt{a}-n\sqrt{a}=(m-n)\sqrt{a}$

○ 다음 식을 간단히 하시오.

6-1 $\frac{2\sqrt{2}}{3}+\frac{\sqrt{2}}{3}=\frac{2\sqrt{2}+\sqrt{2}}{3}=\frac{\square\sqrt{2}}{3}=\square$

6-2 $\frac{3\sqrt{2}}{2}-\frac{\sqrt{2}}{2}$ ________

7-1 $\frac{\sqrt{5}}{2}-\frac{\sqrt{5}}{4}$ ________

7-2 $\sqrt{7}-\frac{\sqrt{7}}{3}$ ________

8-1 $\sqrt{5}+\frac{4\sqrt{5}}{5}$ ________

8-2 $\frac{2\sqrt{3}}{3}-\frac{3\sqrt{3}}{4}$ ________

9-1 $\sqrt{2}-2\sqrt{2}+4\sqrt{2}=(1-2+4)\square=\square$

9-2 $-2\sqrt{3}+7\sqrt{3}-3\sqrt{3}$ ________

10-1 $4\sqrt{7}-6\sqrt{7}-\sqrt{7}$ ________

10-2 $-\sqrt{5}-2\sqrt{5}-3\sqrt{5}$ ________

11-1 $\frac{3\sqrt{3}}{4}-\frac{3\sqrt{3}}{2}+\sqrt{3}$ ________

11-2 $\frac{\sqrt{2}}{3}-\frac{\sqrt{2}}{4}+2\sqrt{2}$ ________

핵심 체크

근호 밖의 수가 분수인 경우 분모의 최소공배수로 통분한 후 간단히 한다.

예 $\frac{2\sqrt{5}}{3}+\frac{\sqrt{5}}{2}=\frac{4\sqrt{5}}{6}+\frac{3\sqrt{5}}{6}=\left(\frac{4}{6}+\frac{3}{6}\right)\sqrt{5}=\frac{7\sqrt{5}}{6}$

분모 3과 2의 최소공배수 6으로 통분

2 제곱근을 포함한 식의 계산

17 제곱근의 덧셈과 뺄셈 (2)

정답과 해설 | 21쪽

근호 안에 제곱인 인수가 있으면 $\sqrt{a^2b}=a\sqrt{b}$임을 이용하여 근호 안의 수를 간단히 정리한 후 계산한다.

$$\sqrt{18}-\sqrt{8}=\sqrt{3^2\times 2}-\sqrt{2^2\times 2}$$
$$=3\sqrt{2}-2\sqrt{2}$$
$$=(3-2)\sqrt{2}=\sqrt{2}$$

$\sqrt{a^2b}$를 $a\sqrt{b}$의 꼴로 바꾼다.

○ 다음 식을 간단히 하시오.

1-1 $\sqrt{20}+\sqrt{45}=\square\sqrt{5}+\square\sqrt{5}=\square$

1-2 $\sqrt{8}+\sqrt{32}$ ______

2-1 $\sqrt{52}-\sqrt{13}$ ______

2-2 $\sqrt{12}-\sqrt{27}$ ______

3-1 $2\sqrt{12}-\sqrt{75}$ ______

3-2 $-\sqrt{63}+2\sqrt{28}$ ______

4-1 $\sqrt{24}-\sqrt{6}-\sqrt{54}$ ______

4-2 $\sqrt{40}-\sqrt{90}+2\sqrt{10}$ ______

5-1 $\sqrt{18}-\sqrt{32}-\sqrt{50}$ ______

5-2 $\sqrt{125}-\sqrt{80}+\sqrt{20}$ ______

핵심 체크

근호 안에 제곱인 인수가 있으면 $\sqrt{a^2b}=a\sqrt{b}$임을 이용하여 근호 안의 수를 정리한 후 계산한다.

18 제곱근의 덧셈과 뺄셈 (3)

정답과 해설 | 21쪽

$5\sqrt{2}-2\sqrt{3}-3\sqrt{2}+5\sqrt{3}$의 계산

$5\sqrt{2}-2\sqrt{3}-3\sqrt{2}+5\sqrt{3}$

$=5\sqrt{2}-3\sqrt{2}-2\sqrt{3}+5\sqrt{3}$ ← $\sqrt{\ }$ 안의 수가 같은 것끼리 모은다.

$=(5-3)\sqrt{2}+(-2+5)\sqrt{3}$

$=2\sqrt{2}+3\sqrt{3}$ ← $\sqrt{2}$와 $\sqrt{3}$은 $\sqrt{\ }$ 안의 수가 다르므로 더 이상 간단히 할 수 없다.

근호 안의 수가 같은 것을 동류항으로 생각하고 계산하면 돼!

○ 다음 식을 간단히 하시오.

1-1 $\sqrt{3}-2\sqrt{7}+5\sqrt{3}+4\sqrt{7}=\sqrt{3}+5\sqrt{3}-2\sqrt{7}+4\sqrt{7}$

$=\square\sqrt{3}+\square\sqrt{7}$

1-2 $2\sqrt{6}+\sqrt{5}-4\sqrt{6}$ ______________

2-1 $2\sqrt{2}+3\sqrt{5}-4\sqrt{2}-\sqrt{5}$ ______________

2-2 $6\sqrt{10}-10\sqrt{6}-2\sqrt{10}+\sqrt{6}$ ______________

3-1 $\sqrt{48}+4\sqrt{2}-\sqrt{50}-\sqrt{12}$ ______________

3-2 $3\sqrt{8}+\sqrt{18}-\sqrt{98}+\sqrt{48}$ ______________

4-1 $-\sqrt{27}+\sqrt{75}-\sqrt{72}+\sqrt{32}$ ______________

4-2 $\sqrt{27}+\sqrt{147}-5\sqrt{20}-\sqrt{125}$ ______________

핵심 체크

a, b, c, d는 유리수이고, $\sqrt{x}$, $\sqrt{y}$는 무리수일 때 (단, $x\neq y$)

$a\sqrt{x}+b\sqrt{y}+c\sqrt{x}+d\sqrt{y}=a\sqrt{x}+c\sqrt{x}+b\sqrt{y}+d\sqrt{y}=(a+c)\sqrt{x}+(b+d)\sqrt{y}$

19 분모의 유리화를 이용한 제곱근의 덧셈과 뺄셈

분모에 무리수가 있으면 분모를 유리화한 후 계산한다.

$$\frac{6}{\sqrt{2}}-\sqrt{2}=\frac{6\times\sqrt{2}}{\sqrt{2}\times\sqrt{2}}-\sqrt{2}=3\sqrt{2}-\sqrt{2}=2\sqrt{2}$$

분모의 유리화

○ 다음 식을 간단히 하시오.

1-1 $\sqrt{7}+\frac{2}{\sqrt{7}}=\sqrt{7}+\frac{\square\sqrt{7}}{7}=\square$

1-2 $\frac{\sqrt{5}}{3}+\frac{4}{\sqrt{5}}$ ________

2-1 $4\sqrt{3}+\frac{6}{\sqrt{3}}$ ________

2-2 $\frac{10}{\sqrt{5}}+6\sqrt{5}$ ________

3-1 $\frac{3}{\sqrt{5}}-\frac{\sqrt{5}}{5}$ ________

3-2 $\frac{1}{\sqrt{3}}-\frac{2\sqrt{3}}{3}$ ________

4-1 $\frac{8}{\sqrt{2}}-\sqrt{18}$ ________

4-2 $\sqrt{20}-\frac{15}{\sqrt{5}}$ ________

5-1 $\frac{3}{\sqrt{2}}+\frac{4}{\sqrt{8}}$ ________

5-2 $\frac{6}{\sqrt{7}}-\frac{4}{\sqrt{28}}$ ________

핵심 체크

분모에 무리수가 있으면 분모를 유리화한 후 계산한다.

○ 다음 식을 간단히 하시오.

6-1 $\sqrt{72}+\sqrt{18}-\frac{2}{\sqrt{2}}$

$=6\sqrt{2}+\square\sqrt{2}-\frac{2\times\sqrt{2}}{\sqrt{2}\times\sqrt{2}}$

$=\square\sqrt{2}-\square=\square$

6-2 $-2\sqrt{20}+2\sqrt{45}-\frac{2}{\sqrt{5}}$ ________

7-1 $\sqrt{\frac{3}{4}}-\frac{3}{\sqrt{12}}+\sqrt{3}$ ________

7-2 $-\sqrt{27}-\frac{9}{\sqrt{3}}+\frac{6}{\sqrt{3}}$ ________

8-1 $2\sqrt{24}+\frac{4}{\sqrt{6}}-3\sqrt{6}$ ________

8-2 $\frac{5\sqrt{6}}{\sqrt{2}}-\frac{\sqrt{12}}{3}-\sqrt{48}$ ________

9-1 $\frac{2\sqrt{3}}{\sqrt{6}}-4\sqrt{3}+\frac{2}{\sqrt{2}}+\sqrt{27}$ ________

9-2 $5\sqrt{2}-\sqrt{75}+\frac{3}{\sqrt{3}}-2\sqrt{8}$ ________

10-1 $\sqrt{10}+\frac{2\sqrt{10}}{\sqrt{5}}-2\sqrt{40}-\sqrt{32}$ ________

10-2 $\frac{\sqrt{72}}{2}-\frac{6\sqrt{24}}{\sqrt{3}}+2\sqrt{18}+\frac{20}{\sqrt{5}}$ ________

핵심 체크

분모의 유리화를 이용한 제곱근의 계산 ➡ ① 근호 안에 제곱인 인수가 있으면 근호 밖으로 꺼낸다.
② 분모를 유리화한다.
③ 근호 안의 수가 같은 것끼리 계산한다.

20 근호가 있는 식의 분배법칙

$\sqrt{2}(\sqrt{6}+\sqrt{5})$
$=\sqrt{2}\sqrt{6}+\sqrt{2}\sqrt{5}$
$=\sqrt{12}+\sqrt{10}$
$=2\sqrt{3}+\sqrt{10}$

$(\sqrt{24}+\sqrt{15})\div\sqrt{3}$
$=\dfrac{\sqrt{24}+\sqrt{15}}{\sqrt{3}}$
$\dfrac{a-b}{c}=\dfrac{a}{c}-\dfrac{b}{c}$
$=\dfrac{\sqrt{24}^{8}}{\sqrt{3}}+\dfrac{\sqrt{15}^{5}}{\sqrt{3}}$
$=\sqrt{8}+\sqrt{5}$
$=2\sqrt{2}+\sqrt{5}$

$\dfrac{1+\sqrt{2}}{\sqrt{3}}$
분모와 분자에 $\sqrt{3}$을 곱한다.
$=\dfrac{(1+\sqrt{2})\times\sqrt{3}}{\sqrt{3}\times\sqrt{3}}$
$=\dfrac{\sqrt{3}+\sqrt{2}\sqrt{3}}{3}$
$=\dfrac{\sqrt{3}+\sqrt{6}}{3}$

○ 다음 식을 간단히 하시오.

1-1 $\sqrt{3}(\sqrt{2}+\sqrt{5})=\sqrt{3}\times\sqrt{2}+\sqrt{3}\times\sqrt{5}$
$=\sqrt{\square}+\sqrt{\square}$

1-2 $\sqrt{2}(5+3\sqrt{3})$ __________

2-1 $-\sqrt{3}(\sqrt{2}+\sqrt{10})$ __________

2-2 $-2\sqrt{6}(\sqrt{5}+\sqrt{8})$ __________

3-1 $\sqrt{7}(2\sqrt{3}-\sqrt{5})$ __________

3-2 $\sqrt{5}(\sqrt{7}-\sqrt{6})$ __________

4-1 $-\sqrt{2}(3-2\sqrt{5})$ __________

4-2 $-3\sqrt{2}(\sqrt{8}-\sqrt{20})$ __________

5-1 $(\sqrt{10}+\sqrt{20})\sqrt{5}$ __________

5-2 $(\sqrt{2}+3\sqrt{5})\sqrt{6}$ __________

핵심 체크

$a>0, b>0, c>0$일 때, $\sqrt{a}(\sqrt{b}\pm\sqrt{c})=\sqrt{a}\sqrt{b}\pm\sqrt{a}\sqrt{c}$, $(\sqrt{a}\pm\sqrt{b})\sqrt{c}=\sqrt{a}\sqrt{c}\pm\sqrt{b}\sqrt{c}$

○ 다음 식을 간단히 하시오.

6-1 $(\sqrt{18}+\sqrt{6})\div\sqrt{3}=\dfrac{\sqrt{18}+\sqrt{6}}{\sqrt{\square}}$
$=\dfrac{\sqrt{18}}{\sqrt{\square}}+\dfrac{\sqrt{6}}{\sqrt{\square}}$
$=\sqrt{\square}+\sqrt{\square}$

6-2 $(\sqrt{15}-\sqrt{20})\div(-\sqrt{5})$ __________

7-1 $(\sqrt{24}-\sqrt{15})\div\sqrt{3}$ __________

7-2 $(3\sqrt{21}-2\sqrt{30})\div\sqrt{3}$ __________

○ 다음 식을 간단히 하시오.

8-1 $\dfrac{\sqrt{7}+\sqrt{5}}{\sqrt{2}}=\dfrac{(\sqrt{7}+\sqrt{5})\times\square}{\sqrt{2}\times\square}=\square$

8-2 $\dfrac{3+\sqrt{3}}{\sqrt{5}}$ __________

9-1 $\dfrac{\sqrt{6}-\sqrt{3}}{\sqrt{2}}$ __________

9-2 $\dfrac{\sqrt{5}-2\sqrt{3}}{\sqrt{10}}$ __________

10-1 $\dfrac{4\sqrt{3}+\sqrt{2}}{2\sqrt{6}}$ __________

10-2 $\dfrac{\sqrt{2}-\sqrt{6}}{2\sqrt{3}}$ __________

핵심 체크

$a>0, b>0, c>0$일 때
$(\sqrt{a}\pm\sqrt{b})\div\sqrt{c}=\dfrac{\sqrt{a}\pm\sqrt{b}}{\sqrt{c}}=\sqrt{\dfrac{a}{c}}\pm\sqrt{\dfrac{b}{c}}$

$a>0, b>0, c>0$일 때
$\dfrac{\sqrt{a}\pm\sqrt{b}}{\sqrt{c}}=\dfrac{(\sqrt{a}\pm\sqrt{b})\times\sqrt{c}}{\sqrt{c}\times\sqrt{c}}=\dfrac{\sqrt{ac}\pm\sqrt{bc}}{c}$

21 근호가 있는 복잡한 식의 계산

② 분모를 유리화한다.

$$\sqrt{2}(5+2\sqrt{6})-\frac{4-2\sqrt{6}}{\sqrt{2}}=5\sqrt{2}+2\sqrt{12}-\frac{(4-2\sqrt{6})\sqrt{2}}{\sqrt{2}\times\sqrt{2}}$$

① 분배법칙을 이용하여 전개한다.

$$=5\sqrt{2}+2\sqrt{12}-\frac{\overset{2}{\cancel{4}}\sqrt{2}-\cancel{2}\sqrt{12}}{\cancel{2}}$$

$2\sqrt{12}=2\times\sqrt{2^2\times3}$
$=2\times2\sqrt{3}$
$=4\sqrt{3}$

③ 제곱인 인수를 근호 밖으로 꺼낸다.

$$=5\sqrt{2}+4\sqrt{3}-(2\sqrt{2}-2\sqrt{3})$$

$$=5\sqrt{2}+4\sqrt{3}-2\sqrt{2}+2\sqrt{3}$$

④ 근호 안의 수가 같은 것끼리 모아서 계산한다.

$$=3\sqrt{2}+6\sqrt{3}$$

○ 다음 식을 간단히 하시오.

1-1
$\sqrt{2}\times\sqrt{6}+3\sqrt{3}=\sqrt{12}+3\sqrt{3}$
$=\square\sqrt{3}+3\sqrt{3}$
$=\square\sqrt{3}$

1-2 $2\sqrt{24}-\sqrt{18}\times\sqrt{3}$ ________

2-1 $\sqrt{15}\times\sqrt{5}-8\sqrt{6}\div2\sqrt{2}$ ________

2-2 $\sqrt{12}\times\sqrt{6}-\sqrt{40}\div\sqrt{5}$ ________

3-1 $\sqrt{18}\div\frac{1}{\sqrt{6}}-\sqrt{12}$ ________

3-2 $\sqrt{18}-\frac{\sqrt{12}}{\sqrt{6}}+\sqrt{10}\times\sqrt{5}$ ________

4-1 $\sqrt{72}+\frac{6}{\sqrt{2}}-\sqrt{3}\times\sqrt{6}$ ________

4-2 $\frac{24}{\sqrt{3}}+3\sqrt{24}\times\sqrt{2}-\sqrt{75}$ ________

핵심 체크

곱셈, 나눗셈을 먼저 한다. ➡ 근호 안의 수가 같은 것끼리 덧셈, 뺄셈을 한다. ➡ 약분이 되는 것은 약분한다.

○ 다음 식을 간단히 하시오.

5-1 $\sqrt{12}-\sqrt{3}(2-\sqrt{3})=\square\sqrt{3}-2\sqrt{3}+\square$
$=\square$

5-2 $\sqrt{3}(\sqrt{15}+\sqrt{3})-\sqrt{20}$ ________

6-1 $\sqrt{2}(3-\sqrt{5})+\sqrt{5}(\sqrt{2}-\sqrt{10})$ ________

6-2 $\sqrt{2}(3-\sqrt{6})-\sqrt{3}(3+\sqrt{6})$ ________

7-1 $\sqrt{6}\left(\frac{1}{\sqrt{2}}+\frac{1}{\sqrt{3}}\right)+2(\sqrt{12}-\sqrt{18})$ ________

7-2 $\frac{\sqrt{45}-\sqrt{15}}{\sqrt{5}}+\sqrt{3}(\sqrt{3}-1)$ ________

8-1 $\sqrt{3}(5-3\sqrt{2})-\frac{6-2\sqrt{2}}{\sqrt{3}}$ ________

8-2 $\frac{3\sqrt{6}-4}{\sqrt{2}}-\sqrt{2}(2-\sqrt{6})$ ________

9-1 $\sqrt{75}\left(\sqrt{3}-\frac{4}{\sqrt{2}}\right)-\frac{5}{\sqrt{3}}(\sqrt{12}-\sqrt{18})$ ________

9-2 $\sqrt{24}\left(\sqrt{3}-\frac{5}{\sqrt{2}}\right)-(\sqrt{12}-\sqrt{18})\div\sqrt{6}$ ________

핵심 체크

근호가 있는 복잡한 식의 계산 ➡ ① 괄호가 있으면 분배법칙을 이용하여 전개한다.
② 근호 안에 제곱인 인수가 있으면 제곱인 인수를 밖으로 꺼낸다.
③ 분모에 무리수가 있으면 유리화한다.

22 실수의 대소 관계

정답과 해설 | 24쪽

두 실수 $1-3\sqrt{2}$, $1-2\sqrt{3}$의 대소 관계

방법 1 두 수의 차 이용

$(1-3\sqrt{2})-(1-2\sqrt{3})=1-3\sqrt{2}-1+2\sqrt{3}$
$=2\sqrt{3}-3\sqrt{2}$
$=\sqrt{12}-\sqrt{18}$ < 0

$\therefore 1-3\sqrt{2}$ < $1-2\sqrt{3}$

방법 2 부등식의 성질 이용

$1-3\sqrt{2}$ ● $1-2\sqrt{3}$
$-3\sqrt{2}$ ● $-2\sqrt{3}$ ← 양변에서 1을 뺀다.
$-\sqrt{18}$ < $-\sqrt{12}$ ← $a\sqrt{b}$를 $\sqrt{a^2b}$의 꼴로 바꾼다.

$\therefore 1-3\sqrt{2}$ < $1-2\sqrt{3}$

참고 두 수의 대소 관계를 묻는 문제가 나오면 앞으로는 두 수의 차를 이용하는 방법을 주로 사용한다.

○ 다음 ◯ 안에 >, < 중 알맞은 부등호를 써넣으시오.

1-1

$3\sqrt{3}-2$ ● $6-2\sqrt{3}$
➡ $(3\sqrt{3}-2)-(6-2\sqrt{3})=3\sqrt{3}-2-6+2\sqrt{3}$
$=5\sqrt{3}-8$
$5\sqrt{3}=\sqrt{\square}$, $8=\sqrt{\square}$이므로 $5\sqrt{3}-8$ ◯ 0
$\therefore 3\sqrt{3}-2$ ◯ $6-2\sqrt{3}$

1-2 $1+4\sqrt{2}$ ◯ $3\sqrt{2}+2$

2-1 $\sqrt{3}+\sqrt{2}$ ◯ $3\sqrt{2}-\sqrt{3}$

2-2 $\sqrt{18}-3$ ◯ $\sqrt{8}-4$

3-1 $5\sqrt{3}-3\sqrt{2}$ ◯ $\sqrt{2}+2\sqrt{3}$

3-2 $7-\sqrt{3}$ ◯ $3\sqrt{3}+1$

4-1 $\sqrt{7}-1$ ◯ $4-\sqrt{7}$

4-2 $2\sqrt{5}-3$ ◯ $\sqrt{5}$

핵심 체크

두 실수 a, b에 대하여

① $a-b>0$이면 $a>b$ ② $a-b=0$이면 $a=b$ ③ $a-b<0$이면 $a<b$

기본연산 집중연습 | 16~22

정답과 해설 | 25쪽

○ 다음 식을 간단히 하시오.

1-1 $3\sqrt{3}+3\sqrt{7}-4\sqrt{3}-2\sqrt{7}$

1-2 $2\sqrt{3}-2\sqrt{6}-3\sqrt{3}-3\sqrt{6}$

1-3 $\sqrt{18}-4\sqrt{3}+5\sqrt{2}-\sqrt{27}$

1-4 $2\sqrt{5}+\sqrt{28}-\sqrt{80}-3\sqrt{7}$

1-5 $\sqrt{32}+\sqrt{45}+4\sqrt{5}-\sqrt{50}$

1-6 $2\sqrt{18}-4\sqrt{8}+\sqrt{75}-\sqrt{300}$

1-7 $\sqrt{24}+\sqrt{48}-\sqrt{96}-\sqrt{27}$

1-8 $\sqrt{32}-\sqrt{50}+\sqrt{80}-\sqrt{125}$

○ 다음 식을 간단히 하시오.

2-1 $\sqrt{48}-\frac{6}{\sqrt{3}}+\sqrt{27}$

2-2 $\sqrt{45}-\sqrt{125}+\frac{10}{\sqrt{5}}$

2-3 $\sqrt{3}-\frac{2}{\sqrt{3}}+\sqrt{27}-\sqrt{12}$

2-4 $\frac{\sqrt{18}}{15}+\frac{\sqrt{3}}{\sqrt{6}}+\frac{3\sqrt{2}}{10}$

2-5 $\sqrt{8}+\frac{2}{3\sqrt{2}}-\frac{\sqrt{32}}{5}$

2-6 $\sqrt{50}-\frac{1}{\sqrt{2}}-7\sqrt{2}$

핵심 체크

① 제곱근의 덧셈과 뺄셈의 혼합 계산
- 근호 안의 수를 소인수분해하여 제곱인 인수는 근호 밖으로 꺼낸다.
- 분모에 근호가 있으면 분모를 유리화한다.
- 근호 안의 수가 같은 것을 동류항으로 생각하고 다항식의 덧셈, 뺄셈과 같은 방법으로 계산한다.

STEP 2

○ 다음 식을 간단히 하시오.

3-1 $\sqrt{3}(\sqrt{5}+2)$

3-2 $\sqrt{3}(\sqrt{2}-\sqrt{6})$

3-3 $(\sqrt{18}-\sqrt{15})\div\sqrt{3}$

3-4 $(\sqrt{50}+\sqrt{18})\div\sqrt{2}$

3-5 $\dfrac{\sqrt{5}-3\sqrt{3}}{\sqrt{2}}$

3-6 $\dfrac{\sqrt{2}+\sqrt{3}}{\sqrt{6}}$

○ 다음 ◯ 안에 알맞은 부등호를 써넣으시오.

4-1 $\sqrt{6}+1$ ◯ 3

4-2 $\sqrt{6}-1$ ◯ $\sqrt{6}-\sqrt{3}$

4-3 $3\sqrt{2}-1$ ◯ $2\sqrt{3}-1$

4-4 $1-\sqrt{7}$ ◯ $2\sqrt{7}-3$

4-5 $5\sqrt{2}-1$ ◯ $5+\sqrt{2}$

4-6 $4\sqrt{5}+3\sqrt{6}$ ◯ $5\sqrt{5}+2\sqrt{6}$

4-7 $1+\sqrt{12}$ ◯ $2+\sqrt{3}$

4-8 $\sqrt{32}-1$ ◯ $3\sqrt{2}+1$

핵심 체크

❷ 근호가 있는 식에서도 유리수의 경우와 같이 분배법칙이 성립한다.

❸ $a>0, b>0, c>0$일 때

$$\frac{\sqrt{a}\pm\sqrt{b}}{\sqrt{c}}=\frac{(\sqrt{a}\pm\sqrt{b})\times\sqrt{c}}{\sqrt{c}\times\sqrt{c}}=\frac{\sqrt{ac}\pm\sqrt{bc}}{c}$$

❹ 두 실수 a, b의 대소 관계는 $a-b$의 값의 부호에 따라 다음과 같다.

- $a-b>0$이면 $a>b$
- $a-b=0$이면 $a=b$
- $a-b<0$이면 $a<b$

○ 다음 식을 간단히 하시오.

5-1 $6\div\sqrt{6}+\sqrt{54}=$ ☐ 하

5-2 $2\times\sqrt{6}-5\div\sqrt{6}=$ ☐ 류

5-3 $2(\sqrt{2}-\sqrt{3})-\sqrt{3}(\sqrt{6}-2)=$ ☐ 가

5-4 $3\sqrt{7}-(6\sqrt{21}+8\sqrt{6})\div2\sqrt{3}=$ ☐ 싫

5-5 $(2\sqrt{3}+\sqrt{2})\sqrt{2}-2\sqrt{6}=$ ☐ 면

5-6 $2\sqrt{3}(1-\sqrt{3})+\dfrac{3}{\sqrt{3}}-\sqrt{12}=$ ☐ 어

5-7 $\dfrac{5-\sqrt{15}}{\sqrt{5}}+\sqrt{5}(\sqrt{15}-1)=$ ☐ 산

5-8 $\dfrac{3}{\sqrt{2}}+\dfrac{5}{\sqrt{6}}-\sqrt{2}(2+\sqrt{3})=$ ☐ 종

5-9 $\sqrt{2}\left(\dfrac{3}{\sqrt{6}}-\dfrac{18}{\sqrt{12}}\right)+\sqrt{3}\left(\dfrac{6}{\sqrt{18}}-1\right)=$ ☐ 는

5-10 $\dfrac{3}{\sqrt{3}}+\sqrt{6}\times\sqrt{30}-\dfrac{\sqrt{10}+\sqrt{24}}{\sqrt{2}}=$ ☐ 타

계산 결과에 해당하는 글자를 빈칸에 써넣어 만든 이 수수께끼의 답은 무엇일까요?

$4\sqrt{3}$	$-\sqrt{3}+5\sqrt{5}$	$-\sqrt{2}$	$-4\sqrt{2}$	$-6+\sqrt{3}$	$4\sqrt{6}$	$-2\sqrt{6}$	2	$-\dfrac{\sqrt{2}}{2}-\dfrac{\sqrt{6}}{6}$	$\dfrac{7\sqrt{6}}{6}$

?

핵심 체크

⑤ 근호가 있는 복잡한 식의 계산 ➡
- 분배법칙을 이용하여 괄호를 푼다.
- 분모를 유리화한다.
- 제곱인 인수를 근호 밖으로 꺼낸다.
- 곱셈과 나눗셈을 먼저 하고, 덧셈과 뺄셈을 나중에 한다.

기본연산 테스트

1 다음을 $a\sqrt{b}$의 꼴로 나타내시오.
(단, b는 가능한 한 가장 작은 자연수)

(1) $\sqrt{27}$

(2) $-\sqrt{99}$

(3) $\sqrt{2^2\times3^2\times7}$

(4) $-\sqrt{124}$

(5) $\sqrt{162}$

2 다음을 $\frac{\sqrt{b}}{a}$의 꼴로 나타내시오.
(단, b는 가능한 한 가장 작은 자연수)

(1) $\sqrt{\frac{45}{16}}$

(2) $\sqrt{\frac{14}{121}}$

(3) $\sqrt{0.13}$

(4) $\sqrt{0.48}$

3 $\sqrt{5}=2.236$, $\sqrt{50}=7.071$일 때, 다음 제곱근의 값을 구하시오.

(1) $\sqrt{500}$

(2) $\sqrt{5000}$

(3) $\sqrt{0.5}$

(4) $\sqrt{0.05}$

4 다음 수의 분모를 유리화하시오.

(1) $\frac{1}{\sqrt{11}}$

(2) $\frac{5}{2\sqrt{7}}$

(3) $\frac{\sqrt{3}}{\sqrt{125}}$

(4) $\frac{2\sqrt{2}-\sqrt{6}}{\sqrt{5}}$

(5) $\frac{6-4\sqrt{7}}{\sqrt{14}}$

핵심 체크

❶ $a>0$, $b>0$일 때, 근호 안의 수를 소인수분해하여 제곱인 인수는 근호 밖으로 꺼낸다.
➡ $\sqrt{a^2b}=a\sqrt{b}$, $\sqrt{\frac{b}{a^2}}=\frac{\sqrt{b}}{a}$

❷ 분모의 유리화 : 분모에 근호가 있을 때, 분모와 분자에 같은 무리수를 각각 곱하여 분모를 유리수로 고치는 것
➡ $a>0$일 때, $\frac{b}{\sqrt{a}}=\frac{b\times\sqrt{a}}{\sqrt{a}\times\sqrt{a}}=\frac{b\sqrt{a}}{a}$

5 다음 식을 간단히 하시오.

(1) $\frac{3}{\sqrt{10}}\times(-\sqrt{12})\div\sqrt{30}$

(2) $\sqrt{75}\div(-\sqrt{21})\times\sqrt{14}$

(3) $\sqrt{39}\div\sqrt{13}\div\sqrt{\frac{1}{3}}$

(4) $\frac{\sqrt{2}}{3}\times\frac{10}{\sqrt{3}}\div\sqrt{\frac{2}{15}}$

(5) $(-\sqrt{3})\div(-\sqrt{8})\div(-\sqrt{2})$

6 다음 식을 간단히 하시오.

(1) $\sqrt{45}+\sqrt{80}-6\sqrt{5}$

(2) $\sqrt{48}+4\sqrt{2}-\sqrt{50}-\sqrt{12}$

(3) $\sqrt{72}-\sqrt{75}+\sqrt{32}-\sqrt{27}$

(4) $\frac{18}{\sqrt{6}}-\sqrt{24}+\frac{5\sqrt{2}}{\sqrt{3}}$

(5) $\frac{\sqrt{18}}{3}-\frac{\sqrt{3}}{2\sqrt{6}}+3\sqrt{8}$

7 다음 ◯ 안에 알맞은 부등호를 써넣으시오.

(1) 3 ◯ $\sqrt{5}+1$

(2) $\sqrt{21}-3$ ◯ 2

(3) $\sqrt{7}+2$ ◯ $\sqrt{6}+2$

(4) $4-\sqrt{3}$ ◯ $\sqrt{19}-\sqrt{3}$

(5) $8-\sqrt{10}$ ◯ $\sqrt{55}-\sqrt{10}$

8 다음 식을 간단히 하시오.

(1) $\frac{\sqrt{27}}{3}+2\sqrt{5}\times\sqrt{15}$

(2) $6\sqrt{56}\div2\sqrt{8}+4\sqrt{21}\times\sqrt{3}$

(3) $\sqrt{3}(2\sqrt{3}+\sqrt{6})-(\sqrt{24}-\sqrt{15})\div\sqrt{3}$

(4) $\frac{\sqrt{18}+\sqrt{6}}{\sqrt{3}}+2\sqrt{8}-\sqrt{3}(4\sqrt{2}+\sqrt{6})$

(5) $\frac{4-2\sqrt{2}}{\sqrt{3}}+\frac{\sqrt{2}+3}{\sqrt{6}}$

핵심 체크

❸ 두 실수 a, b의 대소 관계는 $a-b$의 값의 부호에 따라 다음과 같다.
- $a-b>0$이면 $a>b$
- $a-b=0$이면 $a=b$
- $a-b<0$이면 $a<b$

❹ 근호가 있는 복잡한 식의 계산
- 괄호가 있으면 분배법칙을 이용하여 괄호를 푼다.
- 분모를 유리화한다.
- 제곱인 인수는 근호 밖으로 꺼낸다.
- 곱셈과 나눗셈을 먼저 하고, 덧셈과 뺄셈을 나중에 한다.

| 빅터 연산 **공부 계획표** |

	주제	쪽수	학습한 날짜
STEP 1	**01** (다항식)×(다항식) (1)	92쪽	월 일
	02 (다항식)×(다항식) (2)	93쪽	월 일
	03 곱셈 공식 (1) : 합, 차의 제곱	94쪽 ~ 96쪽	월 일
	04 곱셈 공식 (2) : 합과 차의 곱	97쪽 ~ 99쪽	월 일
STEP 2	기본연산 집중연습	100쪽 ~ 101쪽	월 일
STEP 1	**05 곱셈 공식** (3) : x의 계수가 1인 두 일차식의 곱 (1)	102쪽 ~ 103쪽	월 일
	06 곱셈 공식 (3) : x의 계수가 1인 두 일차식의 곱 (2)	104쪽	월 일
	07 곱셈 공식 (4) : x의 계수가 1이 아닌 두 일차식의 곱 (1)	105쪽 ~ 106쪽	월 일
	08 곱셈 공식 (4) : x의 계수가 1이 아닌 두 일차식의 곱 (2)	107쪽	월 일
	09 복잡한 식의 전개	108쪽 ~ 109쪽	월 일
STEP 2	기본연산 집중연습	110쪽 ~ 111쪽	월 일
STEP 1	**10 곱셈 공식을 이용한 무리수의 계산** (1)	112쪽	월 일
	11 곱셈 공식을 이용한 무리수의 계산 (2)	113쪽	월 일
	12 곱셈 공식을 이용한 분모의 유리화	114쪽 ~ 115쪽	월 일
	13 곱셈 공식을 이용한 수의 계산 (1)	116쪽	월 일
	14 곱셈 공식을 이용한 수의 계산 (2)	117쪽	월 일
	15 치환을 이용한 다항식의 전개	118쪽 ~ 119쪽	월 일
STEP 2	기본연산 집중연습	120쪽 ~ 121쪽	월 일
STEP 3	기본연산 테스트	122쪽 ~ 123쪽	월 일

3

다항식의 곱셈

인도 지역에서 전통적으로 발전해 온 베다 수학에는 특별한 형태의 수의 곱셈에 대한 다양한 방법이 소개되어 있다. 오른쪽 그림은 35×35를 베다 수학의 방법으로 계산한 것이다.
어떤 원리에 의하여 이 계산이 가능한 걸까?
십의 자리 숫자가 a, 일의 자리 숫자가 5인 두 자리의 자연수는 $10a+5$이므로

$$\begin{aligned}(10a+5)^2&=(10a)^2+2\times10a\times5+5^2\\&=100a^2+100a+25\\&=100a(a+1)+25\end{aligned}$$

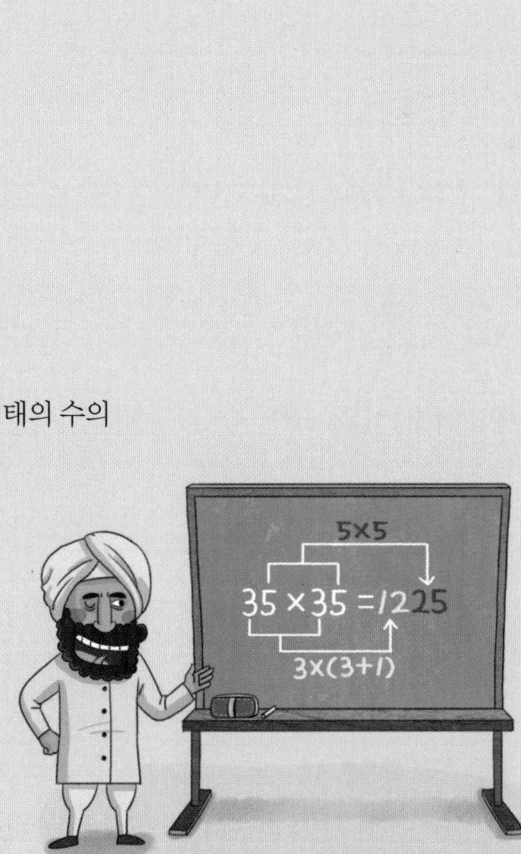

따라서 $(10a+5)^2$을 빠르게 계산하기 위해서는 a와 $a+1$의 곱을 먼저 적고, 그 뒤에는 5^2인 25를 적으면 된다.

01 (다항식)×(다항식) (1)

정답과 해설 | 28쪽

분배법칙을 이용하여 전개하고 동류항이 있으면 간단히 정리한다.

$$(a+b)(c+d)=\underset{①}{ac}+\underset{②}{ad}+\underset{③}{bc}+\underset{④}{bd}$$

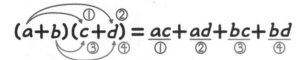

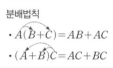

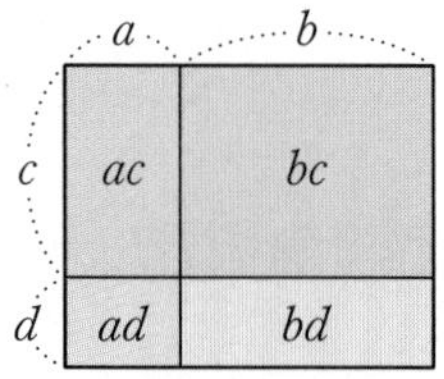

예 $(x+3)(x+5)=\underset{①}{x\times x}+\underset{②}{x\times 5}+\underset{③}{3\times x}+\underset{④}{3\times 5}$

$=x^2+5x+3x+15$ (동류항: $5x$, $3x$)

$=x^2+8x+15$

분배법칙
- $A(B+C)=AB+AC$
- $(A+B)C=AC+BC$

○ 다음 식을 전개하시오.

1-1 $(a+b)(x+y)=ax+\square+bx+\square$

1-2 $(a+2)(3b-4)$ ________

2-1 $(2x-1)(y+5)$ ________

2-2 $(x+2)(y+3)$ ________

3-1 $(2x+5)(y-2)$ ________

3-2 $(a-b)(2c+3d)$ ________

4-1 $(a+1)(2a+8)$ ________

4-2 $(a+3)(2a+1)$ ________

5-1 $(x-3y)(x+5y)$ ________

5-2 $(3x-1)(x+2)$ ________

핵심 체크

$\boxed{(x+2)}(x+3)=(x+2)\times\boxed{x}+(x+2)\times\boxed{3}=x^2+2x+3x+6=x^2+5x+6$

$(x+2)$를 하나로 보고 분배법칙 적용 / 각각의 (다항식)×(단항식)에서 분배법칙 적용 / 동류항

02 (다항식)×(다항식) (2)

정답과 해설 | 28쪽

$$(a+b)(5a-2b+4)=\underset{①}{5a^2}\underset{②}{-2ab}+\underset{③}{4a}+\underset{④}{5ab}\underset{⑤}{-2b^2}+\underset{⑥}{4b}$$

$$=5a^2+3ab-2b^2+4a+4b$$

동류항끼리 정리한다.

○ 다음 식을 전개하시오.

1-1 $(a+2b)(3a-b+5)$
$=3a^2-ab+5a+\square-2b^2+10b$
$=3a^2+\square ab-2b^2+5a+10b$

1-2 $(a-b)(a-b+1)$ ____________

2-1 $(2x+3y-5)(3x-1)$ ____________

2-2 $(x-2y)(2x-3y+2)$ ____________

3-1 $(x-1)(x+y-1)$ ____________

3-2 $(x+y)(x+y-1)$ ____________

4-1 $(x-3y-2)(x-y)$ ____________

4-2 $(3a+b)(2a-4b+5)$ ____________

5-1 $(x-y+10)(-3x+5y)$

____

5-2 $(2x+3y)(x-4y+3)$

____

핵심 체크

다항식과 다항식의 곱셈은 분배법칙을 이용하여 전개하고 동류항이 있으면 간단히 정리한다.

03 곱셈 공식 (1) : 합, 차의 제곱

합의 제곱 $(a+b)^2=a^2+2ab+b^2$ (제곱, 제곱, 곱의 2배)

➡ $(a+b)^2=(a+b)(a+b)$
$=a^2+ab+ba+b^2$
$=a^2+2ab+b^2$

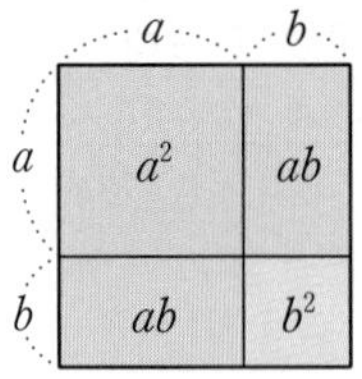

차의 제곱 $(a-b)^2=a^2-2ab+b^2$ (제곱, 제곱, 곱의 2배)

➡ $(a-b)^2=(a-b)(a-b)$
$=a^2-ab-ba+b^2$
$=a^2-2ab+b^2$

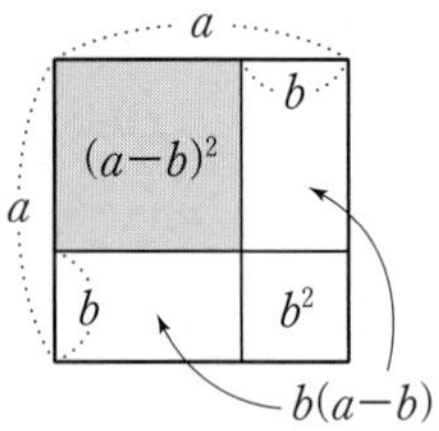

○ 다음 식을 전개하시오.

1-1 $(x+5)^2=x^2+2\times\square\times\square+5^2$
$=x^2+\square x+\square$

1-2 $(x+1)^2$ ＿＿＿＿＿＿

2-1 $(x+3)^2$ ＿＿＿＿＿＿

2-2 $(x+7)^2$ ＿＿＿＿＿＿

3-1 $(x-7)^2=x^2-2\times\square\times7+7^2$
$=x^2-\square x+49$

3-2 $(x-3)^2$ ＿＿＿＿＿＿

4-1 $(x-5)^2$ ＿＿＿＿＿＿

4-2 $(x-4)^2$ ＿＿＿＿＿＿

5-1 $\left(a+\frac{3}{4}\right)^2$ ＿＿＿＿＿＿

5-2 $\left(a-\frac{7}{2}\right)^2$ ＿＿＿＿＿＿

핵심 체크

- 문제를 풀기 전, 곱셈 공식 $(a+b)^2=a^2+2ab+b^2$, $(a-b)^2=a^2-2ab+b^2$과 비교해 본다.
- 제곱을 계산할 때는 반드시 괄호를 사용한다.

○ 다음 식을 전개하시오.

6-1 $(2x+1)^2=(2x)^2+2\times\square\times1+1^2$
$=\square x^2+\square x+1$

6-2 $(4x+3)^2$ ______

7-1 $(3x-2)^2$ ______

7-2 $(2x-5)^2$ ______

8-1 $\left(\frac{1}{2}x+1\right)^2$ ______

8-2 $\left(\frac{3}{2}x-4\right)^2$ ______

9-1 $(2x+y)^2=(2x)^2+2\times2x\times\square+y^2$
$=\square x^2+4x\square+y^2$

9-2 $(3x+4y)^2$ ______

10-1 $(7a-8b)^2$ ______

10-2 $(5a-6b)^2$ ______

11-1 $\left(x+\frac{1}{3}y\right)^2$ ______

11-2 $\left(5x-\frac{1}{2}y\right)^2$ ______

핵심 체크

$(2x+3y)^2$의 경우처럼 뒤에 문자 y가 있을 때 y를 빠뜨리는 경우가 많으니 주의한다.

예 $(2x+3y)^2=4x^2+12x+9y^2$ (×), $(2x+3y)^2=4x^2+12xy+9y^2$ (○)

03 곱셈 공식 (1) : 합, 차의 제곱

○ 다음 식을 전개하시오.

12-1
$$(-2x-y)^2=\{\square(2x+y)\}^2=(2x+y)^2$$
$$=(2x)^2+2\times\square\times y+y^2$$
$$=4x^2+\square xy+y^2$$

12-2 $(-x-3)^2$ ________

13-1 $(-2x-1)^2$ ________

13-2 $\left(-x-\frac{1}{2}\right)^2$ ________

14-1 $(-3x-2y)^2$ ________

14-2 $(-2x-5y)^2$ ________

15-1
$$(-x+2y)^2=\{\square(x-2y)\}^2=(x-2y)^2$$
$$=x^2-2\times x\times\square+(2y)^2$$
$$=x^2-\square xy+4y^2$$

15-2 $(-x+2)^2$ ________

16-1 $(-3x+5y)^2$ ________

16-2 $(-x+4y)^2$ ________

17-1 $\left(-\frac{1}{2}x+4\right)^2$ ________

17-2 $\left(-\frac{3}{4}x+2\right)^2$ ________

핵심 체크

- $(-a-b)^2=\{-(a+b)\}^2=(a+b)^2$
- $(-a+b)^2=\{-(a-b)\}^2=(a-b)^2$

04 곱셈 공식 (2) : 합과 차의 곱

정답과 해설 | 29쪽

$(a+b)(a-b)=a^2-b^2$

(합: $a+b$, 차: $a-b$, 제곱의 차: a^2-b^2)

➡ $(a+b)(a-b)=a^2-ab+ba-b^2$

$=a^2-b^2$

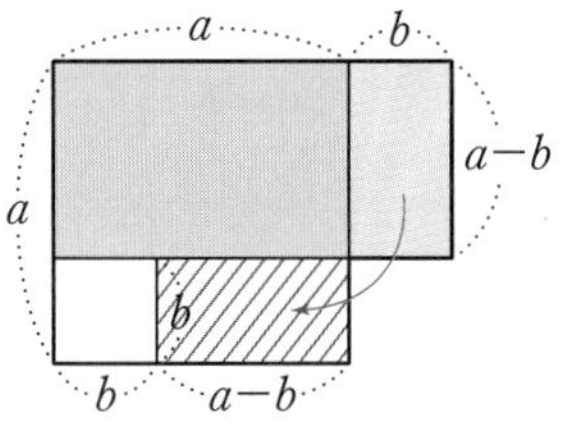

○ 다음 식을 전개하시오.

1-1 $\underset{합}{(x+2)}\underset{차}{(x-2)}=x^2-\square^2=x^2-\square$

1-2 $(x+5)(x-5)$ __________

2-1 $(x-1)(x+1)$ __________

2-2 $(a+3)(a-3)$ __________

3-1 $\left(x-\frac{1}{2}\right)\left(x+\frac{1}{2}\right)$ __________

3-2 $\left(x+\frac{1}{3}\right)\left(x-\frac{1}{3}\right)$ __________

4-1 $(4+x)(4-x)=4^2-\square^2=16-\square$

4-2 $(8+a)(8-a)$ __________

5-1 $(3-x)(3+x)$ __________

5-2 $(1-x)(1+x)$ __________

핵심 체크

$(a+b)(a\,\square\,b)=a^2\,\square\,b^2$

(합, 곱, 차, 제곱의 차)

04 곱셈 공식 (2) : 합과 차의 곱

○ 다음 식을 전개하시오.

6-1 $(5x+3)(5x-3)=(\square)^2-3^2$
$=\square-\square$

6-2 $(2x+1)(2x-1)$ ____________

7-1 $(3x-2)(3x+2)$ ____________

7-2 $(5x-1)(5x+1)$ ____________

8-1 $(5-2x)(5+2x)$ ____________

8-2 $(1+3x)(1-3x)$ ____________

9-1 $(x+2y)(x-2y)=x^2-(\square)^2$
$=x^2-\square$

9-2 $(x+9y)(x-9y)$ ____________

10-1 $(7a-2b)(7a+2b)$ ____________

10-2 $(2x-3y)(2x+3y)$ ____________

11-1 $\left(\frac{1}{2}x+3y\right)\left(\frac{1}{2}x-3y\right)$ ____________

11-2 $\left(\frac{3}{4}x+\frac{1}{5}y\right)\left(\frac{3}{4}x-\frac{1}{5}y\right)$ ____________

핵심 체크

합과 차의 곱은 $(■+▲)(■-▲)=■^2-▲^2$으로 기억해 두는 것이 좋다.
이렇게 생각하면 ■, ▲ 자리에 복잡한 꼴이 와도 헷갈리지 않는다.

○ 다음 식을 전개하시오.

12-1 (부호가 같다. / 부호가 다르다.)
$(-x+1)(-x-1)=(\square)^2-1^2$
$=\square-\square$

12-2 $(-x+5)(-x-5)$ __________

13-1 $(-3a+2)(-3a-2)$ __________

13-2 $(-3x+5y)(-3x-5y)$ __________

14-1 $(-2x-3y)(-2x+3y)$ __________

14-2 $\left(-\frac{1}{3}x-4y\right)\left(-\frac{1}{3}x+4y\right)$ __________

15-1 (부호가 같다. / 부호가 다르다.)
$(a+1)(-a+1)=(1+a)(1-\square)$
$=1^2-\square$

15-2 $(3a+1)(-3a+1)$ __________

16-1 $(-a-6)(a-6)$ __________

16-2 $(-x-2y)(x-2y)$ __________

17-1 $(4-y)(y+4)$ __________

17-2 $(3x-2y)(2y+3x)$ __________

핵심 체크

- $(-a+b)(-a-b)=(-a)^2-b^2=a^2-b^2$
- $(-a+b)(a+b)=(b-a)(b+a)=b^2-a^2$
  └ 교환법칙을 이용하여 (■+▲)(■−▲)의 꼴로 나타낸다.

3 다항식의 곱셈

기본연산 집중연습 | 01~04

○ 다음 식을 전개하시오.

1-1 $(2a+1)(3b+4c)$

1-2 $(4a+2)(3b-5c)$

1-3 $(3x-2)(2x-1)$

1-4 $(x+2y)(2x+y)$

1-5 $(x+y)(x-y-1)$

1-6 $(x-y)(x-3y-2)$

1-7 $(2a+b-3)(a-b)$

1-8 $(2a-3b-c)(2a-b)$

○ 다음 중 식의 전개가 옳은 것에는 ○표, 옳지 않은 것에는 ×표를 하고, 옳은 답을 구하시오.

2-1 $(-2x+3y)^2=-2x^2-6xy+9y^2$

( ) 옳은 답 : ______________

2-2 $(-x+1)(-x-1)=-x^2-1$

( ) 옳은 답 : ______________

2-3 $(3x-4y)^2=9x^2-16y^2$

( ) 옳은 답 : ______________

2-4 $(x-3)(x+3)=x^2-6$

( ) 옳은 답 : ______________

핵심 체크

❶ 다항식과 다항식의 곱셈은 분배법칙을 이용하여 전개하고 동류항이 있으면 간단히 정리한다.

➡ $(a+b)(c+d)=ac+ad+bc+bd$

❷ $(a+b)^2\neq a^2+b^2$, $(a-b)^2\neq a^2-b^2$임에 주의한다.

정답과 해설 | 30쪽

○ 다음 식을 전개하시오.

3-1 $(x+4)^2$

3-2 $(3x+2)^2$

3-3 $(5x-y)^2$

3-4 $(-2x+7)^2$

3-5 $(-2x-3)^2$

3-6 $(x-6)(x+6)$

3-7 $(8x-9)(-8x-9)$

3-8 $(-3x+1)(3x+1)$

3-9 $(5y-3x)(3x+5y)$

식을 전개한 결과가 적힌 칸을 색칠하였을 때, 나타나는 숫자를 말해 보세요.

x^2-36	$4x^2-12x+9$	$1-9x^2$	x^2+16
$x^2+8x+16$	$-4x^2+49$	$4x^2+12x+9$	$5x^2-y^2$
$25y^2-9x^2$	$9x^2+12x+4$	$81-64x^2$	$4x^2-28x+49$
x^2-1	x^2-12	$25x^2-10xy+y^2$	$x^2+12x+36$

핵심 체크

❸ • $(a+b)^2=a^2+2ab+b^2$

• $(a-b)^2=a^2-2ab+b^2$

• $(a+b)(a-b)=a^2-b^2$

05 곱셈 공식 (3) : x의 계수가 1인 두 일차식의 곱 (1)

$$(x+a)(x+b)=x^2+(a+b)x+ab$$

합: $a+b$, 곱: ab

➡ $(x+a)(x+b)=x^2+bx+ax+ab$

$=x^2+(a+b)x+ab$

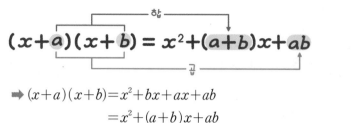

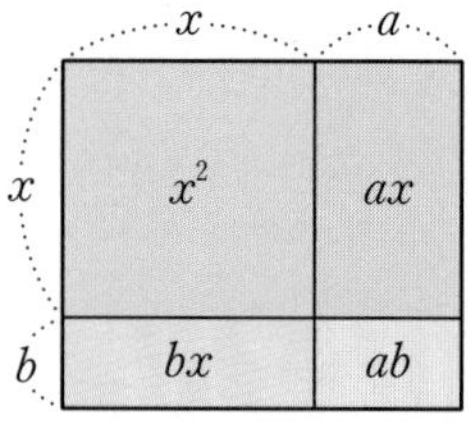

○ 다음 식을 전개하시오.

1-1 $(x+1)(x+4)=x^2+(\underset{\text{합}}{\underline{1+4}})x+\underset{\text{곱}}{\underline{1\times4}}$

$=x^2+\square x+\square$

1-2 $(x+2)(x+5)$ ______

2-1 $(x+1)(x+4)$ ______

2-2 $(x+3)(x+6)$ ______

3-1 $(x+4)(x+9)$ ______

3-2 $(x+7)(x+8)$ ______

4-1 $(x-2)(x-3)$

$=x^2+(\underset{\text{합}}{\underline{-2-3}})x+\underset{\text{곱}}{\underline{(-2)\times(-3)}}$

$=x^2-\square x+\square$

4-2 $(x-1)(x-2)$ ______

5-1 $(x-5)(x-4)$ ______

5-2 $(x-10)(x-3)$ ______

핵심 체크

주어진 식이 $(x+a)(x+b)$의 꼴이 아닌 경우 $(x+a)(x+b)$의 꼴로 바꾼 후 곱셈 공식을 적용한다.

예 $(x-1)(x-4)=\{x+(-1)\}\{x+(-4)\}=x^2+\{(-1)+(-4)\}x+(-1)\times(-4)=x^2-5x+4$

○ 다음 식을 전개하시오.

6-1
$(x-3)(x+5)$
$=x^2+(\underset{\text{합}}{-3+5})x+(\underset{\text{곱}}{-3)\times 5}$
$=x^2+\square x-\square$

6-2 $(x-4)(x+2)$ ________

7-1 $(x-7)(x+1)$ ________

7-2 $(x-8)(x+3)$ ________

8-1 $(x+3)(x-7)$ ________

8-2 $(x+6)(x-4)$ ________

9-1 $(x+5)(x-6)$ ________

9-2 $(x+8)(x-9)$ ________

10-1 $\left(x-\frac{1}{2}\right)\left(x+\frac{1}{3}\right)$ ________

10-2 $\left(x-\frac{2}{3}\right)\left(x+\frac{1}{2}\right)$ ________

11-1 $\left(x+\frac{4}{5}\right)(x-2)$ ________

11-2 $\left(x+\frac{1}{4}\right)\left(x-\frac{1}{5}\right)$ ________

핵심 체크

x의 계수와 상수항을 구할 때 부호에 주의한다.

예 $(x+1)(x-3)=x^2+(\underset{(-3)}{1+3})x+\underset{(-3)}{1\times 3}=\underset{x^2-2x-3}{\cancel{x^2+4x+3}}$

06 곱셈 공식 (3) : x의 계수가 1인 두 일차식의 곱 (2)

정답과 해설 | 31쪽

$(x+5y)(x-6y)$의 전개

$$(x+5y)(x-6y)=x^2+\underbrace{\{5y+(-6y)\}}_{\text{합}}x+\underbrace{5y\times(-6y)}_{\text{곱}}$$
$$=x^2-xy-30y^2$$

○ 다음 식을 전개하시오.

1-1 $(x-3y)(x+16y)$
$=x^2+(-3y+\square)x+(-3y)\times\square$
$=x^2+\square xy-\square$

1-2 $(x-4y)(x+9y)$ ______

2-1 $(x+2y)(x+3y)$ ______

2-2 $(x+3y)(x+5y)$ ______

3-1 $(x-3y)(x-7y)$ ______

3-2 $(x-5y)(x-4y)$ ______

4-1 $(x+2y)(x-4y)$ ______

4-2 $(x+7y)(x-2y)$ ______

5-1 $(x+8y)(x-9y)$ ______

5-2 $(x-6y)(x+11y)$ ______

핵심 체크

$(x+y)(x+3y)$를 전개할 때는 각 다항식의 상수항을 y, $3y$로 보고 곱셈 공식을 적용한다.

➡ $(x+y)(x+3y)=x^2+(\underset{y+3y}{\cancel{1+3}})x+\underset{y\times 3y}{\cancel{1\times 3}}=\underset{x^2+4xy+3y^2}{\cancel{x^2+4x+3}}$

07 곱셈 공식(4) : x의 계수가 1이 아닌 두 일차식의 곱(1)

정답과 해설 | 32쪽

$$(ax+b)(cx+d)=acx^2+(ad+bc)x+bd$$

x의 계수의 곱　　상수항의 곱

➡ $(ax+b)(cx+d)=acx^2+adx+bcx+bd$

$\qquad\qquad\qquad\quad =acx^2+(ad+bc)x+bd$

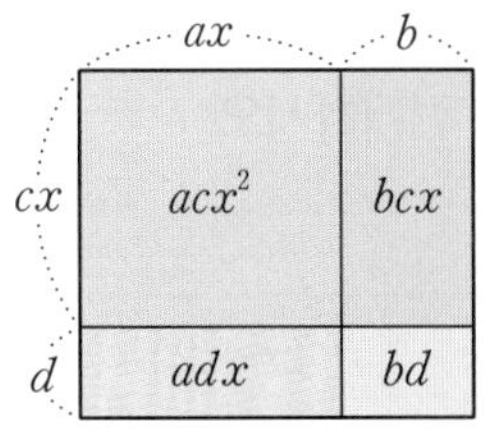

○ 다음 식을 전개하시오.

1-1
$(2x+1)(3x+2)$
$=(2\times3)x^2+(2\times2+1\times\square)x+1\times2$
$=\square x^2+\square x+\square$

1-2 $(3x+1)(4x+1)$ ________

2-1 $(2x+3)(4x+6)$ ________

2-2 $(x+4)(5x+2)$ ________

3-1 $(7x+3)(4x+1)$ ________

3-2 $(3x+6)(3x+4)$ ________

4-1
$(2x-1)(x-4)$
$=(2\times1)x^2+\{2\times(\square)+(-1)\times\square\}x$
$\quad+(-1)\times(-4)$
$=2x^2-\square x+\square$

4-2 $(x-3)(2x-5)$ ________

5-1 $(3x-1)(4x-3)$ ________

5-2 $(5x-1)(x-6)$ ________

핵심 체크

곱셈 공식이 잘 기억나지 않으면 분배법칙을 이용하여 전개한다.

예 $(x+1)(2x+3)=2x^2+3x+2x+3=2x^2+5x+3$

정답과 해설 | 32쪽

07 곱셈 공식 (4) : x의 계수가 1이 아닌 두 일차식의 곱 (1)

○ **다음 식을 전개하시오.**

6-1 $(2x-1)(4x+2)$
$=(2\times4)x^2+\{2\times2+(-1)\times\square\}x$
$+(-1)\times\square$
$=8x^2-\square$

6-2 $(4x-7)(x+3)$ ______

7-1 $(2x-1)(3x+2)$ ______

7-2 $(3x-1)(4x+3)$ ______

8-1 $(2x+3)(4x-2)$ ______

8-2 $(4x+5)(3x-6)$ ______

9-1 $\left(2x-\frac{3}{4}\right)\left(2x+\frac{1}{3}\right)$ ______

9-2 $\left(3x+\frac{1}{2}\right)\left(3x-\frac{2}{3}\right)$ ______

10-1 $(2x+3y)(4x-2y)$ ______

10-2 $(3x+4y)(2x-5y)$ ______

11-1 $(4x-7y)(x+3y)$ ______

11-2 $(3x-6y)(4x+5y)$ ______

핵심 체크

- $(ax+b)(cx+d)=acx^2+(ad+bc)x+bd$
- 곱셈 공식이 잘 기억나지 않으면 분배법칙을 이용하여 전개한다.

08 곱셈 공식(4) : x의 계수가 1이 아닌 두 일차식의 곱(2)

정답과 해설 | 33쪽

$(-2x+5)(-3x-1)$의 전개

$$(-2x+5)(-3x-1)=\{(-2)\times(-3)\}x^2+\{(-2)\times(-1)+5\times(-3)\}x+5\times(-1)$$
$$=6x^2-13x-5$$

부호에 주의한다.

○ 다음 식을 전개하시오.

1-1 $(-4x+1)(3x-2)$
$=\{(-4)\times3\}x^2+\{(-4)\times(-2)+1\times3\}x+1\times(-2)$
$=\square x^2+\square x-\square$

1-2 $(-x-7)(2x+3)$ ________

2-1 $(3x+5)(-2x-1)$ ________

2-2 $(5x+3)(-2x+3)$ ________

3-1 $(-2x+5)(3x-2)$ ________

3-2 $(7x+2)(-3x+2)$ ________

4-1 $(-2x+1)(-3x-4)$ ________

4-2 $(-4x+1)(-3x-5)$ ________

5-1 $(-5x-2y)(x-6y)$ ________

5-2 $(-2x+y)(-3x-2y)$ ________

핵심 체크

부호에 주의하여 곱셈 공식을 이용한다. 이때 음수는 괄호를 사용한다.

09 복잡한 식의 전개

곱셈 공식을 이용하여 전개한 후 동류항끼리 모아서 간단히 한다.

$(x-2)^2-2(x+3)(x-5)$ ← 곱셈 공식 이용

$=x^2-4x+4-2(x^2-2x-15)$ ← 괄호 풀기

$=x^2-4x+4-2x^2+4x+30$ ← 동류항끼리 간단히 하기

$=-x^2+34$

곱셈 공식
① $(a+b)^2=a^2+2ab+b^2$
② $(a-b)^2=a^2-2ab+b^2$
③ $(a+b)(a-b)=a^2-b^2$
④ $(x+a)(x+b)=x^2+(a+b)x+ab$
⑤ $(ax+b)(cx+d)$
$=acx^2+(ad+bc)x+bd$

○ 다음 식을 전개하시오.

1-1 $(x+3)(x-7)-x(x-4)$

______

1-2 $(x-5)(x+2)+3x(x+1)$

______

2-1 $(x+2)^2+(x-4)(x-3)$

______

2-2 $(x-2)^2+(x-4)(x+3)$

______

3-1 $(x-1)(x-5)-(x+2)(x-2)$

______

3-2 $(x+1)(x-6)+(x-4)(x+4)$

______

4-1 $(x+3)^2-(x-3)^2$

______

4-2 $(-x-1)(-x+1)+(x-5)(x+8)$

______

핵심 체크

- 복잡한 식을 전개할 때는 곱셈 공식을 여러 번 이용하여 전개한다.
- 동류항이 있으면 동류항끼리 모아서 간단히 한다.

○ 다음 식을 전개하시오.

5-1 $(2x+1)(4x+1)-6(x-1)^2$

5-2 $(2x-1)^2-(3x-1)(4x+5)$

6-1 $(2x-3)(3x+2)-(2x+1)(2x-1)$

6-2 $(3x-2)(4x+3)-3(-2x+1)^2$

7-1 $(-4x-3)^2+(-2x-7)(5x+1)$

7-2 $(-2x+1)(3x-2)-6(-x+1)(x+1)$

8-1 $(2x+y)(2x-y)-2(x-2y)^2$

8-2 $(x-3y)^2-(x+3y)^2$

9-1 $(x-y)(x+4y)-(-x-y)(-x+y)$

9-2 $4(x-y)(x-5y)+(-4x+7y)(x-3y)$

핵심 체크

곱셈 공식 ➡ ① $(a+b)^2=a^2+2ab+b^2$　② $(a-b)^2=a^2-2ab+b^2$

③ $(a+b)(a-b)=a^2-b^2$　④ $(x+a)(x+b)=x^2+(a+b)x+ab$

⑤ $(ax+b)(cx+d)=acx^2+(ad+bc)x+bd$

기본연산 집중연습 | 05~09

○ 다음 중 식의 전개가 옳은 것에는 ○표, 옳지 않은 것에는 ×표를 하고, 옳은 답을 구하시오.

1-1 $(x+3)(x-2)=x^2-x-6$

( ) 옳은 답 : ______________

1-2 $(x+y)(x-2y)=x^2-x-2y^2$

( ) 옳은 답 : ______________

1-3 $(2x+1)(3x-1)=6x^2+5x-1$

( ) 옳은 답 : ______________

1-4 $(3x+y)(4x+y)=12x^2+7x+y^2$

( ) 옳은 답 : ______________

○ 다음 식을 전개하시오.

2-1 $(x-4)(x+1)$

2-2 $(x-7)(x-9)$

2-3 $(x+5y)(x-3y)$

2-4 $(4x+5y)(2x+3y)$

2-5 $(5x-2)(5x-3)$

2-6 $(3x-2y)(5x+y)$

2-7 $(-4x+7y)(x-3y)$

2-8 $(-3x-4y)(-x-y)$

핵심 체크

❶ 문제를 풀기 전 곱셈 공식과 비교해 본다.

- $(x+a)(x+b)=x^2+(a+b)x+ab$
- $(ax+b)(cx+d)=acx^2+(ad+bc)x+bd$

정답과 해설 | 34쪽

3. 주어진 가로, 세로 열쇠를 풀어 십자말풀이를 완성하시오.

| 가로 열쇠 |

(2) $(x+7)(x-7)$

(4) $(x+4)(x-2)$

(6) $(x-y)^2-(x+y)^2$

(7) $(x+1)(x-3)-(x-3)(x+3)$

(9) $(y-1)(y+9)+y(3y-8)$

(11) $(2x+3)^2-(x+2)(x+11)$

| 세로 열쇠 |

(1) $(x+2)^2+(2x+1)(x-4)$

(3) $(-3y+2x)(2x+3y)$

(5) $(2x-y)(2x-3y)$

(8) $(3x+2)(3x-2)-(3x-1)^2$

(10) $(3a-1)(3a+1)$

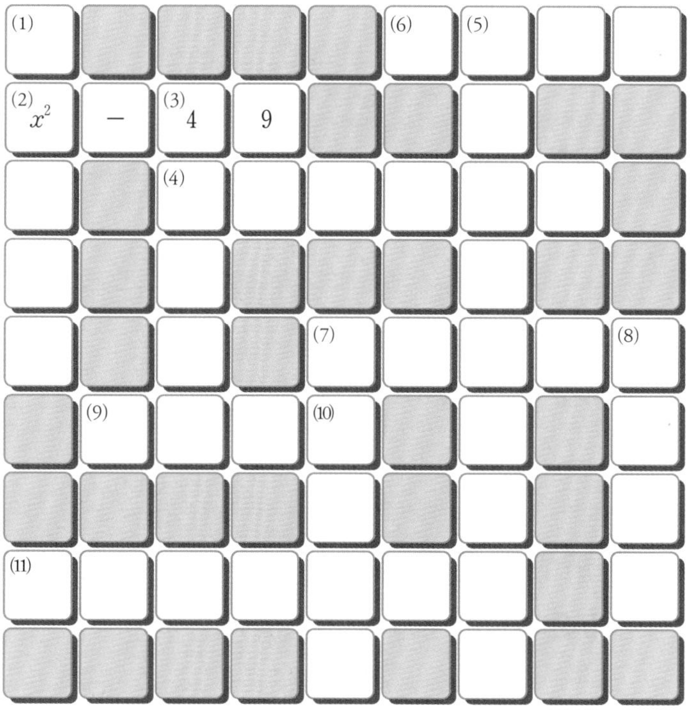

$(x+7)(x-7)=x^2-49$
결과를 (2) 가로에 적었어요.

핵심 체크

❷ 곱셈 공식 ➡
- $(a+b)^2=a^2+2ab+b^2$
- $(a-b)^2=a^2-2ab+b^2$
- $(a+b)(a-b)=a^2-b^2$
- $(x+a)(x+b)=x^2+(a+b)x+ab$
- $(ax+b)(cx+d)=acx^2+(ad+bc)x+bd$

10 곱셈 공식을 이용한 무리수의 계산 (1)

정답과 해설 | 35쪽

$\sqrt{}$를 문자로 생각하고 곱셈 공식을 이용하여 계산한다.

❶ $(a\pm b)^2=a^2\pm 2ab+b^2$을 이용

$$(\sqrt{2}+\sqrt{5})^2=(\sqrt{2})^2+2\times\sqrt{2}\times\sqrt{5}+(\sqrt{5})^2$$
$$=2+2\sqrt{10}+5$$
$$=7+2\sqrt{10}$$

❷ $(a+b)(a-b)=a^2-b^2$을 이용

$$(\sqrt{2}+\sqrt{5})(\sqrt{2}-\sqrt{5})=(\sqrt{2})^2-(\sqrt{5})^2$$
$$=2-5$$
$$=-3$$

○ 곱셈 공식을 이용하여 다음을 계산하시오.

1-1 $(\sqrt{3}+\sqrt{5})^2=(\sqrt{3})^2+2\times\sqrt{3}\times\sqrt{5}+(\square)^2$
$=\square$

1-2 $(\sqrt{2}+1)^2$ ________

2-1 $(2\sqrt{3}+5)^2$ ________

2-2 $(\sqrt{7}-\sqrt{2})^2$ ________

3-1 $(\sqrt{6}-2)^2$ ________

3-2 $(3\sqrt{3}-\sqrt{7})^2$ ________

4-1 $(\sqrt{3}+1)(\sqrt{3}-1)=(\square)^2-1^2=\square$

4-2 $(\sqrt{5}+\sqrt{3})(\sqrt{5}-\sqrt{3})$ ________

5-1 $(3+2\sqrt{2})(3-2\sqrt{2})$ ________

5-2 $(-\sqrt{5}+\sqrt{7})(-\sqrt{5}-\sqrt{7})$ ________

핵심 체크

$\sqrt{}$를 문자로 생각하고 곱셈 공식을 이용한다.

예 $(\sqrt{3}+1)^2=(\sqrt{3})^2+2\times\sqrt{3}\times 1+1^2$, $(\sqrt{2}+1)(\sqrt{2}-1)=(\sqrt{2})^2-1^2$

$(x+1)^2=x^2+2\times x\times 1+1^2$, $(x+1)(x-1)=x^2-1^2$

11 곱셈 공식을 이용한 무리수의 계산 (2)

정답과 해설 | 35쪽

❸ $(x+a)(x+b)=x^2+(a+b)x+ab$를 이용

$(\sqrt{3}+5)(\sqrt{3}+2)$
$=(\sqrt{3})^2+(5+2)\sqrt{3}+5\times2$
$=3+7\sqrt{3}+10$
$=13+7\sqrt{3}$

❹ $(ax+b)(cx+d)=acx^2+(ad+bc)x+bd$를 이용

$(3\sqrt{2}+1)(\sqrt{2}-1)$
$=(3\times1)(\sqrt{2})^2+\{3\times(-1)+1\times1\}\sqrt{2}+1\times(-1)$
$=6-2\sqrt{2}-1$
$=5-2\sqrt{2}$

○ 곱셈 공식을 이용하여 다음을 계산하시오.

1-1 $(\sqrt{5}+2)(\sqrt{5}+3)$
$=(\sqrt{5})^2+(2+\square)\sqrt{5}+2\times\square$
$=\square$

1-2 $(\sqrt{6}+5)(\sqrt{6}-2)$ ________

2-1 $(\sqrt{7}-3)(\sqrt{7}+5)$ ________

2-2 $(\sqrt{10}+4)(\sqrt{10}-6)$ ________

3-1 $(2\sqrt{3}+5)(\sqrt{3}-4)$ ________

3-2 $(2\sqrt{6}-9)(\sqrt{6}-2)$ ________

4-1 $(2\sqrt{2}-1)(2\sqrt{2}+2)$ ________

4-2 $(3\sqrt{3}+2)(3\sqrt{3}+4)$ ________

5-1 $(\sqrt{5}+\sqrt{2})(\sqrt{5}-2\sqrt{2})$ ________

5-2 $(3\sqrt{2}-2\sqrt{3})(\sqrt{2}-\sqrt{3})$ ________

핵심 체크

$\sqrt{\ }$를 문자로 생각하고 곱셈 공식을 이용한다.

예 $(\sqrt{3}+5)(\sqrt{3}+2)=(\sqrt{3})^2+(5+2)\sqrt{3}+5\times2$, $(3\sqrt{2}+1)(\sqrt{2}-1)=3(\sqrt{2})^2+(-3+1)\sqrt{2}+1\times(-1)$

$(x+5)(x+2)=x^2+(5+2)x+5\times2$, $(3x+1)(x-1)=3x^2+(-3+1)x+1\times(-1)$

12 곱셈 공식을 이용한 분모의 유리화

분모가 2개의 항으로 되어 있는 무리수일 때는 곱셈 공식 $(a+b)(a-b)=a^2-b^2$을 이용하여 분모를 유리화한다.

$$\frac{\sqrt{3}}{\sqrt{3}-\sqrt{2}}=\frac{\sqrt{3}(\sqrt{3}+\sqrt{2})}{(\sqrt{3}-\sqrt{2})(\sqrt{3}+\sqrt{2})}=\frac{3+\sqrt{6}}{(\sqrt{3})^2-(\sqrt{2})^2}=3+\sqrt{6}$$

부호 반대

○ 곱셈 공식을 이용하여 다음 수의 분모를 유리화하시오.

1-1 $\frac{1}{\sqrt{2}-1}=\frac{\square}{(\sqrt{2}-1)(\sqrt{2}+1)}=\square$

1-2 $\frac{1}{\sqrt{3}+1}$ ________

2-1 $\frac{\sqrt{3}}{\sqrt{3}-2}$ ________

2-2 $\frac{\sqrt{2}}{\sqrt{5}+1}$ ________

3-1 $\frac{1}{2\sqrt{2}+3}$ ________

3-2 $\frac{1}{2\sqrt{3}-1}$ ________

4-1 $\frac{3}{\sqrt{5}-\sqrt{2}}$ ________

4-2 $\frac{4}{\sqrt{3}+\sqrt{5}}$ ________

핵심 체크

$a>0, b>0, c>0$일 때, $\frac{c}{\sqrt{a}+\sqrt{b}}=\frac{c(\sqrt{a}-\sqrt{b})}{(\sqrt{a}+\sqrt{b})(\sqrt{a}-\sqrt{b})}=\frac{c(\sqrt{a}-\sqrt{b})}{(\sqrt{a})^2-(\sqrt{b})^2}=\frac{c\sqrt{a}-c\sqrt{b}}{a-b}$ (단, $a\neq b$)

곱셈 공식 $(a+b)(a-b)=a^2-b^2$을 이용

○ 곱셈 공식을 이용하여 다음 수의 분모를 유리화하시오.

5-1 $\dfrac{\sqrt{3}+\sqrt{2}}{\sqrt{3}-\sqrt{2}}=\dfrac{\boxed{\quad}}{(\sqrt{3}-\sqrt{2})(\boxed{\quad})}$

$=\boxed{\quad}$

5-2 $\dfrac{\sqrt{5}+2}{\sqrt{5}-2}$ ______

6-1 $\dfrac{\sqrt{2}+1}{\sqrt{2}-1}$ ______

6-2 $\dfrac{\sqrt{6}+2}{\sqrt{6}-2}$ ______

7-1 $\dfrac{\sqrt{7}+\sqrt{3}}{\sqrt{7}-\sqrt{3}}$ ______

7-2 $\dfrac{\sqrt{10}-\sqrt{8}}{\sqrt{10}+\sqrt{8}}$ ______

8-1 $\dfrac{\sqrt{3}-1}{2\sqrt{3}-3}$ ______

8-2 $\dfrac{\sqrt{6}+1}{\sqrt{2}+\sqrt{3}}$ ______

9-1 $\dfrac{2-\sqrt{2}}{3+2\sqrt{2}}$ ______

9-2 $\dfrac{4+2\sqrt{3}}{2-\sqrt{3}}$ ______

핵심 체크

곱셈 공식 $(a+b)(a-b)=a^2-b^2$을 이용하여 분모를 유리화한다.

분모	$a+\sqrt{b}$	$a-\sqrt{b}$	$\sqrt{a}+\sqrt{b}$	$\sqrt{a}-\sqrt{b}$
분모, 분자에 곱하는 수	$a-\sqrt{b}$	$a+\sqrt{b}$	$\sqrt{a}-\sqrt{b}$	$\sqrt{a}+\sqrt{b}$

부호 반대

13 곱셈 공식을 이용한 수의 계산 (1)

정답과 해설 | 36쪽

수의 제곱의 계산 ➡ $(a+b)^2=a^2+2ab+b^2$ 또는 $(a-b)^2=a^2-2ab+b^2$을 이용한다.

❶ $(a+b)^2=a^2+2ab+b^2$을 이용

$$102^2=(100+2)^2$$
$$=100^2+2\times100\times2+2^2$$
$$=10000+400+4$$
$$=10404$$

❷ $(a-b)^2=a^2-2ab+b^2$을 이용

$$98^2=(100-2)^2$$
$$=100^2-2\times100\times2+2^2$$
$$=10000-400+4$$
$$=9604$$

○ 곱셈 공식을 이용하여 다음을 계산하시오.

1-1
$51^2=(50+1)^2$
$=50^2+\square\times50\times1+\square^2$
$=\square$

1-2 101^2 ________

2-1 72^2 ________

2-2 91^2 ________

3-1
$48^2=(50-2)^2$
$=50^2-2\times50\times\square+\square^2$
$=\square$

3-2 95^2 ________

4-1 87^2 ________

4-2 399^2 ________

5-1 6.1^2 ________

5-2 9.7^2 ________

핵심 체크

- $(a+b)^2=a^2+2ab+b^2$, $(a-b)^2=a^2-2ab+b^2$에서 a에 해당하는 수를 10의 배수가 되게 하면 계산이 쉽다.
- 소수를 계산할 때는 소수에 가장 가까운 정수를 찾는다. 예 $4.8=5-0.2$, $5.2=5+0.2$

14 곱셈 공식을 이용한 수의 계산 (2)

정답과 해설 | 37쪽

두 수의 곱의 계산 ➡ $(a+b)(a-b)=a^2-b^2$ 또는 $(x+a)(x+b)=x^2+(a+b)x+ab$를 이용한다.

❶ $(a+b)(a-b)=a^2-b^2$을 이용

$$\begin{aligned}101\times 99&=(100+1)(100-1)\\&=100^2-1^2\\&=10000-1\\&=9999\end{aligned}$$

❷ $(x+a)(x+b)=x^2+(a+b)x+ab$를 이용

$$\begin{aligned}101\times 102&=(100+1)(100+2)\\&=100^2+(1+2)\times 100+1\times 2\\&=10000+300+2\\&=10302\end{aligned}$$

○ 곱셈 공식을 이용하여 다음을 계산하시오.

1-1 $52\times 48=(50+2)(50-\square)$
$=50^2-\square^2=\square$

1-2 28×32 ________

2-1 97×103 ________

2-2 202×198 ________

3-1 10.2×9.8 ________

3-2 4.9×5.1 ________

4-1 $103\times 108=(100+3)(100+\square)$
$=100^2+(3+\square)\times 100+3\times\square$
$=\square$

4-2 502×505 ________

5-1 97×106 ________

5-2 196×197 ________

핵심 체크

- $(a+b)(a-b)=a^2-b^2$에서 a에 해당하는 수를 10의 배수가 되게 하면 계산이 쉽다.
- $(x+a)(x+b)=x^2+(a+b)x+ab$에서 x에 해당하는 수를 10의 배수가 되게 하면 계산이 쉽다.

15 치환을 이용한 다항식의 전개

복잡한 다항식의 곱셈에서는 공통부분 또는 식의 일부를 한 문자로 바꾼 후 곱셈 공식을 이용하여 전개한다.
→ 치환한다.

$(a-2b+3)(a+b+3)$

$=(a+3-2b)(a+3+b)$ ⌉ $a+3=A$로 치환

$=(A-2b)(A+b)$ ⌉ 곱셈 공식을 이용한 전개

$=A^2-Ab-2b^2$ ⌉ $A=a+3$을 대입

$=(a+3)^2-(a+3)b-2b^2$ ⌉ 전개하여 정리

$=a^2+6a+9-ab-3b-2b^2$

치환을 하지 않고 직접 전개해도 같은 답이 나와. 그러나 치환을 이용하면 실수를 줄이고 보다 쉽게 풀 수 있어!

○ 치환을 이용하여 다음 식을 전개하시오.

1-1 $(a+b+3)(a+b-3)$ ⌉ $a+b=A$로 치환

$=(A+3)(A-3)$

$=A^2-3^2$ ⌉ $A=a+b$를 대입

$=(\square)^2-\square$

$=\square$

1-2 $(x-y+2)(x-y-2)$ ________

2-1 $(x+y-2)(x+y-5)$ ________

2-2 $(x+2y+3)(x+2y+2)$ ________

3-1 $(2x+y-3)(2x+y-5)$ ________

3-2 $(3x+y-1)(3x+y+2)$ ________

4-1 $(x-3y+1)(x+3y+1)$ ________

연구 공통부분이 보이도록 항의 자리를 바꾼다.

$(x-3y+1)(x+3y+1)$

$=(x+\square-3y)(x+\square+3y)$

4-2 $(a+b-2)(a-b-2)$ ________

핵심 체크

- 치환을 이용한 다항식의 전개 ➡ ① 공통부분을 A로 치환한다.
  ② 곱셈 공식을 이용하여 전개한다.
  ③ A에 다시 원래의 식을 대입하여 정리한다.

○ 치환을 이용하여 다음 식을 전개하시오.

5-1

$(x+y-1)^2$ ← $x+y=A$로 치환
$=(A-1)^2$
$=A^2-\square A+1$ ← $A=x+y$를 대입
$=(x+y)^2-2(\square)+1$
$=\square$

5-2 $(a-b+2)^2$ ______

6-1 $(a+2b-1)^2$ ______

6-2 $(2x+3y+1)^2$ ______

7-1 $(2x+y-3)^2$ ______

7-2 $(a-4b+5)^2$ ______

8-1

$(x-y+1)(x+y-1)$ ← 공통부분이 보이도록 적당히 묶기
$=\{x-(y-1)\}\{x+(y-1)\}$ ← $y-1=A$로 치환
$=(x-A)(x+A)$
$=x^2-A^2$ ← $A=y-1$을 대입
$=x^2-(\square)^2$
$=\square$

8-2 $(x-2y+3)(x+2y-3)$ ______

9-1 $(x+3y-4)(x-3y+4)$ ______

9-2 $(a+b-4)(a-b+4)$ ______

핵심 체크

- $(a+b+c)^2$의 경우 곱셈 공식을 이용할 수 있도록 치환한다. ➡ $(a+b+c)^2=(A+c)^2$ (치환)
- 공통부분이 잘 나타나도록 적당히 묶어 치환한다.

3 다항식의 곱셈

기본연산 집중연습 | 10~15

○ 다음을 계산하시오.

1-1 $(\sqrt{5}-3)^2$

1-2 $(\sqrt{6}+\sqrt{3})^2$

1-3 $(2\sqrt{3}+\sqrt{2})(2\sqrt{3}-\sqrt{2})$

1-4 $(\sqrt{5}+3\sqrt{3})(\sqrt{5}-4\sqrt{3})$

○ 곱셈 공식을 이용하여 다음 수를 계산하시오.

2-1 103^2

2-2 99^2

2-3 101×105

2-4 62×58

○ 치환을 이용하여 다음을 전개하시오.

3-1 $(x+y+2)(x+y-7)$

3-2 $(3x+2y-1)^2$

3-3 $(2x+y-3)(2x+y+3)$

3-4 $(x+2y-3)(x-2y-3)$

핵심 체크

❶ 곱셈 공식을 이용하여 수를 계산할 수 있다.

- $(a+b)^2=a^2+2ab+b^2$, $(a-b)^2=a^2-2ab+b^2$
- $(a+b)(a-b)=a^2-b^2$
- $(x+a)(x+b)=x^2+(a+b)x+ab$

❷ 복잡한 식의 전개에서 공통부분이 있으면 공통부분을 한 문자로 치환한 후 곱셈 공식을 이용하여 전개한다.

4. 주어진 수의 분모를 바르게 유리화한 길을 따라가며 선을 그어 보시오. 민호가 집에 도착할 때까지 얻은 초콜릿은 모두 몇 개인지 구하시오.

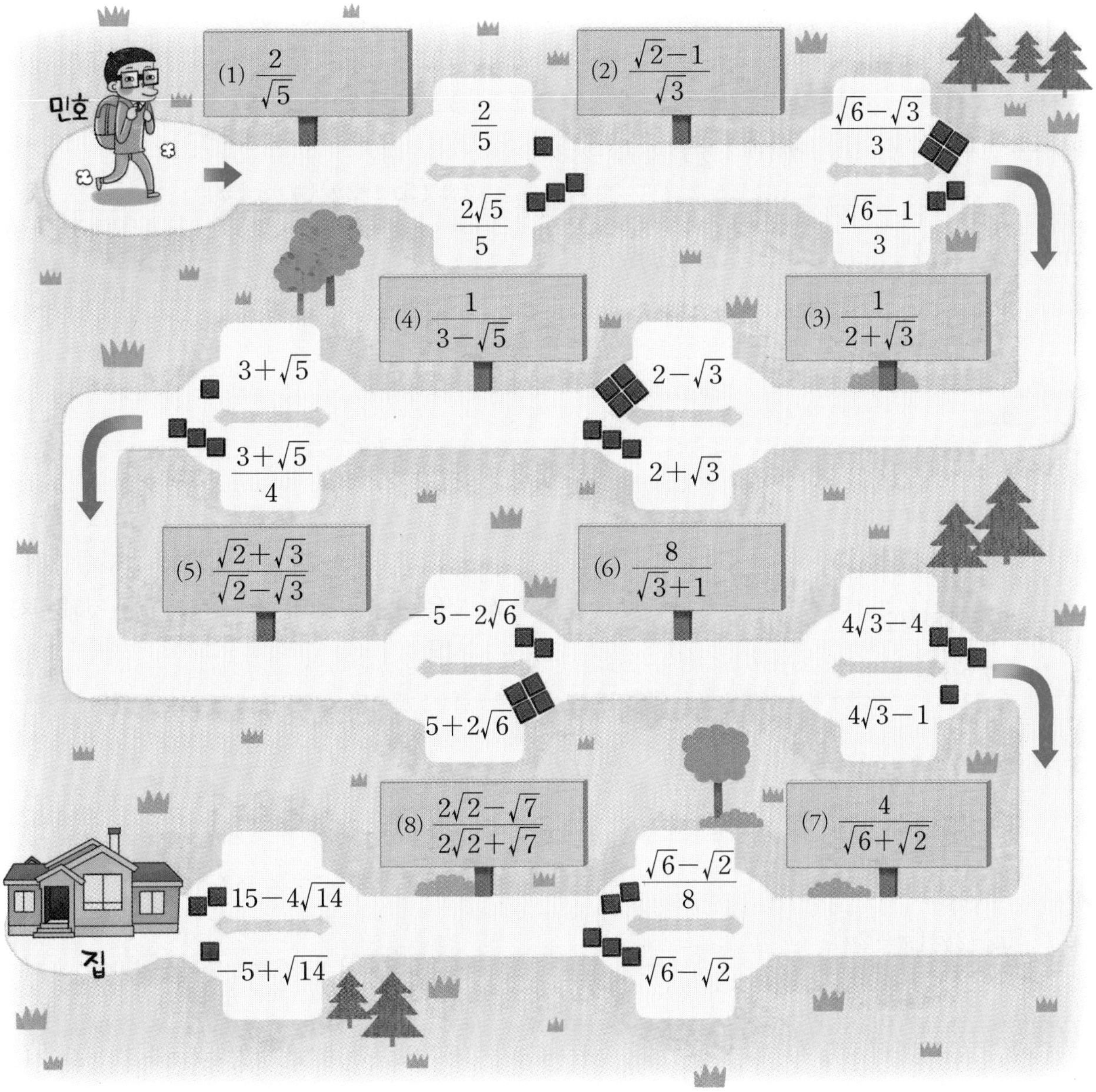

핵심 체크

❸ 분모가 2개의 항으로 되어 있는 무리수일 때는 곱셈 공식 $(a+b)(a-b)=a^2-b^2$을 이용하여 분모를 유리화한다.

예 $\frac{\sqrt{3}}{\sqrt{3}-\sqrt{2}}=\frac{\sqrt{3}(\sqrt{3}+\sqrt{2})}{(\sqrt{3}-\sqrt{2})(\sqrt{3}+\sqrt{2})}=\frac{3+\sqrt{6}}{(\sqrt{3})^2-(\sqrt{2})^2}=3+\sqrt{6}$

기본연산 테스트

1 다음 식을 전개하시오.

(1) $(x+2)^2$

(2) $(4x+1)^2$

(3) $\left(x+\frac{1}{2}y\right)^2$

(4) $(x-6)^2$

(5) $(3x-4)^2$

(6) $\left(x-\frac{1}{2}\right)^2$

(7) $\left(-\frac{1}{4}x+1\right)^2$

(8) $(-3x-2y)^2$

2 다음 식을 전개하시오.

(1) $(x-7)(x+7)$

(2) $(6x+5)(6x-5)$

(3) $(-2x+3)(-2x-3)$

(4) $(-x-2y)(x-2y)$

(5) $\left(\frac{1}{2}x+\frac{3}{4}y\right)\left(\frac{1}{2}x-\frac{3}{4}y\right)$

3 다음 식을 전개하시오.

(1) $(x+5)(x+2)$

(2) $(x-4y)(x-9y)$

(3) $(3x+7)(5x+8)$

(4) $(5x-3y)(4x+5y)$

(5) $(-3x-2y)(4x-y)$

4 다음 중 옳은 것에는 ○표, 옳지 않은 것에는 ×표를 하시오.

(1) $(x+1)^2=x^2+1$ ( )

(2) $(x-2)^2=x^2-4$ ( )

(3) $(x+3)(x-3)=x^2-6$ ( )

(4) $(x-4)(x+5)=x^2+x-20$ ( )

(5) $(2x-y)(3x+4y)=6x^2+5x-4y^2$ ( )

핵심 체크

❶ (다항식)×(다항식)의 계산

➡ 분배법칙을 이용하여 전개하고 동류항이 있으면 동류항끼리 모아서 계산한다.

$(a+b)(c+d)=ac+ad+bc+bd$

❷ 곱셈 공식

- $(a+b)^2=a^2+2ab+b^2$, $(a-b)^2=a^2-2ab+b^2$
- $(a+b)(a-b)=a^2-b^2$
- $(x+a)(x+b)=x^2+(a+b)x+ab$
- $(ax+b)(cx+d)=acx^2+(ad+bc)x+bd$

5 곱셈 공식을 이용하여 다음을 계산하시오.

(1) $(\sqrt{6}+2)^2$

(2) $(\sqrt{7}-\sqrt{5})^2$

(3) $(4+3\sqrt{2})(4-3\sqrt{2})$

(4) $(\sqrt{6}+3)(\sqrt{6}+2)$

(5) $(3\sqrt{3}-\sqrt{2})(2\sqrt{3}+\sqrt{2})$

6 다음 수의 분모를 유리화하시오.

(1) $\dfrac{4}{\sqrt{3}+\sqrt{5}}$

(2) $\dfrac{\sqrt{6}}{\sqrt{10}-\sqrt{6}}$

(3) $\dfrac{\sqrt{7}+3}{\sqrt{7}-3}$

(4) $\dfrac{2+\sqrt{2}}{3-2\sqrt{2}}$

7 다음을 계산하시오.

(1) $\dfrac{\sqrt{6}-2\sqrt{3}}{\sqrt{3}}+\dfrac{2-3\sqrt{2}}{\sqrt{2}-3}$

(2) $\dfrac{\sqrt{10}-\sqrt{5}}{\sqrt{5}}-\dfrac{2\sqrt{5}-4}{\sqrt{5}-2}$

8 다음을 계산할 때 이용하면 가장 편리한 곱셈 공식을 보기에서 고르고, 그 공식을 이용하여 계산하시오.

보기

ㄱ $(a+b)^2=a^2+2ab+b^2$

ㄴ $(a-b)^2=a^2-2ab+b^2$

ㄷ $(a+b)(a-b)=a^2-b^2$

ㄹ $(x+a)(x+b)=x^2+(a+b)x+ab$

(1) 23^2

(2) 98×104

(3) 999^2

(4) 78×82

9 다음 식을 전개하시오.

(1) $(2x+y)(5x-7y)-(x-2y)(x+2y)$

(2) $(3x-2)(4x+3)-3(2x-1)^2$

(3) $(x-1)(x+1)(x^2+1)$

(4) $(a+b+1)(a-2b+1)$

(5) $(a+2b+1)(a-2b-1)$

핵심 체크

③ 곱셈 공식을 이용한 분모의 유리화

➡ 분모가 2개의 항으로 되어 있는 무리수일 때는 곱셈 공식을 이용하여 분모를 유리화한다.

예 $\dfrac{3}{\sqrt{2}+1}=\dfrac{3(\sqrt{2}-1)}{(\sqrt{2}+1)(\sqrt{2}-1)}=\dfrac{3\sqrt{2}-3}{(\sqrt{2})^2-1^2}=3\sqrt{2}-3$

④ 복잡한 식의 전개

• 공통부분이 없는 경우 ➡ 곱셈 공식을 이용하여 전개한 후 동류항끼리 모아서 간단히 한다.

• 공통부분이 있는 경우 ➡ 공통부분 또는 식의 일부를 한 문자로 바꾼 후 곱셈 공식을 이용하여 전개한다.

| 빅터 연산 공부 계획표 |

	주제	쪽수	학습한 날짜
STEP 1	**01** 인수분해	126쪽	월 일
	02 인수	127쪽	월 일
	03 공통인수를 이용한 인수분해	128쪽 ~ 129쪽	월 일
STEP 2	기본연산 집중연습	130쪽 ~ 131쪽	월 일
STEP 1	**04** 인수분해 공식 (1) : $a^2 \pm 2ab + b^2$ 꼴	132쪽 ~ 134쪽	월 일
	05 완전제곱식이 되기 위한 조건 (1)	135쪽	월 일
	06 완전제곱식이 되기 위한 조건 (2)	136쪽	월 일
	07 완전제곱식이 되기 위한 조건 (3)	137쪽 ~ 138쪽	월 일
	08 인수분해 공식 (2) : $a^2 - b^2$ 꼴	139쪽 ~ 141쪽	월 일
STEP 2	기본연산 집중연습	142쪽 ~ 143쪽	월 일
STEP 1	**09** 인수분해 공식 (3) : $x^2 + (a+b)x + ab$ 꼴 (1)	144쪽 ~ 145쪽	월 일
	10 인수분해 공식 (3) : $x^2 + (a+b)x + ab$ 꼴 (2)	146쪽 ~ 147쪽	월 일
	11 인수분해 공식 (4) : $acx^2 + (ad+bc)x + bd$ 꼴 (1)	148쪽 ~ 149쪽	월 일
	12 인수분해 공식 (4) : $acx^2 + (ad+bc)x + bd$ 꼴 (2)	150쪽 ~ 151쪽	월 일
STEP 2	기본연산 집중연습	152쪽 ~ 153쪽	월 일
STEP 1	**13** 복잡한 식의 인수분해 (1) : 공통인수	154쪽	월 일
	14 복잡한 식의 인수분해 (2) : 치환 이용	155쪽 ~ 156쪽	월 일
	15 복잡한 식의 인수분해 (3) : 항이 4개인 경우 (1)	157쪽	월 일
	16 복잡한 식의 인수분해 (3) : 항이 4개인 경우 (2)	158쪽	월 일
	17 복잡한 식의 인수분해 (4) : 항이 5개 이상인 경우	159쪽	월 일
	18 인수분해 공식을 이용한 수의 계산	160쪽 ~ 161쪽	월 일
	19 인수분해 공식을 이용한 식의 값	162쪽 ~ 163쪽	월 일
STEP 2	기본연산 집중연습	164쪽 ~ 165쪽	월 일
STEP 3	기본연산 테스트	166쪽 ~ 167쪽	월 일

4

다항식의 인수분해

1보다 큰 자연수는 오직 한 가지 방법으로 소인수분해된다는 것을 처음으로 밝힌 사람은 고대 그리스의 수학자인 유클리드이다.
그렇다면 수의 소인수분해처럼 다항식을 인수분해하는 방법도 한 가지일까?
유클리드 시대보다 2000여 년 후인 1802년,
수학자 가우스는 일차 이상의 다항식을 더 이상 인수분해되지 않는 정수 계수의 다항식의 곱으로 나타내는 방법은 순서를 생각하지 않으면 오직 한 가지 밖에 없다는 것을 보였다.
예를 들어 $a^2b+2ab=ab(a+2)$의 한 가지뿐이다.

01 인수분해

정답과 해설 | 40쪽

인수분해 : 하나의 다항식을 두 개 이상의 다항식의 곱으로 나타내는 것

$$x^2+5x \underset{\text{전개}}{\overset{\text{인수분해}}{\rightleftarrows}} x(x+5)$$

하나의 다항식 → 두 개 이상의 다항식의 곱

○ 다음은 어떤 다항식을 인수분해한 것인지 구하시오.

1-1 $a(a+2)$

➡ $a(a+2)=\square+\square$

1-2 $-2x(x-3)$ __________

2-1 $(x+y)^2$ __________

2-2 $(2x-1)^2$ __________

3-1 $(x+2)(x-2)$ __________

3-2 $(3x+5)(3x-5)$ __________

4-1 $(x+2)(x+3)$ __________

4-2 $(x-2)(x-7)$ __________

5-1 $(x-5)(2x-1)$ __________

5-2 $(3x-2)(-2x+3)$ __________

핵심 체크

인수분해는 전개를 거꾸로 한 과정이다. 즉 인수분해된 식을 전개하면 인수분해하기 전의 다항식을 알 수 있다.

02 인수

정답과 해설 | 40쪽

인수 : 다항식을 인수분해했을 때, 곱해진 각각의 다항식

예 $x^2+5x=x(x+5)$이므로 x^2+5x의 인수는

$1, x, x+5, x(x+5)$이다.

1과 자기 자신도 그 다항식의 인수라는 점에 주의해.

자연수 a, b, c에 대하여 $a=b\times c$일 때, b, c를 a의 인수라 한다.
예 $6=1\times6=2\times3$이므로 6의 인수는 1, 2, 3, 6

○ 다음에서 주어진 식의 인수인 것을 모두 고르시오.

1-1 $3(x-1)(x+2)$ ________

3,	$x-1$,	$x+1$,
x^2+x-2,	x^2-2,	$3(x-1)$

연구 $3(x-1)(x+2)=1\times3(x-1)(x+2)$
$=3\times(x-1)(x+2)$ → x^2+x-2
$=3(x-1)\times(x+2)$
$=3(x+2)\times($　　　$)$

1-2 $x(x-1)(x+1)$ ________

1,	$x+1$,	x^2-1,
x^2+1,	x^2-x,	x^3-x

2-1 $a(x-y)^2$ ________

1,	$x-y$,	a,
ax^2,	$-ay^2$,	$(x-y)^2$

2-2 $ab(a+b)$ ________

a,	b^2,	a^2+b^2,
ab,	a^2+ab,	$ab(a+b)$

3-1 $x^2(x-y)$ ________

1,	x,	x^3,
x^2-x^2y,	$x-y$,	x^2-xy

3-2 $(x+y)(x-y)$ ________

$x+y$,	x^2-y^2,	$x-y$,
$x(x-y)$,	$y(x-y)$,	x

핵심 체크

$a(a+1)(a-1)$의 인수에는 $a, a+1, a-1$뿐만 아니라 이들 인수끼리의 곱과 1도 포함된다.

03 공통인수를 이용한 인수분해

❶ 공통인수 : 다항식의 각 항에 공통으로 들어 있는 인수

❷ 공통인수를 이용한 인수분해 : 분배법칙을 이용하여 공통인수로 묶어 인수분해한다.

$$ma + mb = m(a+b)$$

공통인수로 묶기　　공통인수를 제외한 나머지

주의　인수분해할 때는 공통인수를 모두 묶어 내야 한다. 예 $12ma+8mb=4(3ma+2mb)$ (×)
공통인수 m이 남음

○ 다음 식에서 공통인수를 찾아 인수분해하시오.

1-1 $ab+ac=a(\square)$
공통인수

1-2 $2xy+6xz$ ______

2-1 $2x^2-6xy^2$ ______

2-2 $10x^2+25x$ ______

3-1 $5x^2y+10xy$ ______

3-2 $8x^3y-12x^2y^2$ ______

4-1 $ax-bx+cx$ ______

4-2 $4x^2-6x^3+5x$ ______

5-1 xy^2-x^2y+xy ______

5-2 $4x^2y+12x^3y^2-8x^2y^3$ ______

핵심 체크

- 공통인수를 찾을 때는 수에서는 최대공약수, 문자에서는 차수가 가장 낮은 것을 찾는다.
- 각 항의 곱셈 기호를 살려서 식을 다시 쓰면 공통인수를 찾을 때 실수를 줄일 수 있다.

○ 다음 식에서 공통인수를 찾아 인수분해하시오.

6-1 $a(b-3)-4(b-3)=(b-3)(\square)$

6-2 $x(a-b)+y(a-b)$ ________

7-1 $(a+b)c-2c$ ________

7-2 $(1-a)-a(1-a)$ ________

8-1 $(x+y)+(x-3y)(x+y)$ ________

8-2 $2(a-b)-(x+y)(a-b)$ ________

9-1
$m(x-2y)-n(2y-x)$
$=m(x-2y)+n(\square)$
$=(\square)(m+n)$

9-2 $x(a-b)+y(b-a)$ ________

10-1 $4(a-b)+x(b-a)$ ________

10-2 $(1+x)(1-y)+(y-1)$ ________

11-1 $y(x-1)-x+1$ ________

11-2 $x(y-z)-(z-y)$ ________

핵심 체크

- 공통으로 들어 있는 다항식이 공통인수이다.
- 공통인수가 생기도록 부호를 바꾸어 변형한다. ➡ $-(▲-■)=+(-▲+■)$

기본연산 집중연습 | 01~03

○ 다음에서 주어진 식의 인수인 것을 모두 고르시오.

1-1 $x(x+y)$

1,	x,	y,
xy,	$x+y$,	x^2+y

1-2 $x(y+1)(y-1)$

x,	$y-1$,	y^2-1,
$xy-1$,	$(y-1)^2$,	xy

1-3 x^2+6x

1,	6,	x,
$6x$,	$x+6$,	$x(x+6)$

1-4 xy^2-x^2y

1,	x,	y,
xy,	$y-x$,	$-xy(y+x)$

○ 다음 중 인수분해한 것이 옳은 것에는 ○표, 옳지 않은 것에는 ×표를 하시오.

2-1 $12ab+8b^2=2b(6a+4b)$ ( )

2-2 $-5x^2y+xy=-xy(5y+1)$ ( )

2-3 $6a^2-a=6a(a-1)$ ( )

2-4 $-3x^2-9x=-3x(x+3)$ ( )

2-5 $4x^2y-3xy+x=x(4xy-3y)$ ( )

2-6 $(a+b)x-(a+b)y=(a+b)(x-y)$ ( )

핵심 체크

❶ 인수 : 다항식을 인수분해했을 때, 곱해진 각각의 다항식

예 x^2+5x ⇄ (인수분해 → / ← 전개) $x(x+5)$ — x, $x+5$: 인수

❷ 공통인수를 이용한 인수분해

➡ $ma+mb=m(a+b)$ — m: 공통인수

○ 다음 식을 인수분해하시오.

3-1 $ax+bx$

3-2 x^3-3x^2

3-3 $3a^2+9a$

3-4 $-x^2-3xy$

3-5 $3am-12bm$

3-6 $20a^2b+15ab^2$

3-7 $3a^2-6ab^2+9ab$

3-8 a^2b-ab^2+2ab

3-9 $2x^2y-4xy^2+2axy$

3-10 $(a+b)(x-y)-(a-b)(x-y)$

3-11 $m(x-y)-n(y-x)$

식을 인수분해한 결과가 적힌 칸을 색칠하였을 때, 나타나는 수를 말해 보세요.

$x^2(x-3)$	$-x(x+3y)$	$3a(a+3)$	$(x-y)(m-n)$	$x(a+b)$
$3m(a-4b)$	$x(a-b)$	$2xy(x-2y+a)$	$-x(x^2-3y)$	$2b(x-y)$
$a(3a+9)$	$a(b-b^2+2a)$	$3a(a-2b^2+3b)$	$xy(2x-4y+2a)$	$ab(a-b+2)$
$2a(x-y)$	$x(x^2-32)$	$(x-y)(m+n)$	$3a(a-2b^2+9b)$	$5ab(4a+3b)$

핵심 체크

③ 공통인수를 찾을 때는 수에서는 최대공약수, 문자에서는 차수가 가장 낮은 것을 찾는다.

예 $2x(x+y)-4y(x+y)$의 인수분해 ➡ 수는 2, 4의 최대공약수인 2, 문자는 각 항에 공통으로 들어 있는 $x+y$로 묶으면 되므로

$$2x(x+y)-4y(x+y)=2(x+y)(x-2y)$$

04 인수분해 공식 (1) : $a^2 \pm 2ab + b^2$ 꼴

❶ $a^2+2ab+b^2=(a+b)^2$

부호 그대로

예 $x^2 + 10x + 25 = (x+5)^2$

x^2 + $2\times x\times 5$ + 5^2

❷ $a^2-2ab+b^2=(a-b)^2$

부호 그대로

예 $x^2 - 12x + 36 = (x-6)^2$

x^2 − $2\times x\times 6$ + 6^2

○ 다음 식을 인수분해하시오.

1-1 $x^2+6x+9=x^2+2\times x\times\square+\square^2$
$=(x+\square)^2$

1-2 x^2+4x+4 __________

2-1 $x^2+12x+36$ __________

2-2 $x^2+14x+49$ __________

3-1 $x^2-10x+25=x^2-2\times x\times\square+\square^2$
$=(x-\square)^2$

3-2 $x^2-8x+16$ __________

4-1 $x^2-18x+81$ __________

4-2 $x^2-20x+100$ __________

5-1 $64+16x+x^2$ __________

5-2 $121-22x+x^2$ __________

핵심 체크

$a^2+2ab+b^2=(a+b)^2$ 같은 부호

$a^2-2ab+b^2=(a-b)^2$ 같은 부호

○ 다음 식을 인수분해하시오.

6-1
$9x^2+12x+4$
$=(\square)^2+2\times\square\times2+2^2$
$=(\square+2)^2$

6-2 $4x^2+4x+1$ ________

7-1 $16x^2+24x+9$ ________

7-2 $25x^2+30x+9$ ________

8-1
$16x^2-8x+1$
$=(\square)^2-2\times\square\times1+1^2$
$=(\square-1)^2$

8-2 $9x^2-6x+1$ ________

9-1 $25x^2+20x+4$ ________

9-2 $36x^2-12x+1$ ________

10-1 $x^2+\frac{2}{3}x+\frac{1}{9}$ ________

10-2 $x^2-\frac{1}{2}x+\frac{1}{16}$ ________

11-1 $4x^2+\frac{4}{3}x+\frac{1}{9}$ ________

11-2 $\frac{1}{4}x^2-3x+9$ ________

핵심 체크

주어진 이차식을 $■^2\pm2\times■\times▲+▲^2$ 꼴로 바꾼 후 인수분해 공식을 적용한다.

➡ $■^2\pm2\times■\times▲+▲^2=(■\pm▲)^2$

04 인수분해 공식 (1) : $a^2 \pm 2ab + b^2$ 꼴

○ 다음 식을 인수분해하시오.

12-1
$x^2+8xy+16y^2$
$=x^2+2\times x\times\square+(\square)^2$
$=(\square)^2$

12-2 $x^2+2xy+y^2$ ________

13-1 $x^2-12xy+36y^2$ ________

13-2 $x^2-\frac{1}{2}xy+\frac{1}{16}y^2$ ________

14-1
$4x^2-36xy+81y^2$
$=(2x)^2-2\times\square\times\square+(\square)^2$
$=(2x-\square)^2$

14-2 $25x^2-10xy+y^2$ ________

15-1 $9x^2+12xy+4y^2$ ________

15-2 $4x^2+20xy+25y^2$ ________

16-1
$2x^2-12x+18=2(x^2-6x+9)$
$=2(\square)^2$

16-2 $2x^2-4x+2$ ________

17-1 $3x^2-12xy+12y^2$ ________

17-2 $5x^2+10xy+5y^2$ ________

핵심 체크

모든 항에 공통인 인수가 있으면 그 인수로 먼저 묶어 낸 후 인수분해 공식을 적용한다.

예 $a^2x+2abx+b^2x=x(a^2+2ab+b^2)=x(a+b)^2$

05 완전제곱식이 되기 위한 조건 (1)

정답과 해설 | 43쪽

① 완전제곱식 : 다항식의 제곱으로 된 식 또는 이 식에 상수를 곱한 식
예 $(x+3)^2$, $2(a-b)^2$, $-2(3x-y)^2$

② x^2+ax+b가 완전제곱식이 되기 위한 b의 조건 : $b=\left(\frac{a}{2}\right)^2$

➡ $x^2+ax+b=x^2+2\times x\times\frac{a}{2}+\left(\frac{a}{2}\right)^2=\left(x+\frac{a}{2}\right)^2$

예 x^2+4x+b가 완전제곱식이 되려면 $b=\left(\frac{4}{2}\right)^2=4$

확인 $x^2+4x+4=x^2+2\times x\times 2+2^2=(x+2)^2$

○ 다음 식이 완전제곱식이 되도록 □ 안에 알맞은 수를 써넣으시오.

1-1 $x^2+14x+\square$ ← $\left(\frac{14}{2}\right)^2$

1-2 $x^2+16x+\square$

2-1 $x^2-8x+\square$

2-2 $x^2-20x+\square$

3-1 $x^2+10xy+\square y^2$

3-2 $x^2+12xy+\square y^2$

4-1 $x^2-6xy+\square y^2$

4-2 $x^2-18xy+\square y^2$

5-1 $x^2-\frac{2}{3}x+\square$

5-2 $x^2+\frac{2}{5}x+\square$

핵심 체크

x^2의 계수가 1일 때, 완전제곱식이 되려면 (상수항)$=\left(\frac{x\text{의 계수}}{2}\right)^2$이어야 한다.

06 완전제곱식이 되기 위한 조건 (2)

정답과 해설 | 43쪽

x^2+ax+b^2이 완전제곱식이 되기 위한 a의 조건 : $a=\pm 2b$

➡ $x^2+ax+b^2=x^2+2\times x\times(\pm b)+b^2$

$=(x\pm b)^2$

예 x^2+ax+9가 완전제곱식이 되려면 $9=(\pm 3)^2$이므로 $a=2\times(\pm 3)=\pm 6$

확인 $x^2\pm 6x+9=x^2\pm 2\times x\times 3+3^2=(x\pm 3)^2$

○ 다음 식이 완전제곱식이 되도록 ☐ 안에 알맞은 수를 모두 써넣으시오.

1-1 $x^2+\square x+16$

(16 —제곱근→ ± 4 —2배→ ☐)

1-2 $x^2+\square x+25$

2-1 $x^2+\square x+64$

2-2 $x^2+\square x+100$

3-1 $x^2+\square x+\frac{1}{9}$

3-2 $x^2+\square x+\frac{1}{16}$

4-1 $x^2+\square xy+9y^2$

4-2 $x^2+\square xy+81y^2$

5-1 $x^2+\square xy+\frac{1}{36}y^2$

5-2 $x^2+\square xy+\frac{1}{49}y^2$

핵심 체크

$x^2+\square x+b^2$이 완전제곱식이 되기 위한 조건 ➡ $\square=\pm 2b$

($\pm$: 양수, 음수의 경우를 모두 생각한다.)

07 완전제곱식이 되기 위한 조건 (3)

x^2의 계수가 1이 아닐 때, 완전제곱식이 될 조건 ➡ $\blacksquare^2 \pm 2 \times \blacksquare \times \blacktriangle + \blacktriangle^2 = (\blacksquare \pm \blacktriangle)^2$

① $4x^2 - 12x + \square$가 완전제곱식이 되려면

$4x^2 - 12x + \square = (2x)^2 - 2 \times 2x \times 3 + \square$

$\therefore \square = 3^2 = 9$

② $4x^2 + \square x + 25$가 완전제곱식이 되려면

$4x^2 + \square x + 25 = (2x)^2 + \square x + 5^2$

제곱근 $\pm 2x$ 곱의 2배 제곱근 ± 5

$\therefore \square = \pm 2 \times 2 \times 5 = \pm 20$

○ 다음 식이 완전제곱식이 되도록 ⃞ 안에 알맞은 것을 써넣으시오.

1-1 $9x^2 - 12x + \square$

연구 $9x^2 \quad - \quad 12x \quad + \quad \square$

$(3x)^2 - 2 \times 3x \times 2 + \square^2$

1-2 $4x^2 - 28x + \square$

2-1 $16x^2 + 24x + \square$

2-2 $25x^2 + 30x + \square$

3-1 $4x^2 - 4xy + \square$

3-2 $4x^2 + 12xy + \square$

4-1 $9x^2 + 24xy + \square$

4-2 $25x^2 + 20xy + \square$

5-1 $9x^2 + 3xy + \square$

5-2 $25x^2 + 2xy + \square$

핵심 체크

주어진 이차식을 완전제곱식으로 만들려면 먼저 $a^2 \pm 2ab + b^2$ 꼴로 고친다. ➡ $a^2 \pm 2ab + b^2$
제곱 제곱

4

07 완전제곱식이 되기 위한 조건 (3)

○ 다음 식이 완전제곱식이 되도록 $\square$ 안에 알맞은 수를 모두 써넣으시오.

6-1 $4x^2+\square x+9$

연구 $4x^2 + \square x + 9$

$4x^2 \to (2x)^2$, $9 \to (\pm\square)^2$, $\square x \leftarrow 2\times 2x\times(\pm\square)$

6-2 $9x^2+\square x+16$

7-1 $16x^2+\square x+1$

7-2 $49x^2+\square x+1$

8-1 $9x^2+\square x+25$

8-2 $25x^2+\square x+4$

9-1 $4x^2+\square xy+49y^2$

9-2 $16x^2+\square xy+9y^2$

10-1 $25x^2+\square xy+y^2$

10-2 $49x^2+\square xy+16y^2$

11-1 $\frac{1}{4}x^2+\square xy+4y^2$

11-2 $\frac{1}{9}x^2+\square xy+36y^2$

핵심 체크

주어진 이차식을 완전제곱식으로 만들려면 먼저 $a^2\pm2ab+b^2$ 꼴로 고친다.

➡ $a^2 \pm 2ab + b^2$

a^2 제곱근 $\to \pm a$, b^2 제곱근 $\to \pm b$, $\pm a$와 $\pm b$의 곱의 2배 $\to \pm 2ab$

08 인수분해 공식 (2) : a^2-b^2 꼴

정답과 해설 | 44쪽

$a^2-b^2=(a+b)(a-b)$
(제곱의 차 / 합 / 차)

x^2-4
$=\boxed{x}^2-\boxed{2}^2$
$=(x+2)(x-2)$

$4x^2-25y^2$
$=(\boxed{2x})^2-(\boxed{5y})^2$
$=(2x+5y)(2x-5y)$

$\frac{x^2}{4}-9y^2$
$=\left(\boxed{\frac{x}{2}}\right)^2-(\boxed{3y})^2$
$=\left(\frac{x}{2}+3y\right)\left(\frac{x}{2}-3y\right)$

○ 다음 식을 인수분해하시오.

1-1 $x^2-64=x^2-\square^2=(x+\square)(x-\square)$

1-2 x^2-49 ________

2-1 x^2-16 ________

2-2 x^2-36 ________

3-1 $x^2-\frac{1}{9}$ ________

3-2 $x^2-\frac{1}{4}$ ________

4-1 $x^2-\frac{16}{25}$ ________

4-2 $x^2-\frac{36}{49}$ ________

5-1 $81-x^2$ ________

5-2 $100-x^2$ ________

핵심 체크

두 식의 제곱의 차로 된 다항식의 인수분해는 두 식의 합과 차의 곱으로 인수분해된다.

➡ $a^2-b^2=(a+b)(a-b)$ (합 / 차)

4 다항식의 인수분해

08 인수분해 공식 (2) : a^2-b^2 꼴

○ 다음 식을 인수분해하시오.

6-1
$9x^2-16=(3x)^2-\square^2$
$=(3x+\square)(3x-\square)$

6-2 $4x^2-1$ ________

7-1 $49x^2-25$ ________

7-2 $36x^2-25$ ________

8-1
$x^2-4y^2=x^2-(\square y)^2$
$=(x+\square y)(x-\square y)$

8-2 x^2-16y^2 ________

9-1 $4x^2-9y^2$ ________

9-2 $16x^2-49y^2$ ________

10-1 $36x^2-25y^2$ ________

10-2 $81x^2-64y^2$ ________

11-1 $\frac{1}{9}x^2-\frac{1}{4}y^2$ ________

11-2 $\frac{16}{49}x^2-\frac{4}{9}y^2$ ________

핵심 체크

주어진 이차식을 $■^2-▲^2$ 꼴로 바꾼 후 인수분해 공식을 적용한다.

➡ $■^2-▲^2=(■+▲)(■-▲)$

○ 다음 식을 인수분해하시오.

12-1 $2x^2-50=2(x^2-\square)$
$=2(x^2-\square^2)$
$=2(x+\square)(x-\square)$

12-2 $3x^2-3$ __________

13-1 $5x^2-20$ __________

13-2 $4x^2-36$ __________

14-1 $6x^2-6y^2$ __________

14-2 $3x^2-75y^2$ __________

15-1 $45x^2-5y^2$ __________

15-2 $27x^2-12y^2$ __________

16-1 $-x^2+25$ __________

16-2 $-x^2+121$ __________

17-1 $-16x^2+36y^2$ __________

17-2 $-50x^2+8y^2$ __________

핵심 체크

모든 항에 공통인 인수가 있으면 그 인수로 먼저 묶어 낸 후 인수분해 공식을 적용한다.

예 $ax^2-4a=a(x^2-4)=a(x+2)(x-2)$

$9x^2-36y^2=(3x+6y)(3x-6y)$ (×), $9x^2-36y^2=9(x^2-4y^2)=9(x+2y)(x-2y)$ (○)

기본연산 집중연습 | 04~08

○ 다음 식을 인수분해하시오.

1-1 $x^2-16x+64$

1-2 $9x^2+24x+16$

1-3 $x^2-3x+\frac{9}{4}$

1-4 $3x^2-18xy+27y^2$

1-5 $4x^2-9$

1-6 $64x^2-49y^2$

1-7 $-9x^2+1$

1-8 $32x^2-18y^2$

○ 다음 식이 완전제곱식이 되도록 ▢ 안에 알맞은 양수를 써넣으시오.

2-1 $x^2+6x+\square$

2-2 $25x^2-20x+\square$

2-3 $x^2-18xy+\square y^2$

2-4 $x^2+\square x+49$

2-5 $x^2+\square x+81$

2-6 $4x^2+\square xy+25y^2$

핵심 체크

❶ 인수분해 공식

- $a^2+2ab+b^2=(a+b)^2$
- $a^2-2ab+b^2=(a-b)^2$
- $a^2-b^2=(a+b)(a-b)$

❷ 완전제곱식이 되기 위한 조건

- $x^2+ax+\square$가 완전제곱식이려면 $\square=\left(\frac{a}{2}\right)^2$
- $x^2+\square x+b^2$이 완전제곱식이려면 $\square=\pm 2b$
- $\square^2\pm 2\times\square\times\triangle+\triangle^2=(\square\pm\triangle)^2$

3. 인수분해한 결과가 맞으면 ○표, 틀리면 ×표를 하시오.

Level 1

(1) $x^2+6xy+9y^2=(x+3)^2$

(3) $16x^2-9y^2=(4x-3y)^2$

(5) $\dfrac{1}{9}x^2-2x+9=\left(\dfrac{1}{3}x-3\right)^2$

(7) $18x^2-24x+8=2(3x-4)^2$

Level 2

(2) $x^2+12x+36=(x+6)^2$

(4) $4-4y+y^2=(2-y)^2$

(6) $4x^2-25=(4x+5)(4x-5)$

(8) $25x^2+20xy+4y^2=(5x+2)^2$

인수분해한 결과가 바른 식의 보석 획득!
획득한 보석은 각각 몇 개일까요?

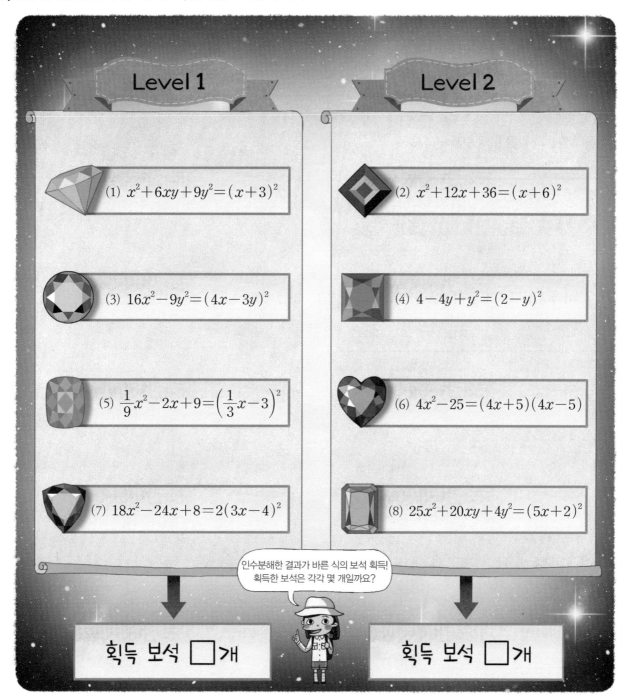

획득 보석 ☐개

획득 보석 ☐개

핵심 체크

❸ $x^2-10xy+25y^2$과 같이 문자가 2개인 경우, 한 문자에만
유의하여 $x^2-10xy+25y^2=(x-5)^2$과 같이 인수분해하
지 않도록 한다.
➡ $x^2-10xy+25y^2=(x-5y)^2$

❹ $a^2-b^2=(a+b)(a-b)$를 이용하는 인수분해 과정에서
하기 쉬운 실수
예 $x^2-4y^2=(x-2y)^2$ (×)
$x^2-4y^2=x^2-(4y)^2=(x+4y)(x-4y)$ (×)
$x^2-4y^2=x^2-(2y)^2=(x+2y)(x-2y)$ (○)

STEP 1

09 인수분해 공식 (3) : $x^2+(a+b)x+ab$ 꼴 (1)

$x^2+(a+b)x+ab$ 꼴의 인수분해

❶ 곱하여 상수 ab가 되는 두 정수를 찾는다.
❷ ❶에서 찾은 두 정수 중 그 합이 x의 계수 $a+b$가 되는 두 정수 a, b를 찾는다.
❸ $(x+a)(x+b)$로 나타낸다.

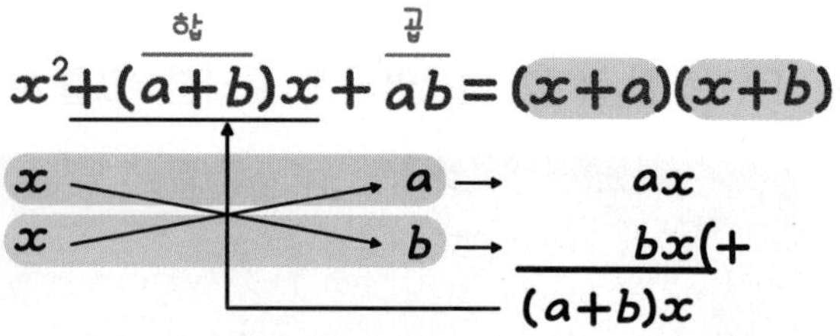

○ **합과 곱이 다음과 같은 두 정수를 구하시오.**

1-1 합이 -3, 곱이 2

➡

곱이 2인 두 정수	두 정수의 합
1, 2	3
-1, ☐	☐

따라서 합이 -3, 곱이 2인 두 정수는 ________

1-2 합이 5, 곱이 4 ________

2-1 합이 6, 곱이 8 ________

2-2 합이 -6, 곱이 5 ________

3-1 합이 1, 곱이 -2 ________

3-2 합이 2, 곱이 -8 ________

4-1 합이 -4, 곱이 -5 ________

4-2 합이 -2, 곱이 -15 ________

핵심 체크

- 합 : $+$, 곱 : $+$ ➡ 두 수 모두 $+$
- 합 : $-$, 곱 : $+$ ➡ 두 수 모두 $-$
- 합 : $+$, 곱 : $-$ ➡ 절댓값이 큰 수 $+$, 절댓값이 작은 수 $-$
- 합 : $-$, 곱 : $-$ ➡ 절댓값이 큰 수 $-$, 절댓값이 작은 수 $+$

○ 다음 ☐ 안에 알맞은 것을 써넣고, 주어진 식을 인수분해하시오.

5-1 $x^2-3x-4=$ _____

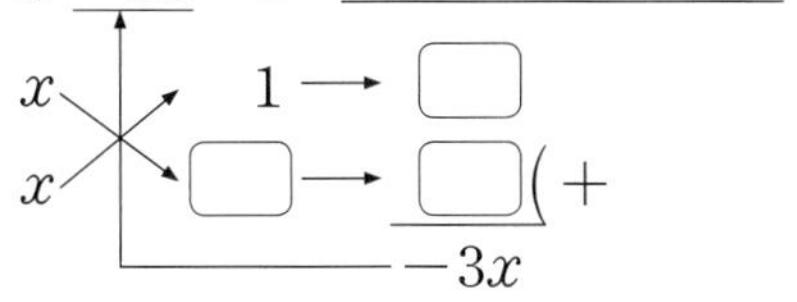

x ⟋ $1 \rightarrow$ ☐
x ⟍ ☐ \rightarrow ☐ $(+$
$\underset{-3x}{}$

5-2 $x^2+5x+4=$ _____

x ⟋ ☐ \rightarrow ☐
x ⟍ ☐ \rightarrow ☐ $(+$
$\underset{5x}{}$

6-1 $x^2-9x+14=$ _____

x ⟋ ☐ \rightarrow ☐
x ⟍ ☐ \rightarrow ☐ $(+$
$\underset{-9x}{}$

6-2 $x^2+2x-8=$ _____

x ⟋ ☐ \rightarrow ☐
x ⟍ ☐ \rightarrow ☐ $(+$
$\underset{2x}{}$

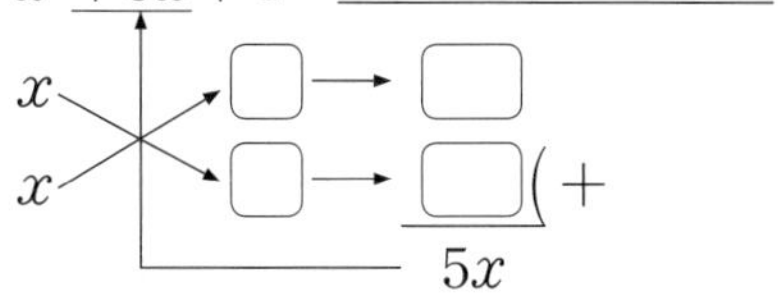

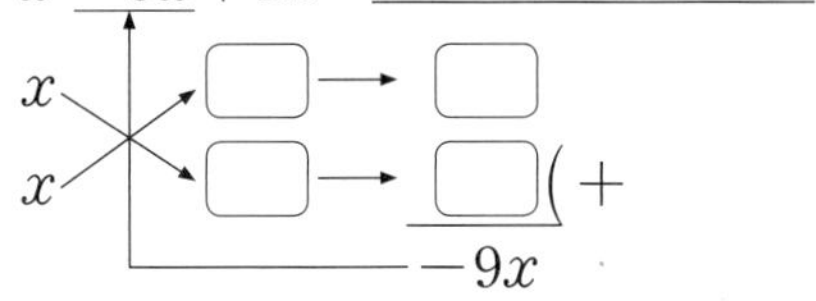

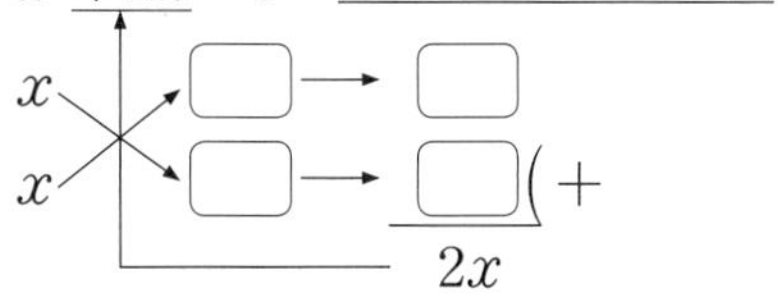

○ 다음 식을 인수분해하시오.

7-1 $x^2-12x+35$ _____

7-2 x^2+x-20 _____

8-1 $x^2-16x+63$ _____

8-2 x^2-x-12 _____

9-1 $x^2-9x+20$ _____

9-2 x^2-7x-8 _____

10-1 $x^2+5x-24$ _____

10-2 $x^2+10x+21$ _____

> **핵심 체크**
>
> $x^2+(a+b)x+ab$ 꼴의 인수분해는 합이 $a+b$, 곱이 ab인 두 정수 a, b를 찾으면 된다.
>
> ➡ $x^2+(a+b)x+ab=(x+a)(x+b)$

10 인수분해 공식 (3) : $x^2+(a+b)x+ab$ 꼴 (2)

① 문자가 x, y 모두 있는 경우

$$x^2+4xy-32y^2=(x-4y)(x+8y)$$

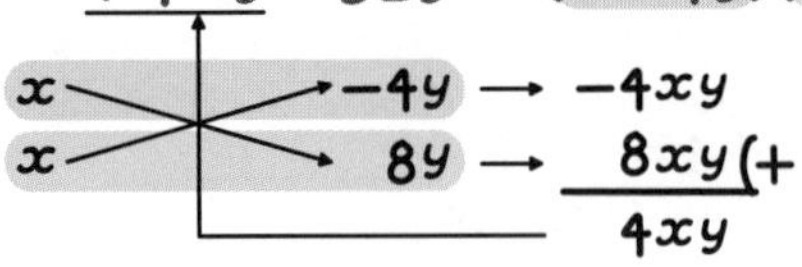

$x \quad\quad -4y \rightarrow -4xy$
$x \quad\quad 8y \rightarrow \underline{8xy} (+$
$\quad\quad\quad\quad\quad\quad 4xy$

② 공통인수로 먼저 묶어야 하는 경우

$$5x^2+10xy-15y^2 \leftarrow \text{공통인수 5로 묶기}$$
$$=5(x^2+2xy-3y^2)=5(x-y)(x+3y)$$

$x \quad\quad -y \rightarrow -xy$
$x \quad\quad 3y \rightarrow \underline{3xy}(+$
$\quad\quad\quad\quad\quad\quad 2xy$

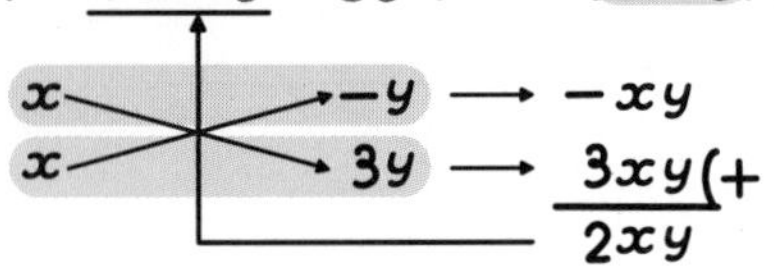

○ 다음 ☐ 안에 알맞은 것을 써넣고, 주어진 식을 인수분해하시오.

1-1 $x^2+5xy+6y^2=$＿＿＿＿＿＿

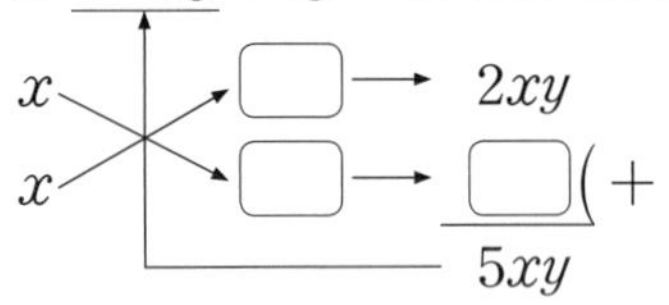

$x \quad\quad \boxed{} \rightarrow 2xy$
$x \quad\quad \boxed{} \rightarrow \underline{\boxed{}}(+$
$\quad\quad\quad\quad\quad 5xy$

1-2 $x^2+4xy+3y^2=$＿＿＿＿＿＿

$x \quad\quad \boxed{} \rightarrow \boxed{}$
$x \quad\quad \boxed{} \rightarrow \underline{\boxed{}}(+$
$\quad\quad\quad\quad\quad 4xy$

2-1 $x^2-7xy+10y^2=$＿＿＿＿＿＿

$x \quad\quad \boxed{} \rightarrow \boxed{}$
$x \quad\quad \boxed{} \rightarrow \underline{\boxed{}}(+$
$\quad\quad\quad\quad\quad -7xy$

2-2 $x^2-10xy+21y^2=$＿＿＿＿＿＿

$x \quad\quad \boxed{} \rightarrow \boxed{}$
$x \quad\quad \boxed{} \rightarrow \underline{\boxed{}}(+$
$\quad\quad\quad\quad\quad -10xy$

3-1 $x^2-xy-12y^2=$＿＿＿＿＿＿

$x \quad\quad \boxed{} \rightarrow \boxed{}$
$x \quad\quad \boxed{} \rightarrow \underline{\boxed{}}(+$
$\quad\quad\quad\quad\quad -xy$

3-2 $x^2-5xy-36y^2=$＿＿＿＿＿＿

$x \quad\quad \boxed{} \rightarrow \boxed{}$
$x \quad\quad \boxed{} \rightarrow \underline{\boxed{}}(+$
$\quad\quad\quad\quad\quad -5xy$

4-1 $x^2+2xy-24y^2=$＿＿＿＿＿＿

$x \quad\quad \boxed{} \rightarrow \boxed{}$
$x \quad\quad \boxed{} \rightarrow \underline{\boxed{}}(+$
$\quad\quad\quad\quad\quad 2xy$

4-2 $x^2+7xy-30y^2=$＿＿＿＿＿＿

$x \quad\quad \boxed{} \rightarrow \boxed{}$
$x \quad\quad \boxed{} \rightarrow \underline{\boxed{}}(+$
$\quad\quad\quad\quad\quad 7xy$

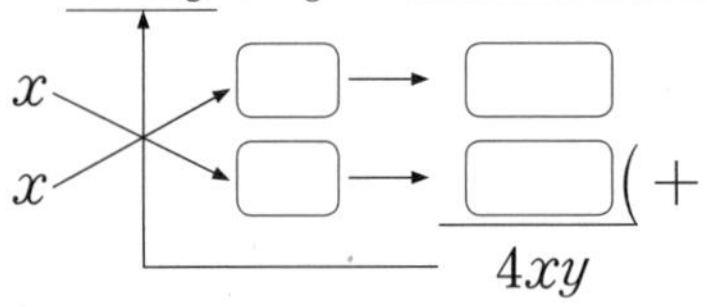

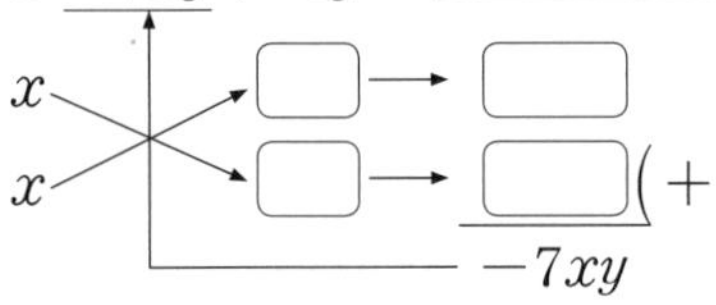

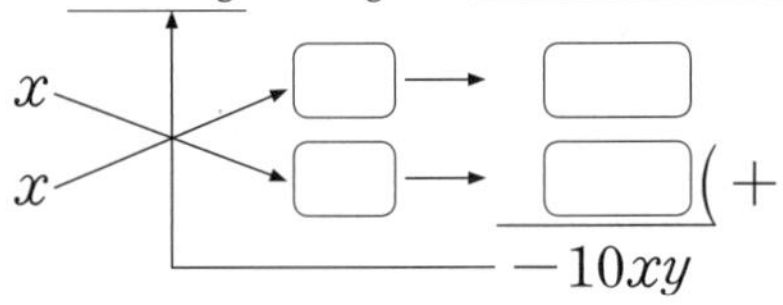

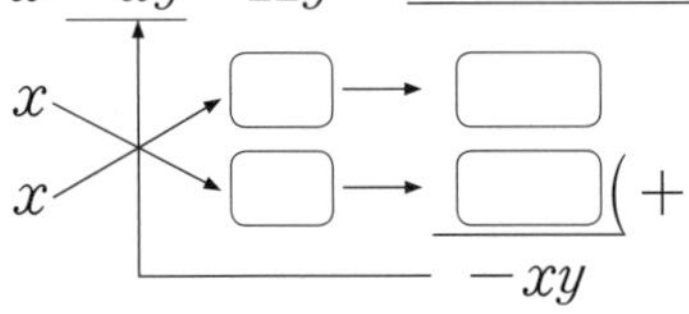

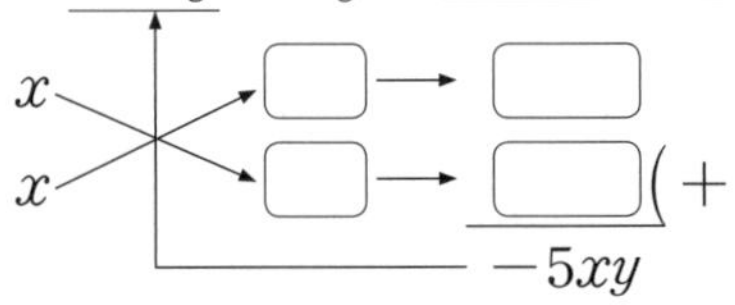

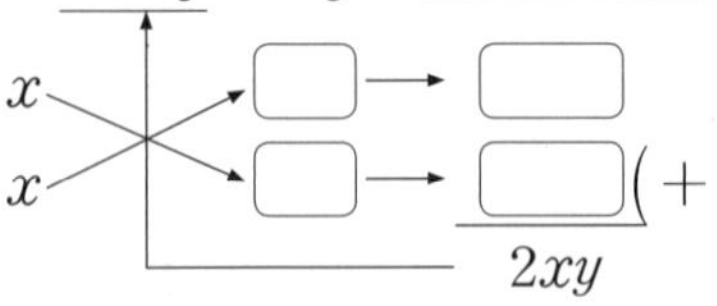

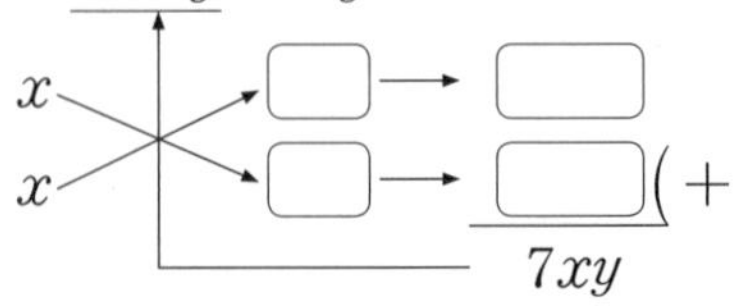

핵심 체크

문자가 x, y 모두 있을 때는 y를 빠뜨리지 않도록 한다.

예 $x^2+4xy-32y^2=(x+8)(x-4)$ (×), $x^2+4xy-32y^2=(x+8y)(x-4y)$ (○)

○ 다음 식을 인수분해하시오.

5-1 $x^2+4xy+3y^2$ ______________

5-2 $x^2+7xy+12y^2$ ______________

6-1 $x^2-5xy+6y^2$ ______________

6-2 $x^2-11xy+18y^2$ ______________

7-1 $x^2+3xy-4y^2$ ______________

7-2 $x^2+xy-56y^2$ ______________

8-1 $x^2-4xy-21y^2$ ______________

8-2 $x^2-xy-42y^2$ ______________

9-1 $2x^2+12x+10$ ______________

9-2 $3x^2-18x-21$ ______________

10-1 $4x^2-16xy+12y^2$ ______________

10-2 $3x^2-6xy-45y^2$ ______________

핵심 체크

$x^2+\blacksquare xy+\blacktriangle y^2$의 인수분해

➡ 곱하면 y^2의 계수 ▲가 되고, 더하면 xy의 계수 ■가 되는 두 정수를 찾는다.

11 인수분해 공식 (4) : $acx^2+(ad+bc)x+bd$ 꼴 (1)

$acx^2+(ad+bc)x+bd$ 꼴의 인수분해

❶ 곱하여 acx^2이 되는 두 단항식을 찾는다.
❷ 곱하여 상수항 bd가 되는 두 정수를 찾는다.
❸ 대각선 방향으로 곱하여 더한 것이 $(ad+bc)x$가 되는 것을 찾는다.
❹ $(ax+b)(cx+d)$로 나타낸다.

$$acx^2+(ad+bc)x+bd=(ax+b)(cx+d)$$

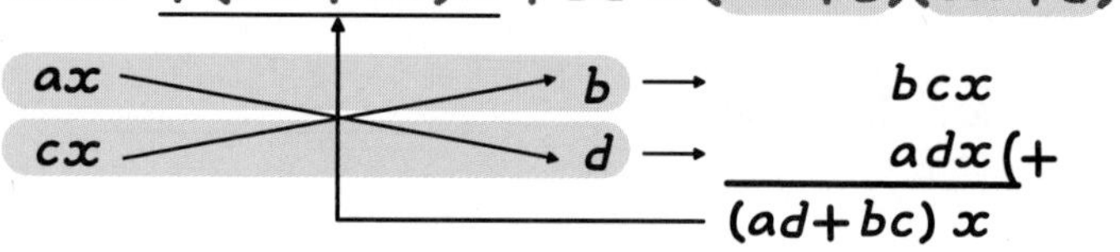

○ 다음 ▢ 안에 알맞은 것을 써넣고, 주어진 식을 인수분해하시오.

1-1 $2x^2+5x+2=$____________

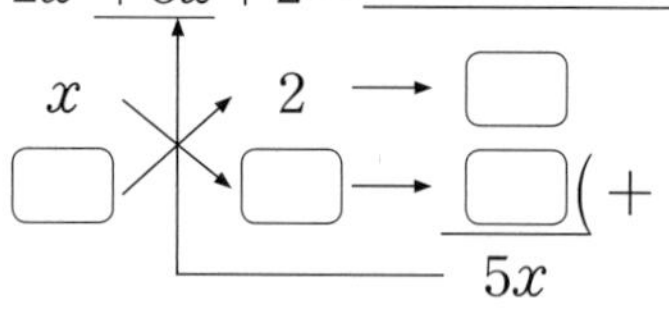

1-2 $5x^2+12x+4=$____________

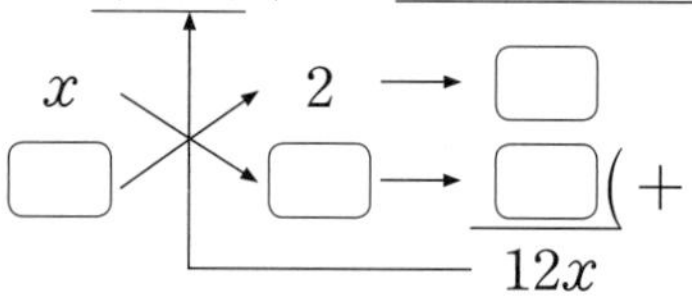

2-1 $2x^2-5x+3=$____________

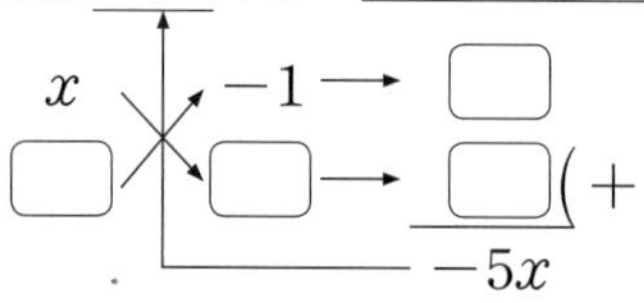

2-2 $6x^2-7x+2=$____________

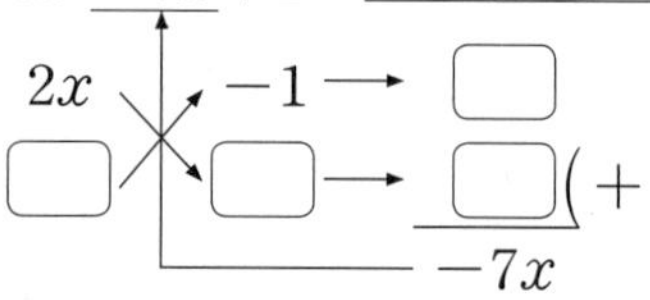

3-1 $3x^2+2x-8=$____________

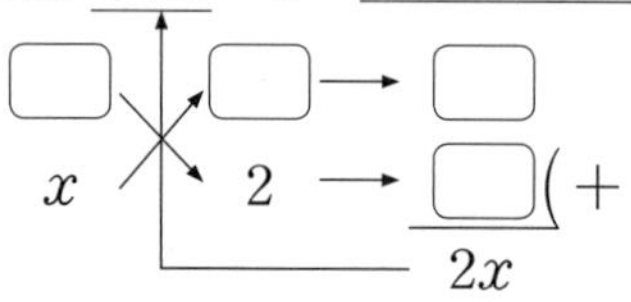

3-2 $6x^2+x-15=$____________

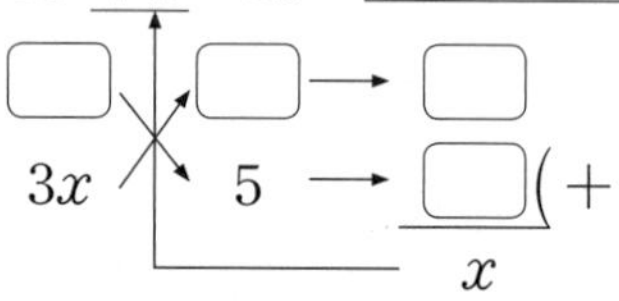

4-1 $2x^2-x-3=$____________

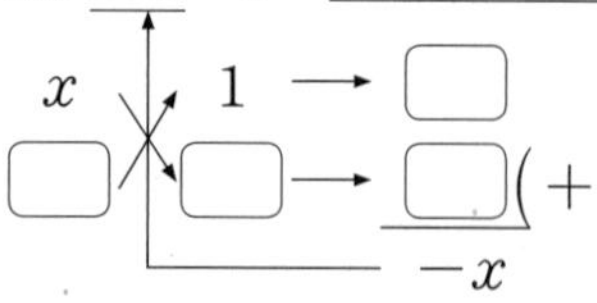

4-2 $9x^2-3x-2=$____________

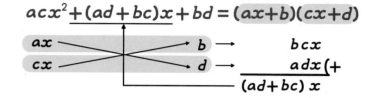

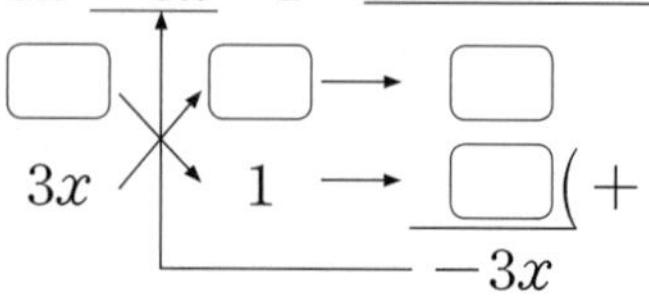

핵심 체크

■x^2+●x+▲를 인수분해하는 순서 ➡ ① x^2항 아래 : 곱하여 x^2항이 되는 두 단항식을 쓴다.
② 상수항 아래 : 곱하여 상수항이 되는 두 수를 쓴다.
③ 대각선 방향으로 곱하여 더한 것이 x항이 되는 것을 찾는다.

○ 다음 식을 인수분해하시오.

5-1 $4x^2+13x+3$ ______

5-2 $2x^2+9x+9$ ______

6-1 $12x^2+17x+6$ ______

6-2 $5x^2-12x+4$ ______

7-1 $3x^2-11x+6$ ______

7-2 $2x^2-17x+36$ ______

8-1 $4x^2+4x-3$ ______

8-2 $3x^2+5x-2$ ______

9-1 $2x^2+5x-18$ ______

9-2 $6x^2-7x-3$ ______

10-1 $5x^2-4x-9$ ______

10-2 $5x^2-29x-6$ ______

핵심 체크

$2x^2-5x-3$을 인수분해할 때, $2x^2-5x-3$을 $acx^2+(ad+bc)x+bd$와 비교하여 $ac=2$, $ad+bc=-5$, $bd=-3$인 네 정수 a, b, c, d를 찾으면 $2x^2-5x-3=(ax+b)(cx+d)$와 같이 인수분해할 수 있다.

12 인수분해 공식 (4) : $acx^2 + (ad+bc)x + bd$ 꼴 (2)

❶ 문자가 x, y 모두 있는 경우

$$3x^2 - 4xy - 15y^2 = (x-3y)(3x+5y)$$

x — $-3y$ → $-9xy$
$3x$ — $5y$ → $5xy$ (+
$ -4xy$

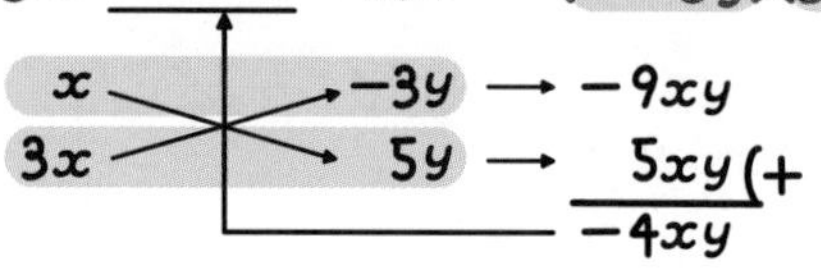

❷ 공통인수로 먼저 묶어야 하는 경우

$$8x^2 - 4xy - 24y^2 \leftarrow \text{공통인수 4로 묶기}$$
$$= 4(2x^2 - xy - 6y^2) = 4(x-2y)(2x+3y)$$

x — $-2y$ → $-4xy$
$2x$ — $3y$ → $3xy$ (+
$ -xy$

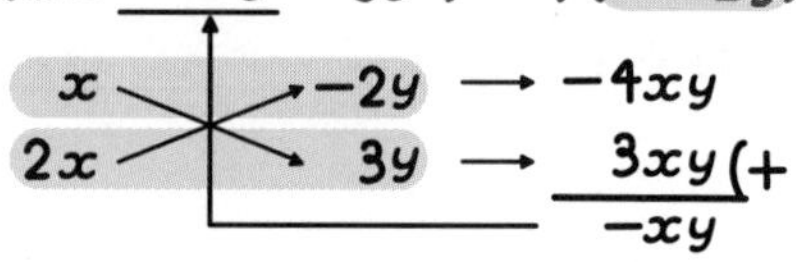

○ 다음 ☐ 안에 알맞은 것을 써넣고, 주어진 식을 인수분해하시오.

1-1 $4x^2 + 16xy + 15y^2 = $ _____

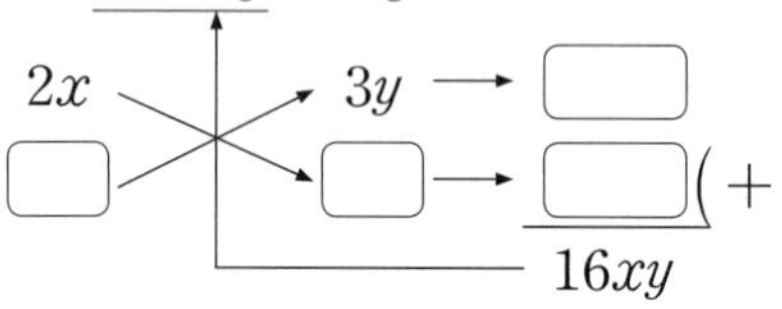

$2x$ — $3y$ → ☐
☐ — ☐ → ☐ (+
$ 16xy$

1-2 $2x^2 + 7xy + 6y^2 = $ _____

x — $2y$ → ☐
☐ — ☐ → ☐ (+
$ 7xy$

2-1 $10x^2 + xy - 3y^2 = $ _____

☐ — ☐ → ☐
$5x$ — $3y$ → ☐ (+
$ xy$

2-2 $6x^2 + 5xy - 4y^2 = $ _____

$2x$ — $-y$ → ☐
☐ — ☐ → ☐ (+
$ 5xy$

3-1 $5x^2 + 7xy - 6y^2 = $ _____

x — $2y$ → ☐
☐ — ☐ → ☐ (+
$ 7xy$

3-2 $3x^2 + 10xy - 8y^2 = $ _____

x — $4y$ → ☐
☐ — ☐ → ☐ (+
$ 10xy$

4-1 $2x^2 - xy - 6y^2 = $ _____

☐ — ☐ → ☐
$2x$ — $3y$ → ☐ (+
$ -xy$

4-2 $8x^2 - 2xy - 15y^2 = $ _____

$2x$ — $-3y$ → ☐
☐ — ☐ → ☐ (+
$ -2xy$

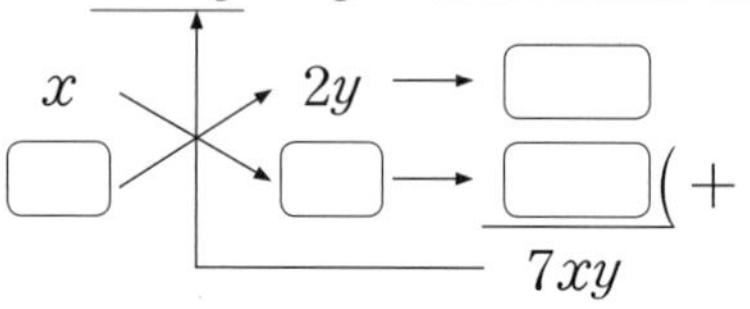

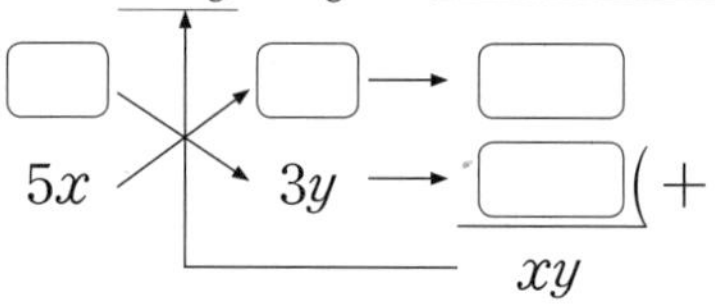

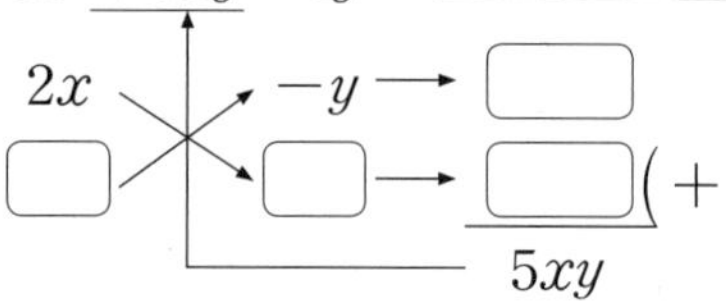

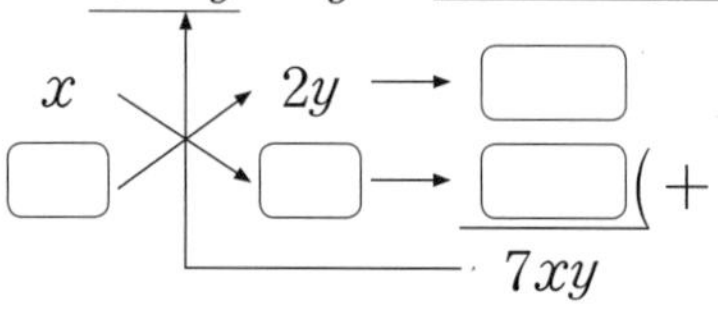

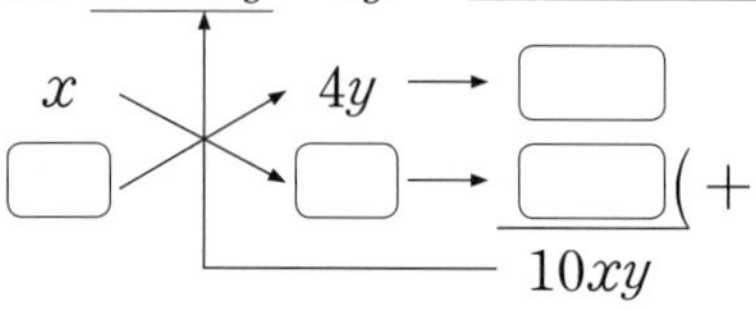

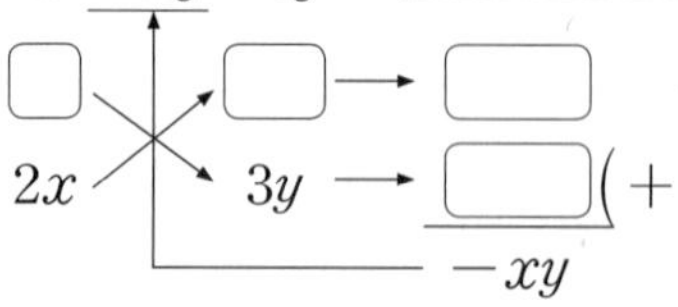

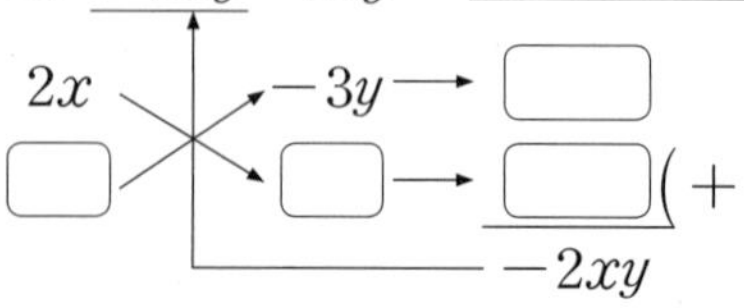

핵심 체크

문자가 x, y 모두 있을 때는 y를 빠뜨리지 않도록 한다.
예 $3x^2 - 4xy - 15y^2 = (x-3)(3x+5)$ (×), $3x^2 - 4xy - 15y^2 = (x-3y)(3x+5y)$ (○)

○ 다음 식을 인수분해하시오.

5-1 $2x^2+13xy+6y^2$ ______

5-2 $10x^2+17xy+3y^2$ ______

6-1 $5x^2-12xy+4y^2$ ______

6-2 $6x^2-19xy+15y^2$ ______

7-1 $6x^2+xy-15y^2$ ______

7-2 $10x^2+xy-21y^2$ ______

8-1 $2x^2-xy-10y^2$ ______

8-2 $6x^2-xy-12y^2$ ______

9-1 $6x^2+15x+6$ ______

9-2 $10x^2-26x+12$ ______

10-1 $8x^2-8xy-6y^2$ ______

10-2 $9x^2+33xy-12y^2$ ______

핵심 체크

- $acx^2+(ad+bc)xy+bdy^2=(ax+by)(cx+dy)$
- 공통인수가 있으면 공통인수로 먼저 묶고 인수분해 공식을 적용한다.

기본연산 집중연습 | 09~12

○ 다음 식을 인수분해하시오.

1-1 $x^2+3x-28$

1-2 $x^2+9x+14$

1-3 $x^2-17x+72$

1-4 $x^2+17x+70$

1-5 $2x^2-16x-40$

1-6 $x^2-3xy-10y^2$

1-7 $2x^2-9x-5$

1-8 $4x^2+3x-1$

1-9 $4x^2-11x-3$

1-10 $3x^2+2x-16$

1-11 $5x^2+13xy-6y^2$

1-12 $4x^2-4xy-3y^2$

핵심 체크

❶ $x^2+(a+b)x+ab=(x+a)(x+b)$
$x^2+(a+b)xy+aby^2=(x+ay)(x+by)$

❷ $acx^2+(ad+bc)x+bd=(ax+b)(cx+d)$
$acx^2+(ad+bc)xy+bdy^2=(ax+by)(cx+dy)$

2. 인수분해한 결과가 맞으면 ⬇ 방향으로, 틀리면 ➡ 방향으로 따라갈 때, 도착하는 곳에 있는 물건에 ○표를 하시오.

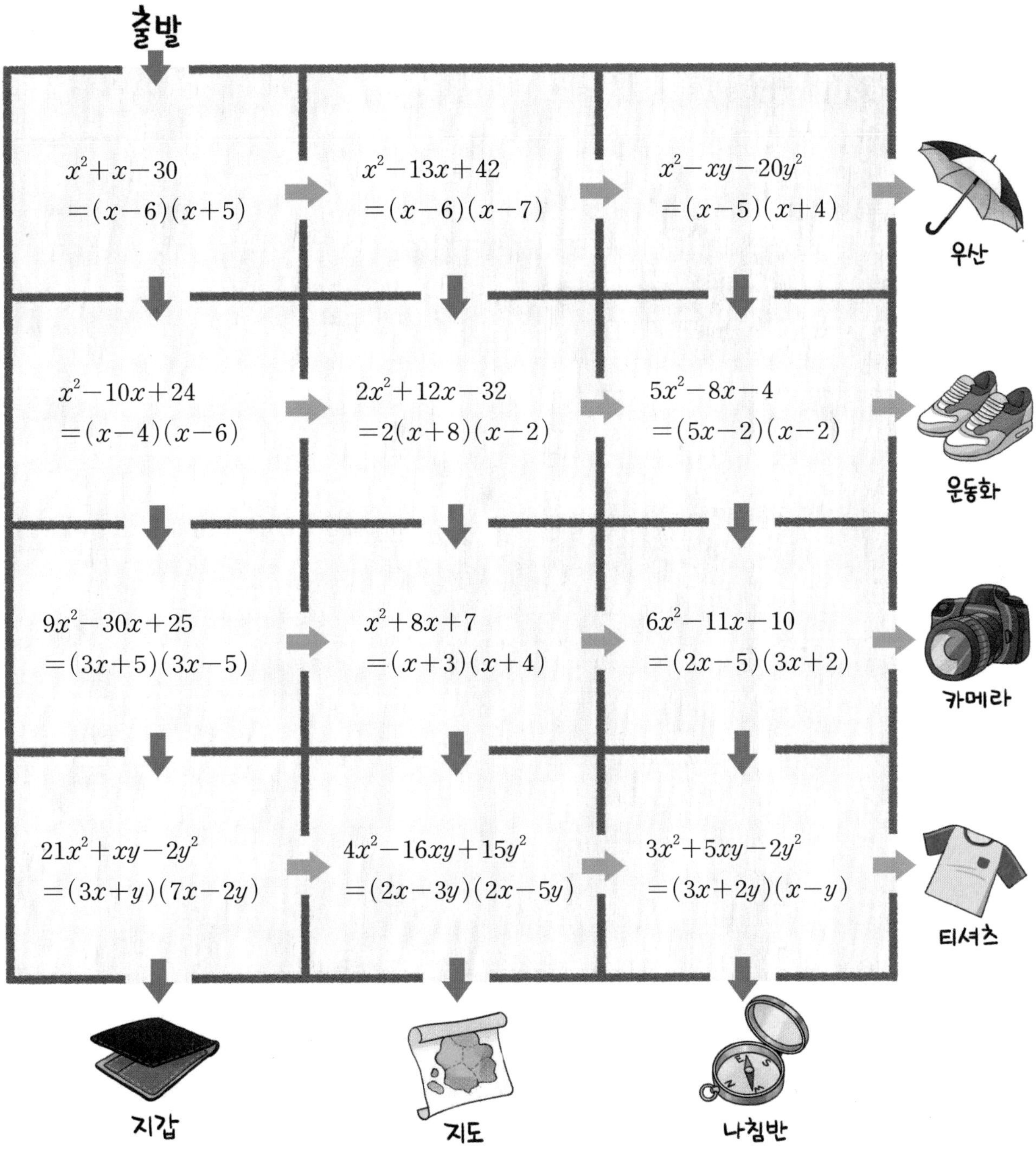

핵심 체크

❸ 문자가 2개인 다항식을 인수분해할 때는 문자를 빠뜨리지 않도록 주의한다.

❹ 인수분해 공식을 적용할 수 없을 것 같아도 공통인수로 묶으면 공식을 적용할 수 있다.

13 복잡한 식의 인수분해 (1) : 공통인수

정답과 해설 | 51쪽

공통인수가 있으면 공통인수로 묶어 낸 후 인수분해 공식을 이용한다.

$x^3y-7x^2y+12xy$

$=xy\times x^2-xy\times 7x+xy\times 12$ ← 공통인수로 묶기

$=xy(x^2-7x+12)$ ← 인수분해 공식 이용하기

$=xy(x-3)(x-4)$

인수분해 공식
① $a^2+2ab+b^2=(a+b)^2$
② $a^2-2ab+b^2=(a-b)^2$
③ $a^2-b^2=(a+b)(a-b)$
④ $x^2+(a+b)x+ab=(x+a)(x+b)$
⑤ $acx^2+(ad+bc)x+bd$
$=(ax+b)(cx+d)$

○ 다음 식을 인수분해하시오.

1-1 $ax^2-4a=\square(x^2-4)$
$=\square(x+2)(x-\square)$

1-2 $y-x^2y$ ______

2-1 x^3+3x^2-10x ______

2-2 $2xy^2-2xy-24x$ ______

3-1 $ax^2+ax-30a$ ______

3-2 $2x^2y-xy-3y$ ______

4-1 $18x^2z-32y^2z$ ______

4-2 $75a^2c-48b^2c$ ______

5-1 $x^3y+6x^2y^2+9xy^3$ ______

5-2 $a^3b-\frac{2}{3}a^2b^2+\frac{1}{9}ab^3$ ______

핵심 체크

- 인수분해할 때는 공통인수가 있는지 없는지를 먼저 확인해야 한다.
- 공통인수가 있으면 공통인수로 먼저 묶어 낸 후 인수분해 공식을 이용한다.

14 복잡한 식의 인수분해 (2) : 치환 이용

정답과 해설 | 51쪽

공통부분이 있는 경우 공통부분을 하나의 문자로 치환한 후 인수분해 공식을 이용한다.

$(x-y)^2-6(x-y)+8$
$=A^2-6A+8$ ← $x-y=A$로 치환
$=(A-2)(A-4)$ ← 인수분해
$=\{(x-y)-2\}\{(x-y)-4\}$ ← $A=x-y$를 대입
$=(x-y-2)(x-y-4)$

치환하여 인수분해한 후에는 반드시 원래의 식을 대입하여 답을 구해야 해.

○ 다음 식을 인수분해하시오.

1-1
$(x-1)^2-5(x-1)+6$
$=A^2-5A+6$ ← $x-1=A$로 치환
$=(A-2)(A-\square)$ ← 인수분해
$=\{(x-1)-2\}\{(x-1)-\square\}$ ← $A=x-1$을 대입
$=(x-3)(\square)$

1-2 $(x+1)^2+3(x+1)-18$

______

2-1 $(x-4)^2+7(x-4)+10$

______

2-2 $(x+1)^2-4(x+1)-12$

______

3-1 $(x-1)^2-6(x-1)+9$

______

3-2 $(x+1)^2+10(x+1)+25$

______

4-1 $3(x+3)^2-5(x+3)-2$

______

4-2 $3(3x+1)^2-(3x+1)-2$

______

핵심 체크

치환을 이용한 다항식의 인수분해 ➡ ① 공통부분 또는 식의 일부를 A로 치환한다.
② 인수분해 공식을 이용하여 인수분해한다.
③ A에 다시 원래의 식을 대입하여 정리한다.

14 복잡한 식의 인수분해 (2) : 치환 이용

○ 다음 식을 인수분해하시오.

5-1

$(2x+y)^2-(x-y)^2$
$=A^2-B^2$
$=(A+\square)(A-B)$
$=\{(2x+y)+(\square)\}\times\{(2x+y)-(x-y)\}$
$=\square$

($2x+y=A$, $x-y=B$로 치환 → 인수분해 → $A=2x+y$, $B=x-y$를 대입)

5-2 $(x-4)^2-(y+5)^2$ ______

6-1 $(x+2y)^2-(2x-y)^2$ ______

6-2 $(x-5y)^2-25(2x-y)^2$ ______

7-1 $(x+1)^2-6(x+1)(x-2)+9(x-2)^2$ ______

7-2 $(x-1)^2-2(x-1)(y+2)-24(y+2)^2$ ______

8-1

$(x-2y)(x-2y+1)-12$
$=A(A+1)-12$
$=A^2+A-12$
$=(A+4)(A-\square)$
$=\square$

($x-2y=A$로 치환 → 전개 → 인수분해 → $A=x-2y$를 대입)

8-2 $(x+y)(x+y+3)-4$ ______

9-1 $(x+4y)(x+4y-4)+3$ ______

9-2 $-12+(2x+y-1)(2x+y+3)$ ______

핵심 체크

- 치환해야 하는 대상이 2개일 경우에는 각각 다른 문자로 치환한다.
  예 $(a+1)^2-(b-1)^2=A^2-B^2=(A+B)(A-B)=\{(a+1)+(b-1)\}\{(a+1)-(b-1)\}=(a+b)(a-b+2)$
- 공통부분을 한 문자로 치환했는데 인수분해 공식을 이용할 수 없다면, 전개한 후 인수분해해야 한다.

15 복잡한 식의 인수분해 (3) : 항이 4개인 경우 (1)

정답과 해설 | 52쪽

공통부분이 있는 경우 공통부분이 생기도록 (2항)+(2항)으로 묶어 인수분해한다.

$ax-ay+4bx-4by$

$=(ax-ay)+(4bx-4by)$ ← (2항)+(2항)으로 묶기

$=a(x-y)+4b(x-y)$ ← 공통부분 찾기

$=(x-y)(a+4b)$ ← 인수분해

○ 다음 식을 인수분해하시오.

1-1 $x^2+xy-x-y=x(\square)-(\square)$

$=(\square)(x-1)$

1-2 $ax+ay+bx+by$ ________

2-1 $3xy-3x-y+1$ ________

2-2 $ab-b+c-ac$ ________

3-1 $xy-5x-y+5$ ________

3-2 $ab-a+b^2-b$ ________

4-1 $x^2+ab-ax-bx$ ________

4-2 x^2-y-y^2-x ________

핵심 체크

항이 4개인 다항식은 공통인수가 있는 경우 공통인수가 있는 항끼리 (2항)+(2항)으로 묶어 인수분해한다.

16 복잡한 식의 인수분해 (3) : 항이 4개인 경우 (2)

정답과 해설 | 52쪽

공통부분이 없는 경우 (1항)+(3항) 또는 (3항)+(1항)으로 묶어 ($\quad$)^2−($\quad$)^2 꼴로 만든 후 인수분해한다.

$a^2+2ab-9+b^2$

$=(a^2+2ab+b^2)-9$ ← (3항)+(1항)으로 묶기

$=(a+b)^2-3^2$ ← ($\quad$)^2−($\quad$)^2 꼴로 만들기

$=(a+b+3)(a+b-3)$ ← 인수분해

(1항)+(3항) 또는 (3항)+(1항)으로 묶으면 보통 (3항)은 완전제곱식이 돼!

○ 다음 식을 인수분해하시오.

1-1

$x^2+2xy+y^2-16$

$=(x+y)^2-\square^2$

$=(x+y+\square)(x+y-\square)$

1-2 $x^2+6x+9-y^2$ ________

2-1 $x^2-4x+4-y^2$ ________

2-2 $x^2-6xy+9y^2-9$ ________

3-1

$9x^2-y^2-2y-1$

$=9x^2-(y^2+2y+1)$

$=(3x)^2-(\square)^2$

$=(3x+\square+1)(3x-\square-1)$

3-2 $4x^2+y^2+4xy-25$ ________

4-1 $x^2-y^2+8y-16$ ________

4-2 x^2-y^2+2x+1 ________

핵심 체크

항이 4개인 다항식은 공통인수가 없는 경우 '(3항)과 (1항)'으로 구분하여 생각한다.
이때 (3항)에 해당하는 것은 완전제곱식으로 인수분해되는 식이어야 한다.

17 복잡한 식의 인수분해(4) : 항이 5개 이상인 경우

정답과 해설 | 53쪽

문자가 여러 개인 다항식은 차수가 가장 낮은 문자에 대하여 내림차순으로 정리하여 인수분해한다.

$x^2+xy+x-y-2$
$=\boxed{xy-y}+\boxed{x^2+x-2}$ ← 차수가 가장 낮은 문자 y에 대하여 내림차순으로 정리
$=y(x-1)+(x-1)(x+2)$
$=(x-1)(x+y+2)$

• 차수
어떤 항에서 문자가 곱해진 개수
• 내림차순으로 정리
한 문자에 대하여 차수가 높은 항부터 차수가 낮은 항의 순서로 정리하는 것

○ 다음 식을 인수분해하시오.

1-1 $x^2+xy+6x+2y+8$
$=\underline{xy+2y}+\underline{x^2+6x+8}$ ← y에 대하여 내림차순으로 정리
$=y(x+2)+(x+2)(\square)$
$=(x+2)(\square)$

1-2 $x^2-xy-6x+3y+9$ __________

2-1 $a^2+2ab-5a-4b+6$ __________

2-2 $a^2+ab+a-b-2$ __________

3-1 $a^2+2ab-3b^2-2a-6b$ __________

3-2 $x^2-5xy+6y^2-x+2y$ __________

4-1 $x^2+2xy+y^2+x+y-6$
$=(x+\square)^2+(x+y)-6$ ← 공통부분 찾기
$=A^2+A-6$ ← $x+y=A$로 치환
$=(A-2)(\square)$ ← 인수분해
$=(x+y-2)(\square)$ ← $A=x+y$를 대입

4-2 $a^2-6ab+9b^2+a-3b-2$ __________

핵심 체크

• 문자가 여러 개이고 차수가 다른 경우 ➡ 차수가 가장 낮은 한 문자에 대하여 내림차순으로 정리한 후 인수분해한다.
• 문자가 여러 개이고 차수가 같은 경우 ➡ 공통부분을 찾아 치환한 후 인수분해한다.

18 인수분해 공식을 이용한 수의 계산

인수분해 공식을 이용하면 복잡한 수의 계산도 간단히 할 수 있다. ➡ 수를 문자로 생각하고 인수분해 공식을 이용한다.

❶ $ma+mb=m(a+b)$ 이용

$500\times499-500\times497$
$=500(499-497)$
$=500\times2$
$=1000$

❷ $a^2-b^2=(a+b)(a-b)$ 이용

35^2-15^2
$=(35+15)(35-15)$
$=50\times20$
$=1000$

❸ $a^2\pm2ab+b^2=(a\pm b)^2$ 이용

$101^2-2\times101+1$
$=101^2-2\times101\times1+1^2$
$=(101-1)^2=100^2$
$=10000$

○ 인수분해 공식을 이용하여 다음을 계산하시오.

1-1 $15\times43-15\times23=15(\square-23)$
$=15\times\square$
$=\square$

1-2 $64\times43-64\times33$ ________

2-1 $39\times47+39\times53$ ________

2-2 $25\times2.7+25\times1.3$ ________

3-1 $99^2-1=99^2-1^2$
$=(99+\square)(99-\square)$
$=\square\times98$
$=\square$

3-2 35^2-25^2 ________

4-1 131^2-31^2 ________

4-2 $10\times51^2-10\times41^2$ ________

5-1 $3\times1.05^2-3\times0.95^2$ ________

5-2 $7\times25.5^2-7\times24.5^2$ ________

핵심 체크

복잡한 수의 계산은 직접 계산할 수도 있지만 인수분해 공식을 이용하면 더 편리하다.
➡ 계산해야 하는 식의 형태에 따라 알맞은 인수분해 공식을 이용한다.

○ 인수분해 공식을 이용하여 다음을 계산하시오.

6-1 $29^2+2\times29+1=(\square+1)^2=\square$

6-2 $98^2+2\times98\times2+4$ __________

7-1 $32^2-2\times32\times2+2^2$ __________

7-2 $97^2-2\times97\times7+49$ __________

8-1 $74^2-2\times74\times4+4^2$ __________

8-2 $8.5^2+2\times8.5\times1.5+1.5^2$ __________

9-1 $102^2-4\times102+4$ __________

9-2 $54^2-8\times54+4^2$ __________

10-1 $\sqrt{82^2+2\times82\times18+18^2}$ __________

10-2 $\sqrt{79^2+2\times79+1}$ __________

11-1 $\sqrt{23^2-13^2}$ __________

11-2 $\sqrt{51^2-49^2}$ __________

핵심 체크

수의 계산에서 많이 이용되는 인수분해 공식

➡ $ma+mb=m(a+b)$, $a^2-b^2=(a+b)(a-b)$, $a^2+2ab+b^2=(a+b)^2$, $a^2-2ab+b^2=(a-b)^2$

19 인수분해 공식을 이용한 식의 값

주어진 식을 인수분해 공식을 이용하여 인수분해한 후 문자에 수를 대입하여 식의 값을 구한다.

$x=\sqrt{3}-1$일 때, x^2+2x+1의 값

x^2+2x+1
$=(x+1)^2$ ← 인수분해
$=\{(\sqrt{3}-1)+1\}^2$ ← $x=\sqrt{3}-1$을 대입
$=(\sqrt{3})^2=3$

문자에 수를 대입하여 계산한 결과를 식의 값이라 한다.

○ 다음 식의 값을 구하시오.

1-1 $x=96$일 때, $x^2+8x+16$의 값

연구 $x^2+8x+16=(x+\quad)^2$에 $x=96$을 대입한다.

1-2 $x=45$일 때, $x^2+10x+25$의 값

2-1 $x=105$일 때, $x^2-7x+10$의 값

2-2 $x=997$일 때, x^2+x-6의 값

3-1 $x=2+\sqrt{3}$일 때, x^2-4x+4의 값

3-2 $x=\sqrt{6}-1$일 때, x^2+2x+1의 값

4-1 $x=\sqrt{5}-1$일 때, x^2-x-2의 값

4-2 $x=2\sqrt{3}+1$일 때, x^2-3x+2의 값

핵심 체크

주어진 식에 수를 직접 대입하는 것보다 인수분해 공식을 이용하여 식을 간단히 한 후 수를 대입하여 계산하면 편리하다.

예 $x=\sqrt{3}-1$일 때, $x^2+2x+1=(\sqrt{3}-1)^2+2(\sqrt{3}-1)+1=3-2\sqrt{3}+1+2\sqrt{3}-2+1=3$ (복잡한 계산) ← 직접 대입

$x^2+2x+1=(x+1)^2=(\sqrt{3}-1+1)^2=(\sqrt{3})^2=3$ (편리한 계산) ← 인수분해

○ 다음 식의 값을 구하시오.

5-1 $x=85$, $y=15$일 때, x^2-y^2의 값

➡ $x^2-y^2=(\square)(x-y)$

$=(\square+\square)(85-15)$

$=\square$

5-2 $x=89$, $y=11$일 때, $x^2+2xy+y^2$의 값

6-1 $x=\sqrt{5}+\sqrt{2}$, $y=\sqrt{5}-\sqrt{2}$일 때, x^2-y^2의 값

6-2 $x=3+\sqrt{2}$, $y=3-\sqrt{2}$일 때, x^2-y^2의 값

7-1 $x=4+\sqrt{5}$, $y=4-\sqrt{5}$일 때, $x^2+2xy+y^2$의 값

7-2 $x=2+\sqrt{3}$, $y=2-\sqrt{3}$일 때, $x^2-2xy+y^2$의 값

8-1 $x=5.5$, $y=4.5$일 때, $x^2-xy-2y^2$의 값

8-2 $x=2+\sqrt{3}$, $y=2-\sqrt{3}$일 때, x^2y-xy^2의 값

9-1 $x=\dfrac{1}{2-\sqrt{3}}$일 때, $x^2-12x+20$의 값

9-2 $x=\dfrac{1}{\sqrt{6}+\sqrt{5}}$, $y=\dfrac{1}{\sqrt{6}-\sqrt{5}}$일 때, x^2-y^2의 값

핵심 체크

인수분해 공식을 이용하여 식을 간단히 한 후 주어진 수를 대입한다. 이때 주어진 수가 복잡하면 주어진 수를 먼저 간단히 한다.

예 $x=\dfrac{2}{\sqrt{3}+1}$일 때, x^2+2x+1의 값을 구하려면 먼저 x의 분모를 유리화하여 간단히 한다.

➡ $x=\dfrac{2}{\sqrt{3}+1}=\sqrt{3}-1$이므로 $x^2+2x+1=(x+1)^2=(\sqrt{3}-1+1)^2=(\sqrt{3})^2=3$

기본연산 집중연습 | 13~19

○ 다음 식을 인수분해하시오.

1-1 $3x^2y+12xy+9y$

1-2 $(a+b)^2-2(a+b)+1$

1-3 $(x+2)^2+4(x+2)-5$

1-4 $(2x-1)^2-(3x+4)^2$

1-5 $3(2x-1)^2+(1-2x)-2$

1-6 $(x+y)(x+y-4)+3$

○ 다음 식을 인수분해하시오.

2-1 $xy+y+x+1$

2-2 $xy-4y+4-x$

2-3 $x^2+2xy+y^2-9$

2-4 $9x^2-y^2+6x+1$

2-5 x^2-4y^2-x+2y

2-6 $a^2-b^2-c^2-2bc$

2-7 $x^3+3x^2-4x-12$

2-8 $2a^2+ab-5a-3b-3$

핵심 체크

❶ 공통인수가 있으면 공통인수로 묶어 내고 인수분해 공식을 이용한다.

❷ 공통부분이 있으면 공통부분을 하나의 문자로 치환한 후 인수분해한다.

❸ 항이 4개인 경우의 인수분해
- 공통부분이 생기도록 (2항)+(2항)으로 묶는다.
- $(\quad)^2-(\quad)^2$ 꼴이 되도록 (1항)+(3항) 또는 (3항)+(1항)으로 묶는다.

○ 인수분해 공식을 이용하여 다음을 계산하시오.

3-1 $16\times7+16\times3$

3-2 $17\times47+17\times53$

3-3 100^2-99^2

3-4 $\sqrt{58^2-42^2}$

3-5 $21^2-2\times21+1$

3-6 $60^2\times2.5-40^2\times2.5$

○ 다음 식의 값을 구하시오.

4-1 $x=42$일 때, $\sqrt{x^2-6x+9}$의 값

4-2 $x=\sqrt{2}-1$일 때, x^2+2x+1의 값

4-3 $x=2-\sqrt{5}$, $y=2+\sqrt{5}$일 때, $x^2+2xy+y^2$의 값

4-4 $x=\sqrt{3}+\sqrt{2}$, $y=\sqrt{3}-\sqrt{2}$일 때, x^2-y^2의 값

4-5 $x=\dfrac{1}{2+\sqrt{3}}$일 때, x^2-4x+4의 값

4-6 $x=\dfrac{1}{\sqrt{2}+1}$, $y=\dfrac{1}{\sqrt{2}-1}$일 때, x^2y-xy^2의 값

핵심 체크

❹ 수의 계산에서 많이 이용되는 인수분해 공식
- $ma+mb=m(a+b)$
- $a^2-b^2=(a+b)(a-b)$
- $a^2+2ab+b^2=(a+b)^2$
- $a^2-2ab+b^2=(a-b)^2$

❺ 주어진 식에 수를 대입할 때는 직접 대입하는 것보다 인수분해 공식을 이용하여 식을 간단히 한 후 대입하는 것이 계산이 편리하다.

기본연산 테스트

1 다음 식에 대한 설명 중 옳은 것에는 ○표, 옳지 않은 것에는 ×표를 하시오.

$$a^2b+ab^2 \underset{㉡}{\overset{㉠}{\rightleftarrows}} ab(a+b)$$

(1) a^2b, ab^2의 공통인수는 ab이다. ( )

(2) ㉠의 과정을 인수분해한다고 한다. ( )

(3) ㉡의 과정을 전개한다고 한다. ( )

(4) a^2b+ab^2의 인수는 ab, $a+b$이다. ( )

2 다음 식을 인수분해하시오.

(1) $4x^2y+7xy$

(2) $2a^2b^2-2ab+2a$

(3) $x^2-12x+36$

(4) $16a^2-40ab+25b^2$

(5) $-25x^2+y^2$

(6) $\frac{1}{3}x^2-\frac{1}{12}y^2$

3 다음 식의 인수가 아닌 것을 찾아 ×표를 하시오.

(1) $2x(3x+4)$

1, $2x$, $2x+4$, $3x+4$, $2x(3x+4)$

(2) $2a^2-8$

a^2+4, $a+2$, $a-2$, $2a+4$, $2a-4$

4 다음 식이 완전제곱식이 되도록 □ 안에 알맞은 양수를 써넣으시오.

(1) $x^2-14x+\square$

(2) $9x^2+24xy+\square y^2$

(3) $25a^2+\square ab+16b^2$

(4) $a^2+\square a+\frac{1}{16}$

핵심 체크

❶ 인수분해 : 하나의 다항식을 두 개 이상의 다항식의 곱으로 나타내는 것

인수 : 다항식을 인수분해했을 때, 곱해진 각각의 다항식으로, 1과 자기 자신도 그 다항식의 인수라는 점에 주의한다.

❷ 인수분해 공식 (1)

- $ma+mb=m(a+b)$
- $a^2+2ab+b^2=(a+b)^2$, $a^2-2ab+b^2=(a-b)^2$
- $a^2-b^2=(a+b)(a-b)$

5 다음 식을 인수분해하시오.

(1) $4x^2+16x-84$

(2) $a^2-3ab-10b^2$

(3) $10x^2+7x-12$

(4) $18x^2-15xy+2y^2$

(5) $8a^2-13a-6$

6 다음 식을 인수분해하시오.

(1) $(x+6)^2-9$

(2) $5x^2y-6xy-8y$

(3) $x^2+4x+4-y^2$

(4) $x^2-y^2+8y-16$

(5) $(2x-3y)(2x-3y-10)+25$

(6) $x^2-3xy-5x+6y+6$

7 다음을 계산할 때 이용하면 가장 편리한 인수분해 공식을 보기에서 고르고, 그 공식을 이용하여 계산하시오.

보기
ㄱ $ma+mb=m(a+b)$
ㄴ $a^2-b^2=(a+b)(a-b)$
ㄷ $a^2+2ab+b^2=(a+b)^2$
ㄹ $a^2-2ab+b^2=(a-b)^2$

(1) $92\times78+92\times22$

(2) $3^2+2\times3\times5+25$

(3) $101^2-202+1$

(4) $8.14^2-1.86^2$

8 다음 식의 값을 구하시오.

(1) $x=86$일 때, $x^2+8x+16$의 값

(2) $x=4-\sqrt{2}$일 때, x^2-3x-4의 값

(3) $x=\dfrac{1}{2\sqrt{2}-3}$, $y=\dfrac{1}{2\sqrt{2}+3}$일 때, x^2-y^2의 값

핵심 체크

❸ 인수분해 공식 (2)
- $x^2+(a+b)x+ab=(x+a)(x+b)$
- $acx^2+(ad+bc)x+bd=(ax+b)(cx+d)$

❹ 복잡한 식의 인수분해
- 공통부분이 있으면 하나의 문자로 치환한다.
- 항이 여러 개인 경우 적당한 항끼리 묶는다.
- 문자가 여러 개인 경우 차수가 가장 낮은 문자에 대하여 내림차순으로 정리한다.

메모

MEMO

#사다리타기 #수학핵인싸 #천재로_공부하면_천재되지

#난이도별
#천재되는_수학교재

내신 고득점을 위해 빠르고, 체계적인 학습을 할 수 있는 **시험 대비 교재**가 필요하다면?

중학 **수학 개념**을 **쉽게 이해**할 수 있도록 **기초를 다지는** 교재를 찾고 있다면?

자세한 개념 설명과 함께, **자기주도학습**을 할 수 있는 교재가 필요하다면?

내신 최고등급을 위해, **상위권 심화 문제**를 풀어보고 싶다면?

교과서 수 문제집 또는 **쉬운 난이도**의 교재가 필요

빅터연산 ★★

셀파 해법수학 ★★★

개념 해결의 법칙 ★★★

교과서 다품 ★★★

수학전 ★★★

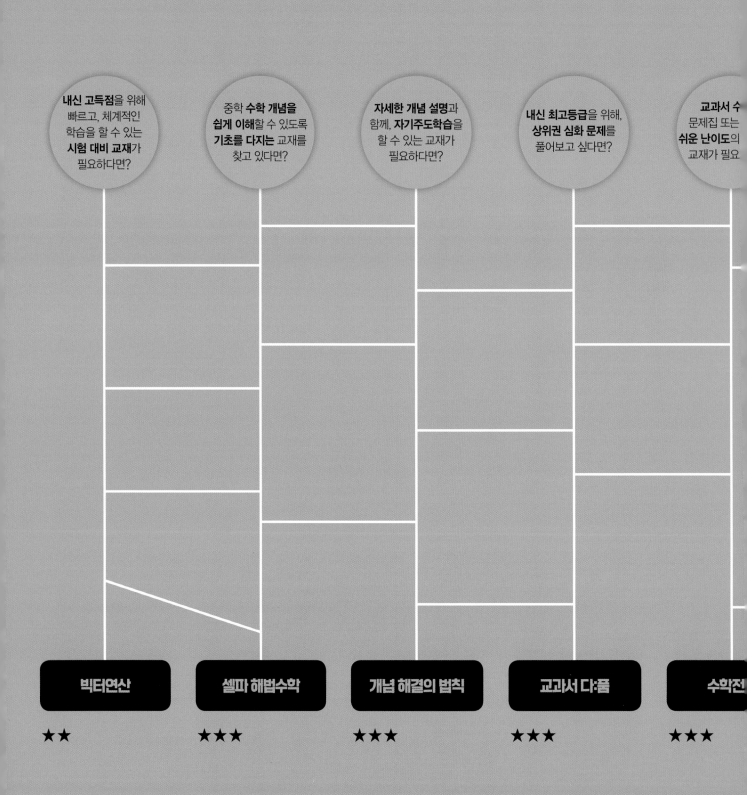

중학수학 **3A**

정답과 해설

중학 연산의 빅데이터

빅터 연산

천재교육

중학 연산의 빅데이터

빅터 연산

중학 연산의 **빅데이터**

빅터 연산

정답과 해설

3-A

1 제곱근과 실수

STEP 1

01 제곱근 p. 6 ~ p. 7

1-1	$-5, -5$	1-2	$3, -3$	1-3	$1, -1$
2-1	$7, -7$	2-2	0	2-3	$4, -4$
3-1	$\frac{1}{2}, -\frac{1}{2}$	3-2	$\frac{1}{5}, -\frac{1}{5}$	3-3	$\frac{2}{3}, -\frac{2}{3}$
4-1	$0.1, -0.1$	4-2	$0.2, -0.2$	4-3	$0.7, -0.7$
5-1	$-8, -8$	5-2	$9, -9$	5-3	$12, -12$
6-1	$\frac{1}{10}, -\frac{1}{10}$	6-2	$\frac{4}{5}, -\frac{4}{5}$	6-3	$0.6, -0.6$
7-1	$6, -6$	7-2	$8, -8$	7-3	$\frac{1}{3}, -\frac{1}{3}$
8-1	0	8-2	$11, -11$	8-3	$13, -13$
9-1	$4, -4$	9-2	$\frac{3}{4}, -\frac{3}{4}$	9-3	$0.8, -0.8$

02 제곱근 나타내기 (1) p. 8

1-1	$-\sqrt{3}$	1-2	$\pm\sqrt{7}$	1-3	$\pm\sqrt{10}$
2-1	$\pm\sqrt{13}$	2-2	$\pm\sqrt{15}$	2-3	$\pm\sqrt{21}$
3-1	$\sqrt{\frac{2}{3}}$	3-2	$\pm\sqrt{\frac{1}{2}}$	3-3	$\pm\sqrt{\frac{5}{7}}$
4-1	$-\sqrt{0.5}$	4-2	$\pm\sqrt{1.1}$	4-3	$\pm\sqrt{0.65}$

03 제곱근 나타내기 (2) p. 9 ~ p. 10

1-1	$4, 2$	1-2	4
2-1	$\frac{1}{4}$	2-2	$\frac{5}{3}$
3-1	$9, -3$	3-2	-5
4-1	$-\frac{1}{10}$	4-2	-0.3
5-1	$49, \pm 7$	5-2	± 11
6-1	$\pm\frac{8}{9}$	6-2	± 0.6
7-1	$\sqrt{3}$	7-2	$\pm\sqrt{5}$
8-1	± 3	8-2	$\pm\sqrt{10}$
9-1	$\pm\sqrt{11}$	9-2	$\pm\sqrt{14}$
10-1	$\pm\sqrt{\frac{2}{7}}$	10-2	$\pm\frac{2}{3}$
11-1	$\pm\sqrt{\frac{5}{13}}$	11-2	$\pm\sqrt{0.6}$

1-2 $\sqrt{16}=$(16의 양의 제곱근)$=4$

2-1 $\sqrt{\frac{1}{16}}=\left(\frac{1}{16}\text{의 양의 제곱근}\right)=\frac{1}{4}$

2-2 $\sqrt{\frac{25}{9}}=\left(\frac{25}{9}\text{의 양의 제곱근}\right)=\frac{5}{3}$

3-2 $-\sqrt{25}=$(25의 음의 제곱근)$=-5$

4-1 $-\sqrt{\frac{1}{100}}=\left(\frac{1}{100}\text{의 음의 제곱근}\right)=-\frac{1}{10}$

4-2 $-\sqrt{0.09}=$(0.09의 음의 제곱근)$=-0.3$

5-2 $\pm\sqrt{121}=$(121의 제곱근)$=\pm 11$

6-1 $\pm\sqrt{\frac{64}{81}}=\left(\frac{64}{81}\text{의 제곱근}\right)=\pm\frac{8}{9}$

6-2 $\pm\sqrt{0.36}=$(0.36의 제곱근)$=\pm 0.6$

7-2 $\sqrt{25}=5$이므로 5의 제곱근은 $\pm\sqrt{5}$

8-1 $\sqrt{81}=9$이므로 9의 제곱근은 ± 3

8-2 $\sqrt{100}=10$이므로 10의 제곱근은 $\pm\sqrt{10}$

9-1 $\sqrt{121}=11$이므로 11의 제곱근은 $\pm\sqrt{11}$

9-2 $\sqrt{196}=14$이므로 14의 제곱근은 $\pm\sqrt{14}$

10-1 $\sqrt{\frac{4}{49}}=\frac{2}{7}$이므로 $\frac{2}{7}$의 제곱근은 $\pm\sqrt{\frac{2}{7}}$

10-2 $\sqrt{\frac{16}{81}}=\frac{4}{9}$이므로 $\frac{4}{9}$의 제곱근은 $\pm\frac{2}{3}$

11-1 $\sqrt{\frac{25}{169}}=\frac{5}{13}$이므로 $\frac{5}{13}$의 제곱근은 $\pm\sqrt{\frac{5}{13}}$

11-2 $\sqrt{0.36}=0.6$이므로 0.6의 제곱근은 $\pm\sqrt{0.6}$

04 a의 제곱근과 제곱근 a p. 11

1-1	양, $\sqrt{3}$	1-2	$\pm\sqrt{7}, \sqrt{7}$
2-1	$\pm\sqrt{13}, \sqrt{13}$	2-2	$\pm\sqrt{21}, \sqrt{21}$
3-1	3	3-2	$\pm 4, 4$
4-1	$\pm 10, 10$	4-2	$\pm 12, 12$

STEP 2

기본연산 집중연습 | 01~04

p. 12 ~ p. 13

1-1	$\pm\sqrt{6}$	1-2	$\sqrt{6}$
1-3	$\sqrt{6}$	1-4	$\sqrt{10}$
1-5	$\pm\sqrt{15}$	1-6	$\pm\sqrt{11}$
1-7	$-\sqrt{11}$	1-8	±1
1-9	-4	1-10	7
1-11	5	1-12	$-\frac{1}{8}$
1-13	±3	1-14	$-\sqrt{11}$
1-15	$-\sqrt{1.2}$	1-16	$\pm\sqrt{\frac{5}{13}}$
2-1	×	2-2	○
2-3	○	2-4	×
2-5	×	2-6	○
2-7	×	2-8	×
2-9	○	2-10	×

십벌지목

1-11 $(-5)^2=25$이므로 25의 양의 제곱근은 5

1-12 $\left(-\frac{1}{8}\right)^2=\frac{1}{64}$이므로 $\frac{1}{64}$의 음의 제곱근은 $-\frac{1}{8}$

1-13 $\sqrt{81}=9$이므로 9의 제곱근은 ±3

1-14 $\sqrt{121}=11$이므로 11의 음의 제곱근은 $-\sqrt{11}$

1-15 $\sqrt{1.44}=1.2$이므로 1.2의 음의 제곱근은 $-\sqrt{1.2}$

1-16 $\sqrt{\frac{25}{169}}=\frac{5}{13}$이므로 $\frac{5}{13}$의 제곱근은 $\pm\sqrt{\frac{5}{13}}$

2-1 제곱근 8은 $\sqrt{8}$이다.

2-4 $\sqrt{16}=4$이므로 4의 제곱근은 ±2이다.

2-5 12의 제곱근은 $\pm\sqrt{12}$이다.

2-7 -3은 9의 음의 제곱근이고
3의 음의 제곱근은 $-\sqrt{3}$이다.

2-8 5의 제곱근은 $\pm\sqrt{5}$이다.

2-10 양수 a의 제곱근은 $\sqrt{a}$, $-\sqrt{a}$로 2개이고
0의 제곱근은 1개이다.
또 음수의 제곱근은 생각하지 않는다.

STEP 1

05 제곱근의 성질 (1)

p. 14 ~ p. 15

1-1	2, 2	1-2	7	1-3	9
2-1	$\frac{1}{2}$	2-2	$\frac{2}{3}$	2-3	0.1
3-1	2, 2	3-2	5	3-3	10
4-1	$\frac{1}{3}$	4-2	$\frac{3}{5}$	4-3	0.3
5-1	3, -3	5-2	-7	5-3	-9
6-1	-17	6-2	$-\frac{1}{2}$	6-3	-1.5
7-1	3, -3	7-2	-5	7-3	-10
8-1	-12	8-2	$-\frac{5}{6}$	8-3	-1.3

06 제곱근의 성질 (2)

p. 16 ~ p. 17

1-1	양, 2	1-2	4	1-3	6
2-1	$\frac{1}{2}$	2-2	$\frac{3}{2}$	2-3	0.2
3-1	4, 2	3-2	7	3-3	15
4-1	$\frac{1}{4}$	4-2	$\frac{2}{5}$	4-3	0.8
5-1	-2	5-2	-5	5-3	-11
6-1	-2	6-2	-8	6-3	-14
7-1	$-\frac{3}{2}$	7-2	-0.4	7-3	$-\frac{3}{11}$
8-1	4, 4	8-2	6	8-3	-9
9-1	$\frac{2}{7}$	9-2	$-\frac{10}{3}$	9-3	-0.8

8-2 $\sqrt{36}=\sqrt{6^2}=6$

8-3 $-\sqrt{81}=-\sqrt{9^2}=-9$

9-1 $\sqrt{\frac{4}{49}}=\sqrt{\left(\frac{2}{7}\right)^2}=\frac{2}{7}$

9-2 $-\sqrt{\frac{100}{9}}=-\sqrt{\left(\frac{10}{3}\right)^2}=-\frac{10}{3}$

9-3 $-\sqrt{0.64}=-\sqrt{0.8^2}=-0.8$

07 제곱근의 성질을 이용한 덧셈, 뺄셈 p. 18

1-1	3, 9	**1-2**	10
2-1	8	**2-2**	10
3-1	10, -3	**3-2**	-3
4-1	5	**4-2**	2
5-1	12	**5-2**	3

1-2 $(-\sqrt{8})^2+(-\sqrt{2})^2=8+2=10$

2-1 $(-\sqrt{2})^2+\sqrt{6^2}=2+6=8$

2-2 $\sqrt{5^2}+\sqrt{(-5)^2}=5+5=10$

3-2 $\sqrt{5^2}-\sqrt{(-8)^2}=5-8=-3$

4-1 $(-\sqrt{8})^2-\sqrt{3^2}=8-3=5$

4-2 $-\sqrt{(-3)^2}+(-\sqrt{5})^2=-3+5=2$

5-1 $\sqrt{100}+\sqrt{(-2)^2}=\sqrt{10^2}+\sqrt{(-2)^2}=10+2=12$

5-2 $(\sqrt{9})^2-\sqrt{36}=(\sqrt{9})^2-\sqrt{6^2}=9-6=3$

08 제곱근의 성질을 이용한 곱셈, 나눗셈 p. 19

1-1	$\frac{3}{4}$, 6	**1-2**	2
2-1	18	**2-2**	20
3-1	15	**3-2**	-3
4-1	6, 2	**4-2**	3
5-1	$\frac{1}{6}$	**5-2**	4

1-2 $(-\sqrt{14})^2\times\left(\sqrt{\frac{1}{7}}\right)^2=14\times\frac{1}{7}=2$

2-1 $(-\sqrt{6})^2\times\sqrt{(-3)^2}=6\times3=18$

2-2 $\sqrt{4^2}\times\sqrt{(-5)^2}=4\times5=20$

3-1 $\sqrt{9}\times\sqrt{5^2}=\sqrt{3^2}\times\sqrt{5^2}=3\times5=15$

3-2 $-(\sqrt{0.3})^2\times\sqrt{10^2}=-0.3\times10=-3$

4-2 $\sqrt{9^2}\div(-\sqrt{3})^2=9\div3=3$

5-1 $\sqrt{\left(-\frac{1}{5}\right)^2}\div\left(-\sqrt{\frac{6}{5}}\right)^2=\frac{1}{5}\div\frac{6}{5}=\frac{1}{5}\times\frac{5}{6}=\frac{1}{6}$

5-2 $(-\sqrt{6})^2\div\sqrt{\left(\frac{3}{2}\right)^2}=6\div\frac{3}{2}=6\times\frac{2}{3}=4$

09 제곱근의 성질을 이용한 사칙 계산 p. 20 ~ p. 21

1-1	3, 7, -2	**1-2**	-4
2-1	-1	**2-2**	12
3-1	6	**3-2**	0
4-1	-11	**4-2**	6
5-1	5, 30, 10	**5-2**	2
6-1	1	**6-2**	-1
7-1	5	**7-2**	-5
8-1	4	**8-2**	-9
9-1	4	**9-2**	-1

1-2 $-\sqrt{(-3)^2}+\sqrt{5^2}-(-\sqrt{6})^2=-3+5-6=-4$

2-1 $(-\sqrt{2})^2-\sqrt{49}+\sqrt{(-4)^2}=2-7+4=-1$

2-2 $\sqrt{(-3)^2}+(-\sqrt{5})^2+\sqrt{16}=3+5+4=12$

3-1 $(-\sqrt{5})^2-\sqrt{(-3)^2}+\sqrt{7^2}-(-\sqrt{3})^2=5-3+7-3=6$

3-2 $\sqrt{(-11)^2}-(-\sqrt{12})^2-(-\sqrt{13})^2+\sqrt{(-14)^2}$
$=11-12-13+14=0$

4-1 $-\sqrt{9}+(-\sqrt{6})^2-\sqrt{(-4)^2}-\sqrt{100}$
$=-3+6-4-10=-11$

4-2 $\sqrt{7^2}-(-\sqrt{2})^2-\sqrt{(-11)^2}+\sqrt{144}$
$=7-2-11+12=6$

5-2 $\sqrt{(-8)^2}\times\sqrt{4^2}\div(-\sqrt{16})^2=8\times4\div16$
$=32\div16=2$

6-1 $\sqrt{(-12)^2}\div(-\sqrt{6})^2\times\sqrt{\left(-\frac{1}{2}\right)^2}=12\div6\times\frac{1}{2}$
$=2\times\frac{1}{2}=1$

6-2 $-\sqrt{10^2}\div\sqrt{4}\times\left(-\sqrt{\frac{1}{5}}\right)^2=-10\div2\times\frac{1}{5}$
$=-5\times\frac{1}{5}=-1$

7-1 $(\sqrt{8})^2-(-\sqrt{15})^2\div\sqrt{5^2}=8-15\div5$
$=8-3=5$

7-2 $(-\sqrt{7})^2-\sqrt{16}\times(-\sqrt{3})^2=7-4\times3$
$=7-12=-5$

8-1 $(-\sqrt{5})^2+(-\sqrt{6})^2\times\sqrt{\left(\frac{1}{3}\right)^2}-(\sqrt{3})^2$
$=5+6\times\frac{1}{3}-3$
$=5+2-3=4$

8-2 $\sqrt{(-5)^2}-(\sqrt{11})^2+\sqrt{81}\div(-\sqrt{3^2})$
$=5-11+9\div(-3)$
$=5-11-3=-9$

9-1 $\sqrt{64}\div(-\sqrt{8})^2+\left(-\sqrt{\frac{1}{2}}\right)^2\times\sqrt{(-6)^2}$
$=8\div8+\frac{1}{2}\times6$
$=1+3=4$

9-2 $\sqrt{12^2}\div(\sqrt{4})^2-\sqrt{\left(-\frac{4}{5}\right)^2}\times\sqrt{25}$
$=12\div4-\frac{4}{5}\times5$
$=3-4=-1$

STEP 2

기본연산 집중연습 | 05~09

p. 22 ~ p. 23

1-1	-4	**1-2**	7	**1-3**	5
2-1	20	**2-2**	10	**2-3**	1
2-4	1	**2-5**	4	**2-6**	6
2-7	1	**2-8**	-7	**2-9**	1
2-10	-2				
3	노끈				

1-1 $\sqrt{(-4)^2}=4$이므로 4의 양의 제곱근 $a=2$
$\sqrt{36^2}=36$이므로 36의 음의 제곱근 $b=-6$
$\therefore a+b=2+(-6)=-4$

1-2 $\sqrt{(-16)^2}=16$이므로 16의 양의 제곱근 $a=4$
$(-\sqrt{9})^2=9$이므로 9의 음의 제곱근 $b=-3$
$\therefore a-b=4-(-3)=7$

1-3 $(-\sqrt{81})^2=81$이므로 81의 양의 제곱근 $a=9$
$(\sqrt{4})^2=4$이므로 4의 음의 제곱근 $b=-2$
$\therefore a+2b=9+2\times(-2)=9+(-4)=5$

2-1 $(-\sqrt{13})^2+(-\sqrt{7})^2=13+7=20$

2-2 $\sqrt{(-15)^2}-\sqrt{5^2}=15-5=10$

2-3 $-\left(\sqrt{\frac{3}{2}}\right)^2+\sqrt{\left(-\frac{5}{2}\right)^2}=-\frac{3}{2}+\frac{5}{2}=\frac{2}{2}=1$

2-4 $\sqrt{(-1.2)^2}-\sqrt{(-0.2)^2}=1.2-0.2=1$

2-5 $\sqrt{25}-\sqrt{7^2}+(-\sqrt{6})^2=5-7+6=4$

2-6 $\sqrt{(-14)^2}-\sqrt{12^2}+\sqrt{16}=14-12+4=6$

2-7 $(-\sqrt{6})^2\times\left(\sqrt{\frac{1}{3}}\right)^2-\sqrt{(-1)^2}=6\times\frac{1}{3}-1$
$=2-1=1$

2-8 $-\sqrt{(-11)^2}+(-\sqrt{8})^2\times\left(\sqrt{\frac{1}{2}}\right)^2=-11+8\times\frac{1}{2}$
$=-11+4$
$=-7$

2-9 $(-\sqrt{10})^2\div\sqrt{(-2)^2}\times\left(\sqrt{\frac{1}{5}}\right)^2=10\div2\times\frac{1}{5}$
$=5\times\frac{1}{5}=1$

2-10 $-\left(\sqrt{\frac{2}{3}}\right)^2\div\sqrt{\left(-\frac{1}{6}\right)^2}\div(-\sqrt{2})^2=-\frac{2}{3}\div\frac{1}{6}\div2$
$=-\frac{2}{3}\times6\times\frac{1}{2}$
$=-2$

3

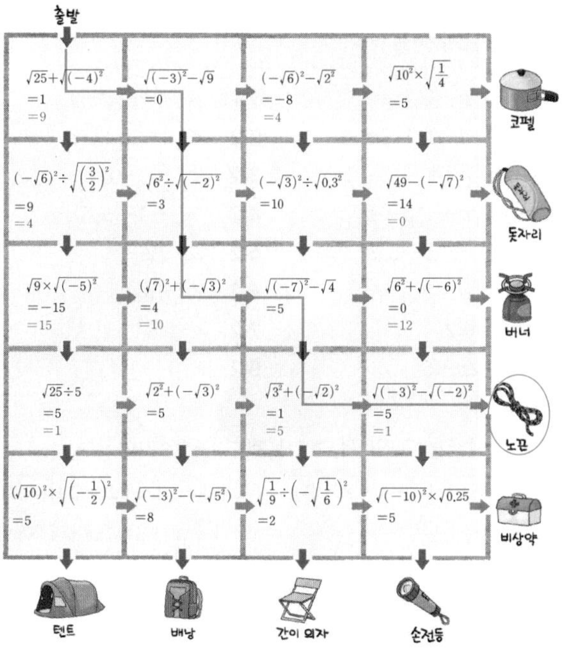

STEP 1

10 $\sqrt{A^2}$의 성질 (1)

p. 24 ~ p. 25

1-1	$>, a$	**1-2**	$>, 4a$
2-1	$>, -2a$	**2-2**	$>, -5a$
3-1	$<, -, a$	**3-2**	$<, -, 7a$
4-1	$<, -5a, -5a$	**4-2**	$<, -10a, -10a$
5-1	$<, -a$	**5-2**	$<, -2a$
6-1	$<, 3a, 3a$	**6-2**	$<, 4a, 4a$
7-1	$>, -2a$	**7-2**	$>, -5a$
8-1	$>, -6a, 6a$	**8-2**	$>, -11a, 11a$
9-1	$a, -2a, 3a$	**9-2**	a
10-1	$-3a$	**10-2**	$5a$

9-2 $a>0$일 때, $-5a<0$, $-4a<0$이므로

$$\sqrt{(-5a)^2}-\sqrt{(-4a)^2}=-(-5a)-\{-(-4a)\}$$
$$=5a-4a=a$$

10-1 $a<0$일 때, $-2a>0$, $-a>0$이므로

$$\sqrt{(-2a)^2}+\sqrt{(-a)^2}=-2a+(-a)=-3a$$

10-2 $a<0$일 때, $-3a>0$, $8a<0$이므로

$$\sqrt{(-3a)^2}-\sqrt{(8a)^2}=-3a-(-8a)=5a$$

11 $\sqrt{A^2}$의 성질 (2)

p. 26 ~ p. 27

1-1	$>, a-1$	**1-2**	$<, 1-a, a-1$
2-1	$>, a-1, 1-a$	**2-2**	$<, 1-a, 1-a$
3-1	$<, a+1, -a-1$	**3-2**	$>, -1-a$
4-1	$<, a+1, a+1$	**4-2**	$>, -1-a, 1+a$
5-1	$>, <, x+2, 3$	**5-2**	$2x-2$
6-1	6	**6-2**	$2x-3$
7-1	$2x-2$	**7-2**	-4
8-1	$-2x+5$	**8-2**	-6

5-2 $-1<x<3$일 때, $x+1>0$, $x-3<0$이므로

$$\sqrt{(x+1)^2}-\sqrt{(x-3)^2}=(x+1)-\{-(x-3)\}$$
$$=x+1+x-3=2x-2$$

6-1 $-4<x<2$일 때, $x-2<0$, $x+4>0$이므로

$$\sqrt{(x-2)^2}+\sqrt{(x+4)^2}=-(x-2)+(x+4)$$
$$=-x+2+x+4=6$$

6-2 $1<x<2$일 때, $1-x<0$, $x-2<0$이므로

$$\sqrt{(1-x)^2}-\sqrt{(x-2)^2}=-(1-x)-\{-(x-2)\}$$
$$=-1+x+x-2=2x-3$$

7-1 $2<x<4$일 때, $x+2>0$, $x-4<0$이므로

$$\sqrt{(x+2)^2}-\sqrt{(x-4)^2}=(x+2)-\{-(x-4)\}$$
$$=x+2+x-4=2x-2$$

7-2 $x<-2$일 때, $x+2<0$, $x-2<0$이므로

$$\sqrt{(x+2)^2}-\sqrt{(x-2)^2}=-(x+2)-\{-(x-2)\}$$
$$=-x-2+x-2=-4$$

8-1 $-1<x<2$일 때, $x-2<0$, $3-x>0$이므로

$$\sqrt{(x-2)^2}+\sqrt{(3-x)^2}=-(x-2)+(3-x)$$
$$=-x+2+3-x=-2x+5$$

8-2 $-3<x<3$일 때, $x+3>0$, $-x+3>0$이므로

$$-\sqrt{(x+3)^2}-\sqrt{(-x+3)^2}=-(x+3)-(-x+3)$$
$$=-x-3+x-3=-6$$

12 제곱근의 대소 관계 (1)

p. 28

1-1	$<$	**1-2**	$>$
2-1	$<$	**2-2**	$<$
3-1	$>$	**3-2**	$<$
4-1	$<$	**4-2**	$>$
5-1	$>$	**5-2**	$>$

3-2 $\frac{1}{2}=\frac{3}{6}$, $\frac{2}{3}=\frac{4}{6}$이고 $\frac{3}{6}<\frac{4}{6}$이므로 $\sqrt{\frac{1}{2}}<\sqrt{\frac{2}{3}}$

5-2 $\frac{3}{5}=\frac{9}{15}$, $\frac{2}{3}=\frac{10}{15}$이고 $\frac{9}{15}<\frac{10}{15}$이므로 $\sqrt{\frac{3}{5}}<\sqrt{\frac{2}{3}}$

양변에 -1을 곱하면 $-\sqrt{\frac{3}{5}}>-\sqrt{\frac{2}{3}}$

13 제곱근의 대소 관계 (2)

p. 29 ~ p. 30

1-1	$<, <$	**1-2**	$<$
2-1	$>$	**2-2**	$>$
3-1	$<, >$	**3-2**	$<$
4-1	$<$	**4-2**	$>$
5-1	$<, <$	**5-2**	$>$
6-1	$>$	**6-2**	$>$
7-1	$>$	**7-2**	$>$
8-1	$<, <$	**8-2**	$>$
9-1	$<$	**9-2**	$>$
10-1	$<$	**10-2**	$<$

1-2 $4=\sqrt{4^2}=\sqrt{16}$이고 $\sqrt{15}<\sqrt{16}$이므로 $\sqrt{15}<4$

2-1 $8=\sqrt{8^2}=\sqrt{64}$이고 $\sqrt{64}>\sqrt{60}$이므로 $8>\sqrt{60}$

2-2 $7=\sqrt{7^2}=\sqrt{49}$이고 $\sqrt{49}>\sqrt{48}$이므로 $7>\sqrt{48}$

3-2 $3=\sqrt{3^2}=\sqrt{9}$이고 $\sqrt{12}>\sqrt{9}$이므로
$-\sqrt{12}<-\sqrt{9}$ $\therefore -\sqrt{12}<-3$

4-1 $5=\sqrt{5^2}=\sqrt{25}$이고 $\sqrt{25}>\sqrt{24}$이므로
$-\sqrt{25}<-\sqrt{24}$ $\therefore -5<-\sqrt{24}$

4-2 $8=\sqrt{8^2}=\sqrt{64}$이고 $\sqrt{64}<\sqrt{65}$이므로
$-\sqrt{64}>-\sqrt{65}$ $\therefore -8>-\sqrt{65}$

5-2 $0.5=\sqrt{0.5^2}=\sqrt{0.25}$이고 $\sqrt{0.5}>\sqrt{0.25}$이므로
$\sqrt{0.5}>0.5$

6-1 $0.4=\sqrt{0.4^2}=\sqrt{0.16}$이고 $\sqrt{1.6}>\sqrt{0.16}$이므로
$\sqrt{1.6}>0.4$

6-2 $0.2=\sqrt{0.2^2}=\sqrt{0.04}$이고 $\sqrt{0.09}>\sqrt{0.04}$이므로
$\sqrt{0.09}>0.2$

7-1 $0.2=\sqrt{0.2^2}=\sqrt{0.04}$이고 $\sqrt{0.04}<\sqrt{0.4}$이므로
$-\sqrt{0.04}>-\sqrt{0.4}$ $\therefore -0.2>-\sqrt{0.4}$

7-2 $0.1=\sqrt{0.1^2}=\sqrt{0.01}$이고 $\sqrt{0.01}<\sqrt{0.09}$이므로
$-\sqrt{0.01}>-\sqrt{0.09}$ $\therefore -0.1>-\sqrt{0.09}$

8-2 $\frac{2}{3}=\sqrt{\left(\frac{2}{3}\right)^2}=\sqrt{\frac{4}{9}}$이고 $\sqrt{\frac{5}{9}}>\sqrt{\frac{4}{9}}$이므로
$\sqrt{\frac{5}{9}}>\frac{2}{3}$

9-1 $\frac{1}{2}=\sqrt{\left(\frac{1}{2}\right)^2}=\sqrt{\frac{1}{4}}$이고 $\sqrt{\frac{1}{5}}<\sqrt{\frac{1}{4}}$이므로 $\sqrt{\frac{1}{5}}<\frac{1}{2}$

9-2 $\frac{1}{2}=\sqrt{\left(\frac{1}{2}\right)^2}=\sqrt{\frac{1}{4}}$이고 $\sqrt{\frac{1}{4}}<\sqrt{\frac{3}{4}}$이므로
$-\sqrt{\frac{1}{4}}>-\sqrt{\frac{3}{4}}$ $\therefore -\frac{1}{2}>-\sqrt{\frac{3}{4}}$

10-1 $2=\sqrt{2^2}=\sqrt{4}=\sqrt{\frac{8}{2}}$이고 $\sqrt{\frac{8}{2}}>\sqrt{\frac{5}{2}}$이므로
$-\sqrt{\frac{8}{2}}<-\sqrt{\frac{5}{2}}$ $\therefore -2<-\sqrt{\frac{5}{2}}$

10-2 $\frac{1}{6}=\sqrt{\left(\frac{1}{6}\right)^2}=\sqrt{\frac{1}{36}}$이고 $\sqrt{\frac{5}{12}}=\sqrt{\frac{15}{36}}$이므로
$\sqrt{\frac{5}{12}}>\frac{1}{6}$ $\therefore -\sqrt{\frac{5}{12}}<-\frac{1}{6}$

14 제곱근을 포함한 부등식 p. 31

1-1	1, 2	**1-2**	10, 11, 12, 13, 14, 15
2-1	2, 3, 4, 5, 6, 7	**2-2**	3, 4, 5, 6, 7, 8, 9, 10, 11, 12
3-1	$>$, $>$, $>$, $>$, 7, 8	**3-2**	2, 3
4-1	4, 5, 6	**4-2**	16, 17, 18, 19, 20, 21

1-2 $3<\sqrt{x}<4$의 각 변을 제곱하면 $9<x<16$
따라서 자연수 x의 값은 10, 11, 12, 13, 14, 15

2-1 $2\le\sqrt{2x}<4$의 각 변을 제곱하면 $4\le 2x<16$
각 변을 2로 나누면 $2\le x<8$
따라서 자연수 x의 값은 2, 3, 4, 5, 6, 7

2-2 $1\le\sqrt{\frac{x}{3}}\le 2$의 각 변을 제곱하면 $1\le\frac{x}{3}\le 4$
각 변에 3을 곱하면 $3\le x\le 12$
따라서 자연수 x의 값은 3, 4, 5, 6, 7, 8, 9, 10, 11, 12

3-2 $-2<-\sqrt{x}<-1$의 각 변에 -1을 곱하면 $2>\sqrt{x}>1$
각 변을 제곱하면 $1<x<4$
따라서 자연수 x의 값은 2, 3

4-1 $1<\sqrt{x-2}\le 2$의 각 변을 제곱하면 $1<x-2\le 4$
각 변에 2를 더하면 $3<x\le 6$
따라서 자연수 x의 값은 4, 5, 6

4-2 $3<\sqrt{x-6}<4$의 각 변을 제곱하면 $9<x-6<16$
각 변에 6을 더하면 $15<x<22$
따라서 자연수 x의 값은 16, 17, 18, 19, 20, 21

STEP 2

기본연산 집중연습 | 10~14 p. 32 ~ p. 33

1-1	$3a$	**1-2**	$2a$
1-3	$-3a$	**1-4**	a
1-5	$2a$	**1-6**	$2a$
1-7	$-8a$	**1-8**	$5a$
2-1	$6a$	**2-2**	$4a$
2-3	$-3a$	**2-4**	3
2-5	$2a+1$	**2-6**	$-2a+1$
3	2번 열쇠		

2-1 $a>0$일 때, $-9a<0$, $3a>0$이므로

$$\sqrt{(-9a)^2}-\sqrt{9a^2}=\sqrt{(-9a)^2}-\sqrt{(3a)^2}$$
$$=-(-9a)-3a$$
$$=9a-3a=6a$$

2-2 $a>0$일 때, $9a>0$, $-5a<0$이므로

$$\sqrt{81a^2}-\sqrt{(-5a)^2}=\sqrt{(9a)^2}-\sqrt{(-5a)^2}$$
$$=9a-\{-(-5a)\}$$
$$=9a-5a=4a$$

2-3 $a<0$일 때, $4a<0$, $7a<0$이므로

$$-\sqrt{(4a)^2}+\sqrt{49a^2}=-\sqrt{(4a)^2}+\sqrt{(7a)^2}$$
$$=-(-4a)+(-7a)$$
$$=4a-7a=-3a$$

2-4 $-1<a<2$일 때, $a-2<0$, $a+1>0$이므로

$$\sqrt{(a-2)^2}+\sqrt{(a+1)^2}=-(a-2)+(a+1)$$
$$=-a+2+a+1=3$$

2-5 $-2<a<1$일 때, $a+2>0$, $a-1<0$이므로

$$\sqrt{(a+2)^2}-\sqrt{(a-1)^2}=(a+2)-\{-(a-1)\}$$
$$=a+2+a-1=2a+1$$

2-6 $-2<a<3$일 때, $a-3<0$, $a+2>0$이므로

$$\sqrt{(a-3)^2}-\sqrt{(a+2)^2}=-(a-3)-(a+2)$$
$$=-a+3-a-2=-2a+1$$

3

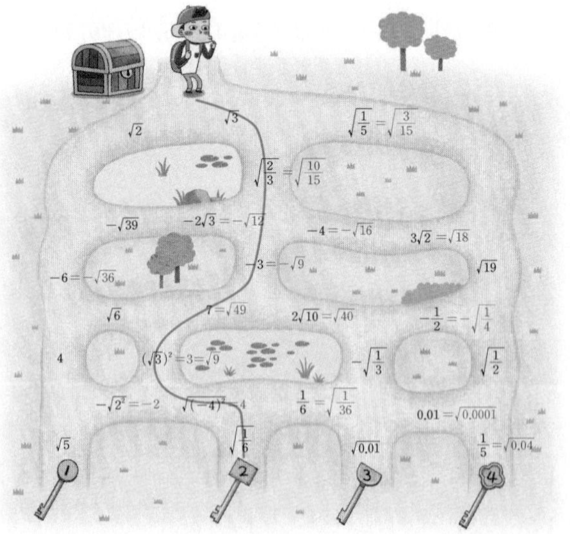

STEP 1

15 유리수와 무리수

p. 34 ~ p. 35

1-1 유 **1-2** 유 **1-3** 유
2-1 무 **2-2** 유 **2-3** 유
3-1 무 **3-2** 무 **3-3** 유
4-1 유 **4-2** 유 **4-3** 유
5-1 (1) $5, \sqrt{49}$ (2) $0, 5, \sqrt{49}, 3-\sqrt{25}$
(3) $0, 2.\dot{3}\dot{5}, 5, \sqrt{49}, \sqrt{1.96}, 3-\sqrt{25}$ (4) $-\sqrt{7}, \sqrt{\frac{2}{3}}$
5-2 (1) $\sqrt{25}$ (2) $-2, \sqrt{25}, -\sqrt{(-3)^2}$
(3) $-2, 0.24, \sqrt{25}, \sqrt{\frac{4}{9}}, -\sqrt{(-3)^2}$ (4) $\sqrt{8}, \pi, -\sqrt{0.02}$
6-1 ○ **6-2** ×
7-1 × **7-2** ○
8-1 × **8-2** ×

3-3 $\sqrt{16}=4$이므로 유리수이다.

4-1 $-\sqrt{\frac{1}{9}}=-\frac{1}{3}$이므로 유리수이다.

4-2 $\sqrt{0.01}=0.1$이므로 유리수이다.

4-3 $\sqrt{\frac{25}{36}}=\frac{5}{6}$이므로 유리수이다.

5-1 $\sqrt{49}=7$, $\sqrt{1.96}=1.4$, $3-\sqrt{25}=3-5=-2$

5-2 $\sqrt{25}=5$, $\sqrt{\frac{4}{9}}=\frac{2}{3}$, $-\sqrt{(-3)^2}=-3$

6-2 $\sqrt{5}$는 무리수이므로 $\frac{(정수)}{(0이\ 아닌\ 정수)}$ 꼴로 나타낼 수 없다.

7-1 $\sqrt{64}=8$이므로 유리수이다.

8-1 무한소수 중 순환소수는 유리수이다.

8-2 근호를 사용하여 나타낸 수 중 근호 안의 수가 어떤 수의 제곱이면 유리수이다.

16 제곱근표를 보고 제곱근의 값 구하기

p. 36

1-1 (1) 2, 1.766 (2) 1.741 (3) 1.772 (4) 1.797 (5) 1.822
1-2 (1) 35, 6, 5.967 (2) 5.975 (3) 6.066 (4) 6.156 (5) 6.213

17 무리수를 수직선 위에 나타내기

p. 37 ~ p. 39

1-1 $\sqrt{2}, \sqrt{2}, \sqrt{2}, \sqrt{2}$
1-2 (1) 2 (2) $\sqrt{2}$ (3) $\sqrt{2}$ (4) $\sqrt{2}$ (5) $-\sqrt{2}$
2-1 P: $2+\sqrt{2}$, Q: $2-\sqrt{2}$
2-2 P: $-1+\sqrt{2}$, Q: $-1-\sqrt{2}$
3-1 $\sqrt{2}, \sqrt{2}, \sqrt{2}, \sqrt{2}$
3-2 P: $1+\sqrt{2}$, Q: $2-\sqrt{2}$
3-3 P: $-1+\sqrt{2}$, Q: $-\sqrt{2}$
4-1 $\sqrt{5}, \sqrt{5}, \sqrt{5}$
4-2 (1) 5 (2) $\sqrt{5}$ (3) $\sqrt{5}$ (4) $-\sqrt{5}$ (5) $\sqrt{5}$
5-1 P: $-1-\sqrt{5}$, Q: $-1+\sqrt{5}$
5-2 P: $2-\sqrt{5}$, Q: $2+\sqrt{5}$
6-1 10, $\sqrt{10}, \sqrt{10}, \sqrt{10}$
6-2 P: $-\sqrt{10}$, Q: $\sqrt{10}$
6-3 P: $-1-\sqrt{10}$, Q: $-1+\sqrt{10}$

1-2 (4) $\overline{AP}=\overline{AB}=\sqrt{2}$이고 점 P는 기준점 A(0)의 오른쪽에 있으므로 점 P에 대응하는 수는 $0+\sqrt{2}=\sqrt{2}$
(5) $\overline{AQ}=\overline{AD}=\sqrt{2}$이고 점 Q는 기준점 A(0)의 왼쪽에 있으므로 점 Q에 대응하는 수는 $0-\sqrt{2}=-\sqrt{2}$

2-1 $\overline{AP}=\overline{AB}=\sqrt{2}$이고 점 P는 기준점 A(2)의 오른쪽에 있으므로 점 P에 대응하는 수는 $2+\sqrt{2}$
$\overline{AQ}=\overline{AD}=\sqrt{2}$이고 점 Q는 기준점 A(2)의 왼쪽에 있으므로 점 Q에 대응하는 수는 $2-\sqrt{2}$

2-2 $\overline{AP}=\overline{AB}=\sqrt{2}$이고 점 P는 기준점 A$(-1)$의 오른쪽에 있으므로 점 P에 대응하는 수는 $-1+\sqrt{2}$
$\overline{AQ}=\overline{AD}=\sqrt{2}$이고 점 Q는 기준점 A$(-1)$의 왼쪽에 있으므로 점 Q에 대응하는 수는 $-1-\sqrt{2}$

3-2 $\overline{BP}=\overline{BD}=\sqrt{2}$이고 점 P는 기준점 B(1)의 오른쪽에 있으므로 점 P에 대응하는 수는 $1+\sqrt{2}$
$\overline{CQ}=\overline{CA}=\sqrt{2}$이고 점 Q는 기준점 C(2)의 왼쪽에 있으므로 점 Q에 대응하는 수는 $2-\sqrt{2}$

3-3 $\overline{BP}=\overline{BD}=\sqrt{2}$이고 점 P는 기준점 B$(-1)$의 오른쪽에 있으므로 점 P에 대응하는 수는 $-1+\sqrt{2}$
$\overline{CQ}=\overline{CA}=\sqrt{2}$이고 점 Q는 기준점 C(0)의 왼쪽에 있으므로 점 Q에 대응하는 수는 $0-\sqrt{2}=-\sqrt{2}$

4-2 (4) $\overline{BP}=\overline{BA}=\sqrt{5}$이고 점 P는 기준점 B(0)의 왼쪽에 있으므로 점 P에 대응하는 수는 $0-\sqrt{5}=-\sqrt{5}$
(5) $\overline{BQ}=\overline{BC}=\sqrt{5}$이고 점 Q는 기준점 B(0)의 오른쪽에 있으므로 점 Q에 대응하는 수는 $0+\sqrt{5}=\sqrt{5}$

5-1 $\overline{BP}=\overline{BA}=\sqrt{5}$이고 점 P는 기준점 B$(-1)$의 왼쪽에 있으므로 점 P에 대응하는 수는 $-1-\sqrt{5}$
$\overline{BQ}=\overline{BC}=\sqrt{5}$이고 점 Q는 기준점 B$(-1)$의 오른쪽에 있으므로 점 Q에 대응하는 수는 $-1+\sqrt{5}$

5-2 $\overline{BP}=\overline{BA}=\sqrt{5}$이고 점 P는 기준점 B(2)의 왼쪽에 있으므로 점 P에 대응하는 수는 $2-\sqrt{5}$
$\overline{BQ}=\overline{BC}=\sqrt{5}$이고 점 Q는 기준점 B(2)의 오른쪽에 있으므로 점 Q에 대응하는 수는 $2+\sqrt{5}$

6-2 $\overline{BP}=\overline{BA}=\sqrt{10}$이고 점 P는 기준점 B(0)의 왼쪽에 있으므로 점 P에 대응하는 수는 $0-\sqrt{10}=-\sqrt{10}$
$\overline{BQ}=\overline{BC}=\sqrt{10}$이고 점 Q는 기준점 B(0)의 오른쪽에 있으므로 점 Q에 대응하는 수는 $0+\sqrt{10}=\sqrt{10}$

6-3 $\overline{BP}=\overline{BA}=\sqrt{10}$이고 점 P는 기준점 B$(-1)$의 왼쪽에 있으므로 점 P에 대응하는 수는 $-1-\sqrt{10}$
$\overline{BQ}=\overline{BC}=\sqrt{10}$이고 점 Q는 기준점 B$(-1)$의 오른쪽에 있으므로 점 Q에 대응하는 수는 $-1+\sqrt{10}$

18 두 실수의 대소 관계

p. 40 ~ p. 41

1-1	$<, >, >$	**1-2**	$>$
2-1	$<$	**2-2**	$<$
3-1	$<, <$	**3-2**	$>$
4-1	$>$	**4-2**	$>$
5-1	3, 4, 3, 2, $>$	**5-2**	$>$
6-1	$<$	**6-2**	$<$
7-1	$<$	**7-2**	$>$
8-1	$<$	**8-2**	$>$
9-1	$>$	**9-2**	$<$

1-2 $-\sqrt{3}>-\sqrt{6}$이므로 $2-\sqrt{3}>2-\sqrt{6}$

2-1 $\sqrt{3}<\sqrt{5}$이므로 $\sqrt{3}+1<\sqrt{5}+1$

2-2 $\sqrt{5}<\sqrt{7}$이므로 $\sqrt{5}-2<\sqrt{7}-2$

3-2 $-3>-5$이므로 $\sqrt{6}-3>\sqrt{6}-5$

4-1 $3>\sqrt{5}$이므로 $3-\sqrt{7}>\sqrt{5}-\sqrt{7}$

4-2 $\sqrt{17}>4$이므로 $\sqrt{17}+\sqrt{5}>4+\sqrt{5}$

5-2 $\sqrt{10}-2=3.\times\times\times-2=1.\times\times\times$이므로 $\sqrt{10}-2>1$

6-1 $\sqrt{2}+3=1.414\times\times\times+3=4.414\times\times\times$이므로 $\sqrt{2}+3<5$

6-2 $\sqrt{6}+1=2.\times\times\times+1=3.\times\times\times$이므로 $3<\sqrt{6}+1$

7-1 $6-\sqrt{8}=6-2.\times\times\times=3.\times\times\times$이므로 $6-\sqrt{8}<4$

7-2 $\sqrt{6}=2.\times\times\times$, $\sqrt{11}-2=3.\times\times\times-2=1.\times\times\times$
이므로 $\sqrt{6}>\sqrt{11}-2$

8-1 $3+\sqrt{2}=3+1.414\times\times\times=4.414\times\times\times$
이므로 $4<3+\sqrt{2}$

8-2 $\sqrt{5}+1=2.\times\times\times+1=3.\times\times\times$이므로 $\sqrt{5}+1>3$

9-1 $\sqrt{7}>\sqrt{3}$이므로 $\sqrt{7}-3>-3+\sqrt{3}$

9-2 $\sqrt{3}<2$이므로 $\sqrt{3}-\sqrt{5}<2-\sqrt{5}$

STEP 2

기본연산 집중연습 | 15~18

p. 42 ~ p. 43

1

수의 분류 \ 수	0	-3	$\sqrt{25}$	$-\frac{3}{2}$	$\sqrt{18}$	$0.\dot{5}$	$\sqrt{\frac{4}{81}}$	$\sqrt{(-7)^2}$
자연수	×	×	○	×	×	×	×	○
정수	○	○	○	×	×	×	×	○
정수가 아닌 유리수	×	×	×	○	×	○	○	×
유리수	○	○	○	○	×	○	○	○
무리수	×	×	×	×	○	×	×	×
실수	○	○	○	○	○	○	○	○

2-1 ○ **2-2** ○
2-3 ○ **2-4** ×
3-1 (1) $2+\sqrt{2}$ (2) $3-\sqrt{2}$
3-2 (1) $-3+\sqrt{2}$ (2) $-2-\sqrt{2}$
4-1 (1) $-\sqrt{5}$ (2) $3+\sqrt{2}$
4-2 (1) $-\sqrt{2}$ (2) $3+\sqrt{5}$
5 경태

3-1 한 변의 길이가 1인 정사각형의 대각선의 길이는 $\sqrt{2}$이다.
$\therefore \overline{BP}=\overline{BD}=\overline{CA}=\overline{CQ}=\sqrt{2}$
(1) $\overline{BP}=\sqrt{2}$이고 점 P는 기준점 $B(2)$의 오른쪽에 있으므로 점 P에 대응하는 수는 $2+\sqrt{2}$
(2) $\overline{CQ}=\sqrt{2}$이고 점 Q는 기준점 $C(3)$의 왼쪽에 있으므로 점 Q에 대응하는 수는 $3-\sqrt{2}$

3-2 한 변의 길이가 1인 정사각형의 대각선의 길이는 $\sqrt{2}$이다.
$\therefore \overline{BP}=\overline{BD}=\overline{CA}=\overline{CQ}=\sqrt{2}$
(1) $\overline{BP}=\sqrt{2}$이고 점 P는 기준점 $B(-3)$의 오른쪽에 있으므로 점 P에 대응하는 수는 $-3+\sqrt{2}$
(2) $\overline{CQ}=\sqrt{2}$이고 점 Q는 기준점 $C(-2)$의 왼쪽에 있으므로 점 Q에 대응하는 수는 $-2-\sqrt{2}$

4-1 $\square ABCD=3\times3-4\times\left(\frac{1}{2}\times2\times1\right)=5$ $\therefore \overline{AB}=\sqrt{5}$
$\square CEFG=2\times2-4\times\left(\frac{1}{2}\times1\times1\right)=2$ $\therefore \overline{EF}=\sqrt{2}$
(1) $\overline{BP}=\overline{BA}=\sqrt{5}$이고 점 P는 기준점 $B(0)$의 왼쪽에 있으므로 점 P에 대응하는 수는 $0-\sqrt{5}=-\sqrt{5}$
(2) $\overline{EQ}=\overline{EF}=\sqrt{2}$이고 점 Q는 기준점 $E(3)$의 오른쪽에 있으므로 점 Q에 대응하는 수는 $3+\sqrt{2}$

4-2 $\square ABCD=2\times2-4\times\left(\frac{1}{2}\times1\times1\right)=2$ $\therefore \overline{AB}=\sqrt{2}$
$\square CEFG=3\times3-4\times\left(\frac{1}{2}\times2\times1\right)=5$ $\therefore \overline{EF}=\sqrt{5}$
(1) $\overline{BP}=\overline{BA}=\sqrt{2}$이고 점 P는 기준점 $B(0)$의 왼쪽에 있으므로 점 P에 대응하는 수는 $0-\sqrt{2}=-\sqrt{2}$
(2) $\overline{EQ}=\overline{EF}=\sqrt{5}$이고 점 Q는 기준점 $E(3)$의 오른쪽에 있으므로 점 Q에 대응하는 수는 $3+\sqrt{5}$

5

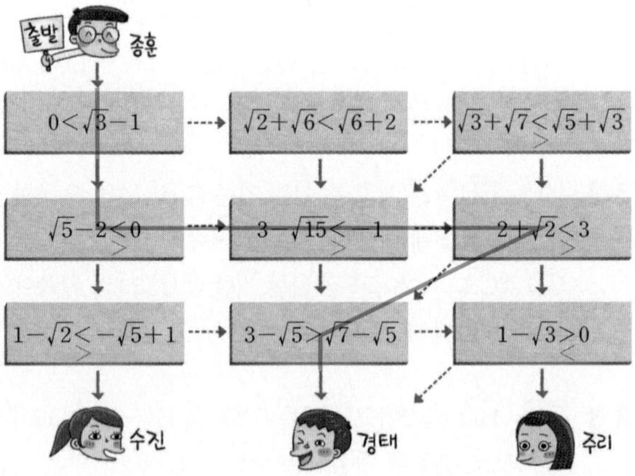

- $\sqrt{3}-1=1.732\times\times\times-1=0.732\times\times\times$이므로 $0<\sqrt{3}-1$
- $\sqrt{2}<2$이므로 $\sqrt{2}+\sqrt{6}<\sqrt{6}+2$
- $\sqrt{7}>\sqrt{5}$이므로 $\sqrt{3}+\sqrt{7}>\sqrt{5}+\sqrt{3}$
- $\sqrt{5}-2=2.\times\times\times-2=0.\times\times\times$이므로 $\sqrt{5}-2>0$
- $3-\sqrt{15}=3-3.\times\times\times=-0.\times\times\times$이므로 $3-\sqrt{15}>-1$
- $2+\sqrt{2}=2+1.414\times\times\times=3.414\times\times\times$이므로 $2+\sqrt{2}>3$
- $-\sqrt{2}>-\sqrt{5}$이므로 $1-\sqrt{2}>-\sqrt{5}+1$
- $3>\sqrt{7}$이므로 $3-\sqrt{5}>\sqrt{7}-\sqrt{5}$
- $1-\sqrt{3}=1-1.732\times\times\times=-0.732\times\times\times$
이므로 $1-\sqrt{3}<0$

STEP 3

기본연산 테스트

p. 44 ~ p. 45

1 (1) ± 7 (2) ± 6 (3) $\pm\sqrt{21}$ (4) $\pm\sqrt{43}$ (5) $\pm\sqrt{11}$

2 (1) × (2) × (3) ○ (4) × (5) ○

3 (1) 8 (2) 15 (3) -5 (4) $\frac{2}{5}$ (5) -0.2

4 (1) 11 (2) 2 (3) 30 (4) 3 (5) -15

5 (1) $-x$ (2) $x+4$ (3) $-x+6$ (4) 1

6 (1) < (2) < (3) > (4) <

7 $\sqrt{3}$, $\sqrt{\frac{4}{3}}$, 0.101001000⋯

8 (1) 10 (2) $\overline{AB}=\sqrt{10}$, $\overline{BC}=\sqrt{10}$ (3) $2-\sqrt{10}$ (4) $2+\sqrt{10}$

9 (1) < (2) < (3) > (4) >

4 (1) $\sqrt{4^2}+\sqrt{(-7)^2}=4+7=11$

(2) $(-\sqrt{7})^2-(-\sqrt{5})^2=7-5=2$

(3) $(\sqrt{5})^2\times(-\sqrt{6})^2=5\times 6=30$

(4) $\sqrt{12^2}\div\sqrt{(-4)^2}=12\div 4=3$

(5) $-\sqrt{(-5)^2}\div\sqrt{\frac{25}{81}}-(-\sqrt{6})^2$

$=-5\div\frac{5}{9}-6=-5\times\frac{9}{5}-6=-15$

5 (2) $x>-4$일 때, $x+4>0$이므로 $\sqrt{(x+4)^2}=x+4$

(3) $x<6$일 때, $x-6<0$이므로

$\sqrt{(x-6)^2}=-(x-6)=-x+6$

(4) $2<x<3$일 때, $x-3<0$, $2-x<0$이므로

$\sqrt{(x-3)^2}+\sqrt{(2-x)^2}=-(x-3)+\{-(2-x)\}$

$=-x+3-2+x=1$

6 (4) $\frac{1}{2}=\sqrt{\frac{1}{4}}$이고 $\frac{1}{4}=\frac{3}{12}$, $\frac{2}{3}=\frac{8}{12}$이므로

$\sqrt{\frac{1}{4}}<\sqrt{\frac{2}{3}}$ $\therefore \frac{1}{2}<\sqrt{\frac{2}{3}}$

8 (1) $\square ABCD=4\times 4-4\times\left(\frac{1}{2}\times 3\times 1\right)=10$

(2) $\overline{AB}=\overline{BC}=\sqrt{10}$

(3) $\overline{BP}=\overline{BA}=\sqrt{10}$이고 점 P는 기준점 B(2)의 왼쪽에 있으므로 점 P에 대응하는 수는 $2-\sqrt{10}$

(4) $\overline{BQ}=\overline{BC}=\sqrt{10}$이고 점 Q는 기준점 B(2)의 오른쪽에 있으므로 점 Q에 대응하는 수는 $2+\sqrt{10}$

9 (1) $\sqrt{3}+1=1.732\times\times\times+1=2.732\times\times\times$ 이므로 $2<\sqrt{3}+1$

(2) $6-\sqrt{8}=6-2.\times\times\times=3.\times\times\times$이므로 $6-\sqrt{8}<4$

(3) $-\sqrt{2}>-\sqrt{5}$이므로 $1-\sqrt{2}>-\sqrt{5}+1$

(4) $3>\sqrt{7}$이므로 $\sqrt{6}+3>\sqrt{6}+\sqrt{7}$

2

제곱근을 포함한 식의 계산

STEP 1

01 제곱근의 곱셈 (1)

p. 48

1-1 5, 15 / 1-2 $\sqrt{66}$

2-1 $\sqrt{21}$ / 2-2 6

3-1 4, 2 / 3-2 3

4-1 $\sqrt{6}$ / 4-2 $\sqrt{3}$

5-1 $\sqrt{30}$ / 5-2 $\sqrt{70}$

1-2 $\sqrt{6}\times\sqrt{11}=\sqrt{6\times 11}=\sqrt{66}$

2-1 $\sqrt{3}\sqrt{7}=\sqrt{3\times 7}=\sqrt{21}$

2-2 $\sqrt{3}\sqrt{12}=\sqrt{3\times 12}=\sqrt{36}=6$

3-2 $\sqrt{39}\times\sqrt{\frac{3}{13}}=\sqrt{39\times\frac{3}{13}}=\sqrt{9}=3$

4-1 $\sqrt{\frac{14}{3}}\sqrt{\frac{9}{7}}=\sqrt{\frac{14}{3}\times\frac{9}{7}}=\sqrt{6}$

4-2 $\sqrt{\frac{4}{7}}\sqrt{\frac{21}{4}}=\sqrt{\frac{4}{7}\times\frac{21}{4}}=\sqrt{3}$

5-1 $\sqrt{2}\times\sqrt{3}\times\sqrt{5}=\sqrt{2\times 3\times 5}=\sqrt{30}$

5-2 $\sqrt{2}\sqrt{5}\sqrt{7}=\sqrt{2\times 5\times 7}=\sqrt{70}$

02 제곱근의 곱셈 (2)

p. 49

1-1 2, 6 / 1-2 $5\sqrt{15}$

2-1 $12\sqrt{21}$ / 2-2 $\sqrt{6}$

3-1 $8\sqrt{6}$ / 3-2 $12\sqrt{5}$

4-1 -60 / 4-2 $-6\sqrt{10}$

5-1 -20 / 5-2 36

1-2 $\sqrt{3}\times 5\sqrt{5}=(1\times 5)\times\sqrt{3\times 5}=5\sqrt{15}$

2-1 $4\sqrt{7}\times 3\sqrt{3}=(4\times 3)\times\sqrt{7\times 3}=12\sqrt{21}$

2-2 $\frac{2}{3}\sqrt{2}\times\frac{3}{2}\sqrt{3}=\left(\frac{2}{3}\times\frac{3}{2}\right)\times\sqrt{2\times 3}=\sqrt{6}$

3-1 $4\sqrt{6}\times 2=(4\times 2)\times\sqrt{6}=8\sqrt{6}$

3-2 $6\times 2\sqrt{5}=(6\times 2)\times\sqrt{5}=12\sqrt{5}$

4-1 $(-3\sqrt{5})\times4\sqrt{5}=\{(-3)\times4\}\times\sqrt{5\times5}=-60$

4-2 $2\sqrt{5}\times(-3\sqrt{2})=\{2\times(-3)\}\times\sqrt{5\times2}=-6\sqrt{10}$

5-1 $(-5\sqrt{2})\times2\sqrt{2}=\{(-5)\times2\}\times\sqrt{2\times2}=-20$

5-2 $(-2\sqrt{6})\times(-3\sqrt{6})=\{(-2)\times(-3)\}\times\sqrt{6\times6}=36$

03 근호가 있는 식의 변형 : 곱셈식 (1)

p. 50

1-1	3, 18	**1-2**	$\sqrt{20}$	**1-3**	$\sqrt{90}$
2-1	$\sqrt{24}$	**2-2**	$\sqrt{50}$	**2-3**	$\sqrt{48}$
3-1	5, 75	**3-2**	$-\sqrt{44}$	**3-3**	$-\sqrt{63}$
4-1	$-\sqrt{700}$	**4-2**	$-\sqrt{72}$	**4-3**	$-\sqrt{60}$

1-2 $2\sqrt{5}=\sqrt{2^2\times5}=\sqrt{20}$

1-3 $3\sqrt{10}=\sqrt{3^2\times10}=\sqrt{90}$

2-1 $2\sqrt{6}=\sqrt{2^2\times6}=\sqrt{24}$

2-2 $5\sqrt{2}=\sqrt{5^2\times2}=\sqrt{50}$

2-3 $4\sqrt{3}=\sqrt{4^2\times3}=\sqrt{48}$

3-2 $-2\sqrt{11}=-\sqrt{2^2\times11}=-\sqrt{44}$

3-3 $-3\sqrt{7}=-\sqrt{3^2\times7}=-\sqrt{63}$

4-1 $-10\sqrt{7}=-\sqrt{10^2\times7}=-\sqrt{700}$

4-2 $-6\sqrt{2}=-\sqrt{6^2\times2}=-\sqrt{72}$

4-3 $-2\sqrt{15}=-\sqrt{2^2\times15}=-\sqrt{60}$

04 근호가 있는 식의 변형 : 곱셈식 (2)

p. 51 ~ p. 52

1-1	3, 3	**1-2**	$2\sqrt{2}$	**1-3**	$3\sqrt{2}$
2-1	$2\sqrt{5}$	**2-2**	$2\sqrt{11}$	**2-3**	$5\sqrt{2}$
3-1	2, 2	**3-2**	$-3\sqrt{5}$	**3-3**	$-2\sqrt{13}$
4-1	$-3\sqrt{7}$	**4-2**	$-5\sqrt{3}$	**4-3**	$-7\sqrt{2}$
5-1	4, 4	**5-2**	$4\sqrt{2}$	**5-3**	$4\sqrt{5}$
6-1	3, 3	**6-2**	$3\sqrt{10}$	**6-3**	$3\sqrt{15}$
7-1	$-2\sqrt{10}$	**7-2**	$-2\sqrt{14}$	**7-3**	$-2\sqrt{34}$
8-1	6, 6	**8-2**	$6\sqrt{5}$	**8-3**	$10\sqrt{3}$
9-1	$-6\sqrt{3}$	**9-2**	$-15\sqrt{2}$	**9-3**	$-10\sqrt{10}$

1-2 $\sqrt{8}=\sqrt{2^2\times2}=2\sqrt{2}$

1-3 $\sqrt{18}=\sqrt{3^2\times2}=3\sqrt{2}$

2-1 $\sqrt{20}=\sqrt{2^2\times5}=2\sqrt{5}$

2-2 $\sqrt{44}=\sqrt{2^2\times11}=2\sqrt{11}$

2-3 $\sqrt{50}=\sqrt{5^2\times2}=5\sqrt{2}$

3-2 $-\sqrt{45}=-\sqrt{3^2\times5}=-3\sqrt{5}$

3-3 $-\sqrt{52}=-\sqrt{2^2\times13}=-2\sqrt{13}$

4-1 $-\sqrt{63}=-\sqrt{3^2\times7}=-3\sqrt{7}$

4-2 $-\sqrt{75}=-\sqrt{5^2\times3}=-5\sqrt{3}$

4-3 $-\sqrt{98}=-\sqrt{7^2\times2}=-7\sqrt{2}$

5-2 $\sqrt{32}=\sqrt{2^5}=\sqrt{2^4\times2}=\sqrt{4^2\times2}=4\sqrt{2}$

5-3 $\sqrt{80}=\sqrt{2^4\times5}=\sqrt{4^2\times5}=4\sqrt{5}$

6-2 $\sqrt{90}=\sqrt{2\times3^2\times5}=3\sqrt{10}$

6-3 $\sqrt{135}=\sqrt{3^3\times5}=\sqrt{3^2\times3\times5}=3\sqrt{15}$

7-1 $-\sqrt{40}=-\sqrt{2^3\times5}=-\sqrt{2^2\times2\times5}=-2\sqrt{10}$

7-2 $-\sqrt{56}=-\sqrt{2^3\times7}=-\sqrt{2^2\times2\times7}=-2\sqrt{14}$

7-3 $-\sqrt{136}=-\sqrt{2^3\times17}=-\sqrt{2^2\times2\times17}=-2\sqrt{34}$

8-2 $\sqrt{180}=\sqrt{2^2\times3^2\times5}=\sqrt{6^2\times5}=6\sqrt{5}$

8-3 $\sqrt{300}=\sqrt{2^2\times3\times5^2}=\sqrt{10^2\times3}=10\sqrt{3}$

9-1 $-\sqrt{108}=-\sqrt{2^2\times3^3}=-\sqrt{2^2\times3^2\times3}$
$=-\sqrt{6^2\times3}=-6\sqrt{3}$

9-2 $-\sqrt{450}=-\sqrt{2\times3^2\times5^2}=-\sqrt{15^2\times2}=-15\sqrt{2}$

9-3 $-\sqrt{1000}=-\sqrt{2^3\times5^3}=-\sqrt{2^2\times5^2\times2\times5}$
$=-\sqrt{10^2\times10}=-10\sqrt{10}$

05 근호가 있는 식의 변형을 이용한 대소 비교 p. 53

1-1	18, $<$	1-2	$<$
2-1	$>$	2-2	$>$
3-1	$<$	3-2	$>$
4-1	$>$	4-2	$<$
5-1	$<$	5-2	$<$

1-2 $2\sqrt{7}=\sqrt{2^2\times7}=\sqrt{28}$이므로 $2\sqrt{7}<\sqrt{29}$

2-1 $4\sqrt{3}=\sqrt{4^2\times3}=\sqrt{48}$, $2\sqrt{5}=\sqrt{2^2\times5}=\sqrt{20}$이므로
$4\sqrt{3}>2\sqrt{5}$

2-2 $2\sqrt{5}=\sqrt{2^2\times5}=\sqrt{20}$, $3\sqrt{2}=\sqrt{3^2\times2}=\sqrt{18}$이므로
$2\sqrt{5}>3\sqrt{2}$

3-1 $-2\sqrt{3}=-\sqrt{2^2\times3}=-\sqrt{12}$이므로 $-2\sqrt{3}<-\sqrt{10}$

3-2 $-2\sqrt{2}=-\sqrt{2^2\times2}=-\sqrt{8}$이므로 $-\sqrt{7}>-2\sqrt{2}$

4-1 $-4\sqrt{2}=-\sqrt{4^2\times2}=-\sqrt{32}$, $-6=-\sqrt{6^2}=-\sqrt{36}$이므로
$-4\sqrt{2}>-6$

4-2 $-5\sqrt{2}=-\sqrt{5^2\times2}=-\sqrt{50}$, $-7=-\sqrt{7^2}=-\sqrt{49}$이므로
$-5\sqrt{2}<-7$

5-1 $2\sqrt{3}=\sqrt{2^2\times3}=\sqrt{12}$, $3\sqrt{2}=\sqrt{3^2\times2}=\sqrt{18}$이므로
$2\sqrt{3}<3\sqrt{2}$ $\quad\therefore 2\sqrt{3}+1<3\sqrt{2}+1$

5-2 $-4\sqrt{3}=-\sqrt{4^2\times3}=-\sqrt{48}$, $-3\sqrt{5}=-\sqrt{3^2\times5}=-\sqrt{45}$
이므로 $-4\sqrt{3}<-3\sqrt{5}$
$\therefore -4\sqrt{3}+1<-3\sqrt{5}+1$

06 근호가 있는 식의 변형을 이용한 제곱근의 곱셈 p. 54 ~ p. 55

1-1	2, 3, 2, 3, $6\sqrt{21}$	1-2	$4\sqrt{10}$
2-1	$4\sqrt{30}$	2-2	$15\sqrt{6}$
3-1	3, 3, 6	3-2	24
4-1	36	4-2	18
5-1	7, 7, $7\sqrt{6}$	5-2	$3\sqrt{5}$
6-1	$2\sqrt{15}$	6-2	$7\sqrt{3}$
7-1	$5\sqrt{14}$	7-2	$11\sqrt{3}$
8-1	$-24\sqrt{6}$	8-2	30
9-1	$21\sqrt{3}$	9-2	$25\sqrt{10}$

1-2 $2\sqrt{5}\times\sqrt{8}=2\sqrt{5}\times2\sqrt{2}=4\sqrt{10}$

2-1 $\sqrt{20}\times\sqrt{24}=2\sqrt{5}\times2\sqrt{6}=4\sqrt{30}$

2-2 $\sqrt{27}\times\sqrt{50}=3\sqrt{3}\times5\sqrt{2}=15\sqrt{6}$

3-2 $\sqrt{12}\times\sqrt{48}=2\sqrt{3}\times4\sqrt{3}=8\times(\sqrt{3})^2=24$

4-1 $3\sqrt{6}\times\sqrt{24}=3\sqrt{6}\times2\sqrt{6}=6\times(\sqrt{6})^2=36$

4-2 $\sqrt{27}\times2\sqrt{3}=3\sqrt{3}\times2\sqrt{3}=6\times(\sqrt{3})^2=18$

5-2 $\sqrt{3}\times\sqrt{15}=\sqrt{3}\times\sqrt{3\times5}=\sqrt{3^2\times5}=3\sqrt{5}$

6-1 $\sqrt{6}\times\sqrt{10}=\sqrt{2\times3}\times\sqrt{2\times5}=\sqrt{2^2\times3\times5}=2\sqrt{15}$

6-2 $\sqrt{7}\times\sqrt{21}=\sqrt{7}\times\sqrt{3\times7}=\sqrt{3\times7^2}=7\sqrt{3}$

7-1 $\sqrt{10}\times\sqrt{35}=\sqrt{2\times5}\times\sqrt{5\times7}=\sqrt{2\times5^2\times7}=5\sqrt{14}$

7-2 $\sqrt{33}\times\sqrt{11}=\sqrt{3\times11}\times\sqrt{11}=\sqrt{3\times11^2}=11\sqrt{3}$

8-1 $(-\sqrt{48})\times\sqrt{72}=(-4\sqrt{3})\times6\sqrt{2}=-24\sqrt{6}$

8-2 $\sqrt{12}\times\sqrt{75}=2\sqrt{3}\times5\sqrt{3}=30$

9-1 $(-\sqrt{21})\times(-\sqrt{63})=(-\sqrt{3\times7})\times(-\sqrt{3^2\times7})$
$=\sqrt{3^2\times7^2\times3}=\sqrt{21^2\times3}=21\sqrt{3}$

9-2 $\sqrt{125}\times\sqrt{50}=5\sqrt{5}\times5\sqrt{2}=25\sqrt{10}$

STEP 2

기본연산 집중연습 | 01~06 p. 56 ~ p. 57

1-1	○	1-2	×
1-3	○	1-4	×
1-5	○	1-6	×
1-7	×	1-8	○
2-1	$>$	2-2	$<$
2-3	$<$	2-4	$<$
2-5	$<$	2-6	$<$
2-7	$>$	2-8	$>$
3-1	$10\sqrt{6}$	3-2	$12\sqrt{5}$
3-3	$36\sqrt{2}$	3-4	$-10\sqrt{6}$
3-5	10	3-6	$-5\sqrt{21}$
3-7	$-\sqrt{2}$	3-8	$-2\sqrt{3}$
3-9	$14\sqrt{3}$	3-10	$56\sqrt{3}$
3-11	$12\sqrt{2}$	3-12	$36\sqrt{6}$

1-2 $-5\sqrt{3}=-\sqrt{5^2\times3}=-\sqrt{75}$

1-4 $\sqrt{44}=\sqrt{2^2\times11}=2\sqrt{11}$

1-6 $-\sqrt{162}=-\sqrt{2\times3^4}=-\sqrt{2\times9^2}=-9\sqrt{2}$

1-7 $-\sqrt{80}=-\sqrt{2^4\times5}=-\sqrt{4^2\times5}=-4\sqrt{5}$

2-1 $3=\sqrt{3^2}=\sqrt{9}$, $2\sqrt{2}=\sqrt{2^2\times2}=\sqrt{8}$이므로 $3>2\sqrt{2}$

2-2 $3\sqrt{2}=\sqrt{3^2\times2}=\sqrt{18}$이므로 $\sqrt{15}<3\sqrt{2}$

2-3 $-2\sqrt{2}=-\sqrt{2^2\times2}=-\sqrt{8}$이므로 $-2\sqrt{2}<-\sqrt{7}$

2-4 $5\sqrt{3}=\sqrt{5^2\times3}=\sqrt{75}$, $4\sqrt{5}=\sqrt{4^2\times5}=\sqrt{80}$이므로
$5\sqrt{3}<4\sqrt{5}$

2-5 $-5=-\sqrt{5^2}=-\sqrt{25}$, $-2\sqrt{6}=-\sqrt{2^2\times6}=-\sqrt{24}$이므로
$-5<-2\sqrt{6}$

2-6 $4\sqrt{3}=\sqrt{4^2\times3}=\sqrt{48}$, $7=\sqrt{7^2}=\sqrt{49}$이므로 $4\sqrt{3}<7$

2-7 $-2\sqrt{3}=-\sqrt{2^2\times3}=-\sqrt{12}$, $-3\sqrt{2}=-\sqrt{3^2\times2}=-\sqrt{18}$
이므로 $-2\sqrt{3}>-3\sqrt{2}$

2-8 $3\sqrt{6}=\sqrt{3^2\times6}=\sqrt{54}$, $5\sqrt{2}=\sqrt{5^2\times2}=\sqrt{50}$이므로
$3\sqrt{6}>5\sqrt{2}$

3-1 $5\sqrt{\frac{15}{7}}\times2\sqrt{\frac{14}{5}}=(5\times2)\times\sqrt{\frac{15}{7}\times\frac{14}{5}}=10\sqrt{6}$

3-2 $6\sqrt{\frac{15}{2}}\times\sqrt{\frac{8}{3}}=6\times\sqrt{\frac{15}{2}\times\frac{8}{3}}=6\times\sqrt{20}$
$=6\times2\sqrt{5}=12\sqrt{5}$

3-3 $6\sqrt{3}\times2\sqrt{6}=12\sqrt{18}=12\times3\sqrt{2}=36\sqrt{2}$

3-4 $(-2\sqrt{2})\times5\sqrt{3}=-10\sqrt{6}$

3-5 $\sqrt{2}\times\sqrt{50}=\sqrt{2}\times5\sqrt{2}=10$

3-6 $(-\sqrt{15})\times\sqrt{35}=(-\sqrt{3\times5})\times\sqrt{5\times7}$
$=-\sqrt{3\times5^2\times7}=-5\sqrt{21}$

3-7 $\sqrt{\frac{10}{3}}\times\left(-\sqrt{\frac{3}{5}}\right)=-\sqrt{\frac{10}{3}\times\frac{3}{5}}=-\sqrt{2}$

3-8 $\left(-\sqrt{\frac{2}{5}}\right)\times\sqrt{30}=-\sqrt{\frac{2}{5}\times30}=-\sqrt{12}=-2\sqrt{3}$

3-9 $\sqrt{14}\times\sqrt{42}=\sqrt{2\times7}\times\sqrt{2\times3\times7}=\sqrt{2^2\times7^2\times3}=14\sqrt{3}$

3-10 $4\sqrt{7}\times2\sqrt{21}=4\sqrt{7}\times2\sqrt{3\times7}=8\sqrt{3\times7^2}=56\sqrt{3}$

3-11 $\sqrt{12}\times\sqrt{24}=2\sqrt{3}\times2\sqrt{6}=4\sqrt{18}=4\times3\sqrt{2}=12\sqrt{2}$

3-12 $\sqrt{72}\times\sqrt{108}=6\sqrt{2}\times6\sqrt{3}=36\sqrt{6}$

STEP 1

07 제곱근의 나눗셈 (1)

p. 58

1-1	$5, \sqrt{2}$	**1-2**	$\sqrt{3}$
2-1	2	**2-2**	$2\sqrt{2}$
3-1	$\sqrt{5}$	**3-2**	-3
4-1	$\frac{9}{2}, \sqrt{6}$	**4-2**	$2\sqrt{3}$
5-1	4	**5-2**	-3

1-2 $\sqrt{12}\div\sqrt{4}=\frac{\sqrt{12}}{\sqrt{4}}=\sqrt{\frac{12}{4}}=\sqrt{3}$

2-1 $\sqrt{24}\div\sqrt{6}=\frac{\sqrt{24}}{\sqrt{6}}=\sqrt{\frac{24}{6}}=\sqrt{4}=2$

2-2 $\sqrt{48}\div\sqrt{6}=\frac{\sqrt{48}}{\sqrt{6}}=\sqrt{\frac{48}{6}}=\sqrt{8}=2\sqrt{2}$

3-1 $\frac{\sqrt{45}}{\sqrt{9}}=\sqrt{\frac{45}{9}}=\sqrt{5}$

3-2 $-\frac{\sqrt{63}}{\sqrt{7}}=-\sqrt{\frac{63}{7}}=-\sqrt{9}=-3$

4-2 $\sqrt{\frac{9}{5}}\div\sqrt{\frac{3}{20}}=\sqrt{\frac{9}{5}\div\frac{3}{20}}=\sqrt{\frac{9}{5}\times\frac{20}{3}}$
$=\sqrt{12}=2\sqrt{3}$

5-1 $\sqrt{30}\div\frac{\sqrt{15}}{\sqrt{8}}=\sqrt{30\div\frac{15}{8}}=\sqrt{30\times\frac{8}{15}}=\sqrt{16}=4$

5-2 $(-\sqrt{39})\div\sqrt{\frac{13}{3}}=-\sqrt{39\div\frac{13}{3}}$

$=-\sqrt{39\times\frac{3}{13}}$

$=-\sqrt{9}=-3$

08 제곱근의 나눗셈 (2)

p. 59

1-1 $2, 4\sqrt{2}$ **1-2** $5\sqrt{2}$

2-1 $4\sqrt{2}$ **2-2** $5\sqrt{7}$

3-1 $\frac{2}{3}\sqrt{2}$ **3-2** $2\sqrt{17}$

4-1 $-2\sqrt{6}$ **4-2** $-12\sqrt{5}$

5-1 $-2\sqrt{2}$ **5-2** $3\sqrt{3}$

1-2 $15\sqrt{12}\div3\sqrt{6}=\frac{15\sqrt{12}}{3\sqrt{6}}=\frac{15}{3}\sqrt{\frac{12}{6}}=5\sqrt{2}$

2-1 $4\sqrt{14}\div\sqrt{7}=\frac{4\sqrt{14}}{\sqrt{7}}=4\sqrt{\frac{14}{7}}=4\sqrt{2}$

2-2 $5\sqrt{21}\div\sqrt{3}=\frac{5\sqrt{21}}{\sqrt{3}}=5\sqrt{\frac{21}{3}}=5\sqrt{7}$

3-1 $2\sqrt{12}\div3\sqrt{6}=\frac{2\sqrt{12}}{3\sqrt{6}}=\frac{2}{3}\sqrt{\frac{12}{6}}=\frac{2}{3}\sqrt{2}$

3-2 $8\sqrt{34}\div4\sqrt{2}=\frac{8\sqrt{34}}{4\sqrt{2}}=\frac{8}{4}\sqrt{\frac{34}{2}}=2\sqrt{17}$

4-1 $(-4\sqrt{30})\div2\sqrt{5}=-\frac{4\sqrt{30}}{2\sqrt{5}}=-\frac{4}{2}\sqrt{\frac{30}{5}}=-2\sqrt{6}$

4-2 $12\sqrt{10}\div(-\sqrt{2})=-12\sqrt{\frac{10}{2}}=-12\sqrt{5}$

5-1 $10\sqrt{6}\div(-5\sqrt{3})=-\frac{10\sqrt{6}}{5\sqrt{3}}=-2\sqrt{2}$

5-2 $(-9\sqrt{15})\div(-3\sqrt{5})=\frac{9\sqrt{15}}{3\sqrt{5}}=\frac{9}{3}\sqrt{\frac{15}{5}}=3\sqrt{3}$

09 근호가 있는 식의 변형 : 나눗셈식 (1)

p. 60

1-1 3, 9 **1-2** $\sqrt{\frac{13}{4}}$

2-1 $\sqrt{\frac{6}{25}}$ **2-2** $\sqrt{\frac{7}{9}}$

3-1 $-\sqrt{\frac{91}{81}}$ **3-2** $-\sqrt{\frac{15}{16}}$

4-1 5, 25 **4-2** $\sqrt{\frac{44}{9}}$

5-1 $\sqrt{\frac{27}{4}}$ **5-2** $\sqrt{\frac{12}{49}}$

1-2 $\frac{\sqrt{13}}{2}=\frac{\sqrt{13}}{\sqrt{2^2}}=\sqrt{\frac{13}{2^2}}=\sqrt{\frac{13}{4}}$

2-1 $\frac{\sqrt{6}}{5}=\frac{\sqrt{6}}{\sqrt{5^2}}=\sqrt{\frac{6}{5^2}}=\sqrt{\frac{6}{25}}$

2-2 $\frac{\sqrt{7}}{3}=\frac{\sqrt{7}}{\sqrt{3^2}}=\sqrt{\frac{7}{3^2}}=\sqrt{\frac{7}{9}}$

3-1 $-\frac{\sqrt{91}}{9}=-\frac{\sqrt{91}}{\sqrt{9^2}}=-\sqrt{\frac{91}{9^2}}=-\sqrt{\frac{91}{81}}$

3-2 $-\frac{\sqrt{15}}{4}=-\frac{\sqrt{15}}{\sqrt{4^2}}=-\sqrt{\frac{15}{4^2}}=-\sqrt{\frac{15}{16}}$

4-2 $\frac{2\sqrt{11}}{3}=\sqrt{\frac{2^2\times11}{3^2}}=\sqrt{\frac{44}{9}}$

5-1 $\frac{3\sqrt{3}}{2}=\sqrt{\frac{3^2\times3}{2^2}}=\sqrt{\frac{27}{4}}$

5-2 $\frac{2\sqrt{3}}{7}=\sqrt{\frac{2^2\times3}{7^2}}=\sqrt{\frac{12}{49}}$

10 근호가 있는 식의 변형 : 나눗셈식 (2)

p. 61

1-1 5, 5, 5 **1-2** $\frac{\sqrt{21}}{2}$

2-1 $\frac{\sqrt{11}}{6}$ **2-2** $\frac{\sqrt{7}}{10}$

3-1 10, 10 **3-2** $\frac{\sqrt{11}}{10}$

4-1 $\frac{3\sqrt{2}}{10}$ **4-2** $\frac{3\sqrt{3}}{10}$

5-1 10 **5-2** $\frac{\sqrt{5}}{5}$

1-2 $\sqrt{\frac{21}{4}}=\sqrt{\frac{21}{2^2}}=\frac{\sqrt{21}}{\sqrt{2^2}}=\frac{\sqrt{21}}{2}$

2-1 $\sqrt{\frac{11}{36}}=\sqrt{\frac{11}{6^2}}=\frac{\sqrt{11}}{\sqrt{6^2}}=\frac{\sqrt{11}}{6}$

2-2 $\sqrt{\frac{7}{100}}=\sqrt{\frac{7}{10^2}}=\frac{\sqrt{7}}{\sqrt{10^2}}=\frac{\sqrt{7}}{10}$

3-2 $\sqrt{0.11}=\sqrt{\frac{11}{100}}=\sqrt{\frac{11}{10^2}}=\frac{\sqrt{11}}{10}$

4-1 $\sqrt{0.18}=\sqrt{\frac{18}{100}}=\sqrt{\frac{18}{10^2}}=\frac{\sqrt{18}}{10}=\frac{3\sqrt{2}}{10}$

4-2 $\sqrt{0.27}=\sqrt{\frac{27}{100}}=\sqrt{\frac{27}{10^2}}=\frac{\sqrt{27}}{10}=\frac{3\sqrt{3}}{10}$

5-2 $\sqrt{0.2}=\sqrt{\frac{20}{100}}=\sqrt{\frac{20}{10^2}}=\frac{\sqrt{20}}{10}=\frac{2\sqrt{5}}{10}=\frac{\sqrt{5}}{5}$

11 제곱근표에 없는 제곱근의 값 구하기 p. 62 ~ p. 63

1-1	100, 10, 10, 17.32	**1-2**	100, 10, 10, 54.77
2-1	3, 3, 1.732, 173.2	**2-2**	100, 10, 10, 0.1732
3-1	30, 30, 5.477, 0.5477	**3-2**	3, 3, 1.732, 0.01732
4-1	14.14	**4-2**	44.72
5-1	141.4	**5-2**	0.4472
6-1	0.1414	**6-2**	0.04472
7-1	27.44	**7-2**	86.78
8-1	274.4	**8-2**	867.8
9-1	0.8678	**9-2**	0.2744

4-1 $\sqrt{200}=\sqrt{2\times100}=10\sqrt{2}=10\times1.414=14.14$

4-2 $\sqrt{2000}=\sqrt{20\times100}=10\sqrt{20}=10\times4.472=44.72$

5-1 $\sqrt{20000}=\sqrt{2\times10000}=100\sqrt{2}=100\times1.414=141.4$

5-2 $\sqrt{0.2}=\sqrt{\frac{20}{100}}=\frac{\sqrt{20}}{10}=\frac{4.472}{10}=0.4472$

6-1 $\sqrt{0.02}=\sqrt{\frac{2}{100}}=\frac{\sqrt{2}}{10}=\frac{1.414}{10}=0.1414$

6-2 $\sqrt{0.002}=\sqrt{\frac{20}{10000}}=\frac{\sqrt{20}}{100}=\frac{4.472}{100}=0.04472$

7-1 $\sqrt{753}=\sqrt{7.53\times100}=10\sqrt{7.53}=10\times2.744=27.44$

7-2 $\sqrt{7530}=\sqrt{75.3\times100}=10\sqrt{75.3}=10\times8.678=86.78$

8-1 $\sqrt{75300}=\sqrt{7.53\times10000}=100\sqrt{7.53}$
$=100\times2.744=274.4$

8-2 $\sqrt{753000}=\sqrt{75.3\times10000}=100\sqrt{75.3}$
$=100\times8.678=867.8$

9-1 $\sqrt{0.753}=\sqrt{\frac{75.3}{100}}=\frac{\sqrt{75.3}}{10}=\frac{8.678}{10}=0.8678$

9-2 $\sqrt{0.0753}=\sqrt{\frac{7.53}{100}}=\frac{\sqrt{7.53}}{10}=\frac{2.744}{10}=0.2744$

STEP 2

기본연산 집중연습 | 07~11 p. 64 ~ p. 65

1-1	○	**1-2**	×
1-3	○	**1-4**	○
1-5	○	**1-6**	○
1-7	×	**1-8**	×
2-1	24.49	**2-2**	77.46
2-3	244.9	**2-4**	0.7746
2-5	0.2449	**2-6**	0.07746
3-1	$4\sqrt{2}$	**3-2**	$2\sqrt{5}$
3-3	$-2\sqrt{6}$	**3-4**	$2\sqrt{6}$
3-5	-10	**3-6**	-6
3-7	$2\sqrt{7}$	**3-8**	$\sqrt{14}$
3-9	-1	**3-10**	7

후다닥

1-2 $-\frac{\sqrt{3}}{2}=-\sqrt{\frac{3}{2^2}}=-\sqrt{\frac{3}{4}}$

1-7 $\sqrt{\frac{15}{20}}=\sqrt{\frac{3}{4}}=\sqrt{\frac{3}{2^2}}=\frac{\sqrt{3}}{2}$

1-8 $\sqrt{0.07}=\sqrt{\frac{7}{100}}=\frac{\sqrt{7}}{10}$

2-1 $\sqrt{600}=\sqrt{6\times100}=10\sqrt{6}=10\times2.449=24.49$

2-2 $\sqrt{6000}=\sqrt{60\times100}=10\sqrt{60}=10\times7.746=77.46$

2-3 $\sqrt{60000}=\sqrt{6\times10000}=100\sqrt{6}=100\times2.449=244.9$

2-4 $\sqrt{0.6}=\sqrt{\frac{60}{100}}=\frac{\sqrt{60}}{10}=\frac{7.746}{10}=0.7746$

2-5 $\sqrt{0.06}=\sqrt{\frac{6}{100}}=\frac{\sqrt{6}}{10}=\frac{2.449}{10}=0.2449$

2-6 $\sqrt{0.006}=\sqrt{\frac{60}{10000}}=\frac{\sqrt{60}}{100}=\frac{7.746}{100}=0.07746$

3-1 $8\sqrt{6}\div2\sqrt{3}=\frac{8\sqrt{6}}{2\sqrt{3}}=\frac{8}{2}\sqrt{\frac{6}{3}}=4\sqrt{2}$

3-2 $10\sqrt{15}\div5\sqrt{3}=\frac{10\sqrt{15}}{5\sqrt{3}}=\frac{10}{5}\sqrt{\frac{15}{3}}=2\sqrt{5}$

3-3 $6\sqrt{18}\div(-3\sqrt{3})=-\frac{6\sqrt{18}}{3\sqrt{3}}=-\frac{6}{3}\sqrt{\frac{18}{3}}=-2\sqrt{6}$

3-4 $4\sqrt{30}\div2\sqrt{5}=\frac{4\sqrt{30}}{2\sqrt{5}}=\frac{4}{2}\sqrt{\frac{30}{5}}=2\sqrt{6}$

3-5 $(-10\sqrt{20})\div2\sqrt{5}=-\frac{10\sqrt{20}}{2\sqrt{5}}=-\frac{10}{2}\sqrt{\frac{20}{5}}$

$=-5\sqrt{4}=-10$

3-6 $6\sqrt{28}\div(-2\sqrt{7})=-\frac{6\sqrt{28}}{2\sqrt{7}}=-\frac{6}{2}\sqrt{\frac{28}{7}}=-3\sqrt{4}=-6$

3-7 $\sqrt{10}\div\frac{\sqrt{5}}{\sqrt{14}}=\sqrt{10\div\frac{5}{14}}=\sqrt{10\times\frac{14}{5}}=\sqrt{28}=2\sqrt{7}$

3-8 $\frac{\sqrt{21}}{\sqrt{5}}\div\frac{\sqrt{3}}{\sqrt{10}}=\sqrt{\frac{21}{5}\div\frac{3}{10}}=\sqrt{\frac{21}{5}\times\frac{10}{3}}=\sqrt{14}$

3-9 $\sqrt{98}\div(-7\sqrt{2})=-\frac{\sqrt{98}}{7\sqrt{2}}=-\frac{1}{7}\sqrt{\frac{98}{2}}=-\frac{1}{7}\sqrt{49}$

$=-\frac{1}{7}\times7=-1$

3-10 $7\sqrt{108}\div6\sqrt{3}=\frac{7\sqrt{108}}{6\sqrt{3}}=\frac{7}{6}\sqrt{\frac{108}{3}}=\frac{7}{6}\sqrt{36}$

$=\frac{7}{6}\times6=7$

STEP 1

12 분모의 유리화 (1)

p. 66 ~ p. 67

1-1	2, 2, 2, 2	**1-2**	$\frac{\sqrt{3}}{3}$	**1-3**	$\frac{\sqrt{5}}{5}$
2-1	$\frac{\sqrt{6}}{6}$	**2-2**	$\frac{\sqrt{7}}{7}$	**2-3**	$\frac{\sqrt{10}}{10}$
3-1	2, 2, 2, 2	**3-2**	$\frac{6\sqrt{5}}{5}$	**3-3**	$\frac{2\sqrt{7}}{7}$
4-1	$\sqrt{5}$	**4-2**	$\frac{\sqrt{6}}{3}$	**4-3**	$\frac{\sqrt{15}}{5}$
5-1	5, 10, 5	**5-2**	$\frac{\sqrt{15}}{5}$	**5-3**	$\frac{\sqrt{35}}{7}$
6-1	$\frac{\sqrt{30}}{10}$	**6-2**	$\frac{\sqrt{65}}{13}$	**6-3**	$\frac{\sqrt{105}}{15}$
7-1	$\frac{\sqrt{21}}{7}$	**7-2**	$\frac{\sqrt{22}}{11}$	**7-3**	$\frac{\sqrt{70}}{14}$
8-1	2, $\frac{3\sqrt{2}}{4}$	**8-2**	$\frac{\sqrt{3}}{15}$	**8-3**	$\frac{2\sqrt{5}}{3}$
9-1	$\frac{\sqrt{30}}{24}$	**9-2**	$\frac{\sqrt{33}}{88}$	**9-3**	$\frac{3\sqrt{10}}{10}$

1-2 $\frac{1}{\sqrt{3}}=\frac{1\times\sqrt{3}}{\sqrt{3}\times\sqrt{3}}=\frac{\sqrt{3}}{3}$

1-3 $\frac{1}{\sqrt{5}}=\frac{1\times\sqrt{5}}{\sqrt{5}\times\sqrt{5}}=\frac{\sqrt{5}}{5}$

2-1 $\frac{1}{\sqrt{6}}=\frac{1\times\sqrt{6}}{\sqrt{6}\times\sqrt{6}}=\frac{\sqrt{6}}{6}$

2-2 $\frac{1}{\sqrt{7}}=\frac{1\times\sqrt{7}}{\sqrt{7}\times\sqrt{7}}=\frac{\sqrt{7}}{7}$

2-3 $\frac{1}{\sqrt{10}}=\frac{1\times\sqrt{10}}{\sqrt{10}\times\sqrt{10}}=\frac{\sqrt{10}}{10}$

3-2 $\frac{6}{\sqrt{5}}=\frac{6\times\sqrt{5}}{\sqrt{5}\times\sqrt{5}}=\frac{6\sqrt{5}}{5}$

3-3 $\frac{2}{\sqrt{7}}=\frac{2\times\sqrt{7}}{\sqrt{7}\times\sqrt{7}}=\frac{2\sqrt{7}}{7}$

4-1 $\frac{5}{\sqrt{5}}=\frac{5\times\sqrt{5}}{\sqrt{5}\times\sqrt{5}}=\frac{5\sqrt{5}}{5}=\sqrt{5}$

4-2 $\frac{2}{\sqrt{6}}=\frac{2\times\sqrt{6}}{\sqrt{6}\times\sqrt{6}}=\frac{2\sqrt{6}}{6}=\frac{\sqrt{6}}{3}$

4-3 $\frac{3}{\sqrt{15}}=\frac{3\sqrt{15}}{\sqrt{15}\times\sqrt{15}}=\frac{3\sqrt{15}}{15}=\frac{\sqrt{15}}{5}$

5-2 $\frac{\sqrt{3}}{\sqrt{5}}=\frac{\sqrt{3}\times\sqrt{5}}{\sqrt{5}\times\sqrt{5}}=\frac{\sqrt{15}}{5}$

5-3 $\frac{\sqrt{5}}{\sqrt{7}}=\frac{\sqrt{5}\times\sqrt{7}}{\sqrt{7}\times\sqrt{7}}=\frac{\sqrt{35}}{7}$

6-1 $\frac{\sqrt{3}}{\sqrt{10}}=\frac{\sqrt{3}\times\sqrt{10}}{\sqrt{10}\times\sqrt{10}}=\frac{\sqrt{30}}{10}$

6-2 $\frac{\sqrt{5}}{\sqrt{13}}=\frac{\sqrt{5}\times\sqrt{13}}{\sqrt{13}\times\sqrt{13}}=\frac{\sqrt{65}}{13}$

6-3 $\frac{\sqrt{7}}{\sqrt{15}}=\frac{\sqrt{7}\times\sqrt{15}}{\sqrt{15}\times\sqrt{15}}=\frac{\sqrt{105}}{15}$

7-1 $\sqrt{\frac{3}{7}}=\frac{\sqrt{3}}{\sqrt{7}}=\frac{\sqrt{3}\times\sqrt{7}}{\sqrt{7}\times\sqrt{7}}=\frac{\sqrt{21}}{7}$

7-2 $\sqrt{\frac{2}{11}}=\frac{\sqrt{2}}{\sqrt{11}}=\frac{\sqrt{2}\times\sqrt{11}}{\sqrt{11}\times\sqrt{11}}=\frac{\sqrt{22}}{11}$

7-3 $\sqrt{\frac{5}{14}}=\frac{\sqrt{5}}{\sqrt{14}}=\frac{\sqrt{5}\times\sqrt{14}}{\sqrt{14}\times\sqrt{14}}=\frac{\sqrt{70}}{14}$

8-2 $\frac{1}{5\sqrt{3}}=\frac{\sqrt{3}}{5\sqrt{3}\times\sqrt{3}}=\frac{\sqrt{3}}{15}$

8-3 $\frac{10}{3\sqrt{5}}=\frac{10\times\sqrt{5}}{3\sqrt{5}\times\sqrt{5}}=\frac{10\sqrt{5}}{15}=\frac{2\sqrt{5}}{3}$

9-1 $\frac{\sqrt{5}}{4\sqrt{6}}=\frac{\sqrt{5}\times\sqrt{6}}{4\sqrt{6}\times\sqrt{6}}=\frac{\sqrt{30}}{24}$

9-2 $\frac{\sqrt{3}}{8\sqrt{11}}=\frac{\sqrt{3}\times\sqrt{11}}{8\sqrt{11}\times\sqrt{11}}=\frac{\sqrt{33}}{88}$

9-3 $\frac{3\sqrt{2}}{2\sqrt{5}}=\frac{3\sqrt{2}\times\sqrt{5}}{2\sqrt{5}\times\sqrt{5}}=\frac{3\sqrt{10}}{10}$

13 분모의 유리화 (2)

p. 68

1-1 $2, 2, \frac{\sqrt{2}}{2}$ **1-2** $\frac{3\sqrt{2}}{2}$ **1-3** $\frac{\sqrt{5}}{5}$

2-1 $\frac{5\sqrt{3}}{9}$ **2-2** $\frac{3\sqrt{2}}{8}$ **2-3** $\frac{2\sqrt{5}}{3}$

3-1 $2, 3, 6, \frac{\sqrt{30}}{12}$ **3-2** $\frac{\sqrt{21}}{14}$ **3-3** $\frac{\sqrt{14}}{10}$

4-1 $\frac{\sqrt{21}}{3}$ **4-2** $\frac{\sqrt{30}}{3}$ **4-3** $\frac{\sqrt{30}}{10}$

1-2 $\frac{9}{\sqrt{18}}=\frac{9}{3\sqrt{2}}=\frac{3}{\sqrt{2}}=\frac{3\times\sqrt{2}}{\sqrt{2}\times\sqrt{2}}=\frac{3\sqrt{2}}{2}$

1-3 $\frac{2}{\sqrt{20}}=\frac{2}{2\sqrt{5}}=\frac{2\times\sqrt{5}}{2\sqrt{5}\times\sqrt{5}}=\frac{\sqrt{5}}{5}$

2-1 $\frac{5}{\sqrt{27}}=\frac{5}{3\sqrt{3}}=\frac{5\times\sqrt{3}}{3\sqrt{3}\times\sqrt{3}}=\frac{5\sqrt{3}}{9}$

2-2 $\frac{3}{\sqrt{32}}=\frac{3}{4\sqrt{2}}=\frac{3\times\sqrt{2}}{4\sqrt{2}\times\sqrt{2}}=\frac{3\sqrt{2}}{8}$

2-3 $\frac{10}{\sqrt{45}}=\frac{10}{3\sqrt{5}}=\frac{10\times\sqrt{5}}{3\sqrt{5}\times\sqrt{5}}=\frac{10\sqrt{5}}{15}=\frac{2\sqrt{5}}{3}$

3-2 $\frac{\sqrt{3}}{\sqrt{28}}=\frac{\sqrt{3}}{2\sqrt{7}}=\frac{\sqrt{3}\times\sqrt{7}}{2\sqrt{7}\times\sqrt{7}}=\frac{\sqrt{21}}{14}$

3-3 $\frac{\sqrt{7}}{\sqrt{50}}=\frac{\sqrt{7}}{5\sqrt{2}}=\frac{\sqrt{7}\times\sqrt{2}}{5\sqrt{2}\times\sqrt{2}}=\frac{\sqrt{14}}{10}$

4-1 $\frac{4\sqrt{7}}{\sqrt{48}}=\frac{4\sqrt{7}}{4\sqrt{3}}=\frac{\sqrt{7}}{\sqrt{3}}=\frac{\sqrt{7}\times\sqrt{3}}{\sqrt{3}\times\sqrt{3}}=\frac{\sqrt{21}}{3}$

4-2 $\frac{6\sqrt{5}}{\sqrt{54}}=\frac{6\sqrt{5}}{3\sqrt{6}}=\frac{2\sqrt{5}}{\sqrt{6}}=\frac{2\sqrt{5}\times\sqrt{6}}{\sqrt{6}\times\sqrt{6}}=\frac{2\sqrt{30}}{6}=\frac{\sqrt{30}}{3}$

4-3 $\frac{3\sqrt{3}}{\sqrt{90}}=\frac{3\sqrt{3}}{3\sqrt{10}}=\frac{\sqrt{3}}{\sqrt{10}}=\frac{\sqrt{3}\times\sqrt{10}}{\sqrt{10}\times\sqrt{10}}=\frac{\sqrt{30}}{10}$

14 제곱근의 곱셈과 나눗셈

p. 69

1-1 $\sqrt{5}, \frac{\sqrt{10}}{5}$ **1-2** $\frac{2\sqrt{3}}{3}$

2-1 $\frac{2\sqrt{6}}{3}$ **2-2** $\frac{24\sqrt{10}}{5}$

3-1 $2, \sqrt{2}$ **3-2** $\frac{\sqrt{6}}{3}$

4-1 $\frac{2\sqrt{10}}{5}$ **4-2** $\frac{\sqrt{10}}{40}$

1-2 $\sqrt{\frac{1}{6}}\times\sqrt{8}=\sqrt{\frac{1}{6}\times8}=\sqrt{\frac{4}{3}}=\frac{2}{\sqrt{3}}=\frac{2\times\sqrt{3}}{\sqrt{3}\times\sqrt{3}}=\frac{2\sqrt{3}}{3}$

2-1 $6\sqrt{\frac{1}{3}}\times\frac{2}{3}\sqrt{\frac{1}{2}}=\left(6\times\frac{2}{3}\right)\times\sqrt{\frac{1}{3}\times\frac{1}{2}}=\frac{4}{\sqrt{6}}$

$=\frac{4\times\sqrt{6}}{\sqrt{6}\times\sqrt{6}}=\frac{4\sqrt{6}}{6}=\frac{2\sqrt{6}}{3}$

2-2 $4\sqrt{12}\times3\sqrt{\frac{2}{15}}=(4\times3)\times\sqrt{12\times\frac{2}{15}}$

$=\frac{12\sqrt{8}}{\sqrt{5}}=\frac{12\times2\sqrt{2}}{\sqrt{5}}$

$=\frac{24\sqrt{2}}{\sqrt{5}}=\frac{24\sqrt{2}\times\sqrt{5}}{\sqrt{5}\times\sqrt{5}}$

$=\frac{24\sqrt{10}}{5}$

3-2 $2\sqrt{3}\div3\sqrt{2}=\frac{2\sqrt{3}}{3\sqrt{2}}=\frac{2\sqrt{3}\times\sqrt{2}}{3\sqrt{2}\times\sqrt{2}}=\frac{2\sqrt{6}}{6}=\frac{\sqrt{6}}{3}$

4-1 $\sqrt{3}\div\frac{\sqrt{15}}{\sqrt{8}}=\sqrt{3}\times\frac{2\sqrt{2}}{\sqrt{15}}=\frac{2\sqrt{2}}{\sqrt{5}}=\frac{2\sqrt{2}\times\sqrt{5}}{\sqrt{5}\times\sqrt{5}}=\frac{2\sqrt{10}}{5}$

4-2 $\frac{\sqrt{6}}{4\sqrt{5}}\div2\sqrt{3}=\frac{\sqrt{6}}{4\sqrt{5}}\times\frac{1}{2\sqrt{3}}=\frac{\sqrt{2}}{8\sqrt{5}}=\frac{\sqrt{2}\times\sqrt{5}}{8\sqrt{5}\times\sqrt{5}}=\frac{\sqrt{10}}{40}$

15 제곱근의 곱셈과 나눗셈의 혼합 계산 p. 70 ~ p. 71

1-1	$\sqrt{14}$	**1-2**	2
2-1	10	**2-2**	$\sqrt{14}$
3-1	6, 6, 21, 3	**3-2**	2
4-1	$6\sqrt{10}$	**4-2**	$\frac{\sqrt{42}}{2}$
5-1	$3, 2\sqrt{3}$	**5-2**	$\frac{\sqrt{5}}{5}$
6-1	$\frac{3}{5}$	**6-2**	$\sqrt{3}$
7-1	$\frac{\sqrt{6}}{12}$	**7-2**	$\frac{5\sqrt{2}}{3}$
8-1	$2\sqrt{2}$	**8-2**	$\frac{\sqrt{21}}{7}$
9-1	3	**9-2**	$3\sqrt{5}$
10-1	24	**10-2**	$3\sqrt{10}$

1-2 $\sqrt{2}\div\sqrt{3}\times\sqrt{6}=\sqrt{2}\times\frac{1}{\sqrt{3}}\times\sqrt{6}=\sqrt{2\times\frac{1}{3}\times6}=2$

2-1 $5\sqrt{2}\times\sqrt{10}\div\sqrt{5}=5\sqrt{2}\times\sqrt{10}\times\frac{1}{\sqrt{5}}$

$=5\times\sqrt{2\times10\times\frac{1}{5}}$

$=5\times2=10$

2-2 $2\sqrt{5}\div\sqrt{10}\times\sqrt{7}=2\sqrt{5}\times\frac{1}{\sqrt{10}}\times\sqrt{7}$

$=2\times\sqrt{5\times\frac{1}{10}\times7}$

$=\frac{2\sqrt{7}}{\sqrt{2}}=\frac{2\sqrt{7}\times\sqrt{2}}{\sqrt{2}\times\sqrt{2}}=\sqrt{14}$

3-2 $\sqrt{56}\div2\sqrt{7}\times\sqrt{2}=2\sqrt{14}\times\frac{1}{2\sqrt{7}}\times\sqrt{2}$

$=\left(2\times\frac{1}{2}\right)\times\sqrt{14\times\frac{1}{7}\times2}=2$

4-1 $\sqrt{27}\div\sqrt{6}\times4\sqrt{5}=3\sqrt{3}\times\frac{1}{\sqrt{6}}\times4\sqrt{5}$

$=(3\times4)\times\sqrt{3\times\frac{1}{6}\times5}$

$=\frac{12\sqrt{5}}{\sqrt{2}}=\frac{12\sqrt{5}\times\sqrt{2}}{\sqrt{2}\times\sqrt{2}}=6\sqrt{10}$

4-2 $\sqrt{63}\times\sqrt{3}\div3\sqrt{2}=3\sqrt{7}\times\sqrt{3}\times\frac{1}{3\sqrt{2}}$

$=\left(3\times\frac{1}{3}\right)\times\sqrt{7\times3\times\frac{1}{2}}$

$=\frac{\sqrt{21}}{\sqrt{2}}=\frac{\sqrt{21}\times\sqrt{2}}{\sqrt{2}\times\sqrt{2}}=\frac{\sqrt{42}}{2}$

5-2 $\frac{3}{\sqrt{5}}\times\frac{\sqrt{2}}{\sqrt{3}}\div\sqrt{6}=\frac{3}{\sqrt{5}}\times\frac{\sqrt{2}}{\sqrt{3}}\times\frac{1}{\sqrt{6}}$

$=\frac{3}{3\sqrt{5}}=\frac{1}{\sqrt{5}}=\frac{\sqrt{5}}{\sqrt{5}\times\sqrt{5}}=\frac{\sqrt{5}}{5}$

6-1 $\frac{3}{\sqrt{10}}\times\sqrt{12}\div\sqrt{30}=\frac{3}{\sqrt{10}}\times2\sqrt{3}\times\frac{1}{\sqrt{30}}$

$=\frac{6}{10}=\frac{3}{5}$

6-2 $\frac{\sqrt{6}}{\sqrt{5}}\times\frac{2}{\sqrt{3}}\div\frac{\sqrt{8}}{\sqrt{15}}=\frac{\sqrt{6}}{\sqrt{5}}\times\frac{2}{\sqrt{3}}\times\frac{\sqrt{15}}{2\sqrt{2}}$

$=\sqrt{3}$

7-1 $\sqrt{15}\div3\sqrt{5}\times\frac{1}{2\sqrt{2}}=\sqrt{15}\times\frac{1}{3\sqrt{5}}\times\frac{1}{2\sqrt{2}}$

$=\frac{\sqrt{3}}{6\sqrt{2}}=\frac{\sqrt{3}\times\sqrt{2}}{6\sqrt{2}\times\sqrt{2}}$

$=\frac{\sqrt{6}}{12}$

7-2 $\frac{\sqrt{2}}{3}\times\frac{\sqrt{10}}{\sqrt{3}}\div\frac{\sqrt{2}}{\sqrt{15}}=\frac{\sqrt{2}}{3}\times\frac{\sqrt{10}}{\sqrt{3}}\times\frac{\sqrt{15}}{\sqrt{2}}$

$=\frac{\sqrt{50}}{3}=\frac{5\sqrt{2}}{3}$

8-1 $\frac{2}{\sqrt{3}}\times\frac{\sqrt{18}}{\sqrt{7}}\div\frac{\sqrt{6}}{\sqrt{14}}=\frac{2}{\sqrt{3}}\times\frac{3\sqrt{2}}{\sqrt{7}}\times\frac{\sqrt{14}}{\sqrt{6}}$

$=\frac{6\sqrt{2}}{3}=2\sqrt{2}$

8-2 $\frac{\sqrt{3}}{\sqrt{5}}\div\frac{\sqrt{2}}{\sqrt{3}}\times\frac{\sqrt{10}}{\sqrt{21}}=\frac{\sqrt{3}}{\sqrt{5}}\times\frac{\sqrt{3}}{\sqrt{2}}\times\frac{\sqrt{10}}{\sqrt{21}}$

$=\frac{\sqrt{3}}{\sqrt{7}}=\frac{\sqrt{3}\times\sqrt{7}}{\sqrt{7}\times\sqrt{7}}=\frac{\sqrt{21}}{7}$

9-1 $\sqrt{28}\div\frac{\sqrt{7}}{\sqrt{3}}\times\frac{\sqrt{3}}{2}=2\sqrt{7}\times\frac{\sqrt{3}}{\sqrt{7}}\times\frac{\sqrt{3}}{2}=3$

9-2 $\frac{3}{\sqrt{2}}\times\frac{5}{\sqrt{3}}\div\frac{\sqrt{5}}{\sqrt{6}}=\frac{3}{\sqrt{2}}\times\frac{5}{\sqrt{3}}\times\frac{\sqrt{6}}{\sqrt{5}}$
$=\frac{15}{\sqrt{5}}=\frac{15\times\sqrt{5}}{\sqrt{5}\times\sqrt{5}}$
$=\frac{15\sqrt{5}}{5}=3\sqrt{5}$

10-1 $3\sqrt{2}\times2\sqrt{6}\div\frac{\sqrt{3}}{2}=3\sqrt{2}\times2\sqrt{6}\times\frac{2}{\sqrt{3}}=24$

10-2 $\frac{\sqrt{15}}{\sqrt{8}}\div\frac{\sqrt{5}}{2\sqrt{2}}\times\sqrt{30}=\frac{\sqrt{15}}{2\sqrt{2}}\times\frac{2\sqrt{2}}{\sqrt{5}}\times\sqrt{30}$
$=\sqrt{90}=3\sqrt{10}$

STEP 2

기본연산 집중연습 | 12~15

p. 72 ~ p. 73

1-1	$\frac{\sqrt{13}}{13}$	**1-2**	$-\frac{\sqrt{21}}{7}$
1-3	$\frac{3\sqrt{5}}{5}$	**1-4**	$-\frac{\sqrt{21}}{7}$
1-5	$\frac{\sqrt{10}}{5}$	**1-6**	$\frac{\sqrt{91}}{13}$
1-7	$\frac{3\sqrt{3}}{5}$	**1-8**	$-\frac{2\sqrt{2}}{5}$
1-9	$\frac{2\sqrt{6}}{3}$	**1-10**	$\frac{\sqrt{5}}{4}$
1-11	$\frac{\sqrt{10}}{5}$	**1-12**	$\frac{\sqrt{6}}{3}$
2-1	$\sqrt{2}$	**2-2**	$\frac{3\sqrt{10}}{2}$
2-3	$5\sqrt{2}$	**2-4**	$2\sqrt{5}$
2-5	$\frac{4\sqrt{10}}{5}$	**2-6**	3

1-7 $\frac{9}{5\sqrt{3}}=\frac{9\times\sqrt{3}}{5\sqrt{3}\times\sqrt{3}}=\frac{9\sqrt{3}}{15}=\frac{3\sqrt{3}}{5}$

1-8 $-\frac{4}{5\sqrt{2}}=-\frac{4\times\sqrt{2}}{5\sqrt{2}\times\sqrt{2}}=-\frac{4\sqrt{2}}{10}=-\frac{2\sqrt{2}}{5}$

1-9 $\frac{12}{\sqrt{54}}=\frac{12}{3\sqrt{6}}=\frac{4}{\sqrt{6}}=\frac{4\times\sqrt{6}}{\sqrt{6}\times\sqrt{6}}=\frac{4\sqrt{6}}{6}=\frac{2\sqrt{6}}{3}$

1-10 $\frac{5}{\sqrt{80}}=\frac{5}{4\sqrt{5}}=\frac{5\times\sqrt{5}}{4\sqrt{5}\times\sqrt{5}}=\frac{5\sqrt{5}}{20}=\frac{\sqrt{5}}{4}$

1-11 $\frac{\sqrt{6}}{\sqrt{3}\times\sqrt{5}}=\frac{\sqrt{2}}{\sqrt{5}}=\frac{\sqrt{2}\times\sqrt{5}}{\sqrt{5}\times\sqrt{5}}=\frac{\sqrt{10}}{5}$

1-12 $\frac{\sqrt{14}}{\sqrt{3}\times\sqrt{7}}=\frac{\sqrt{2}}{\sqrt{3}}=\frac{\sqrt{2}\times\sqrt{3}}{\sqrt{3}\times\sqrt{3}}=\frac{\sqrt{6}}{3}$

2-1 $\sqrt{5}\div\sqrt{20}\times\sqrt{8}=\sqrt{5}\times\frac{1}{2\sqrt{5}}\times2\sqrt{2}=\sqrt{2}$

2-2 $\sqrt{15}\times\sqrt{18}\div\sqrt{12}=\sqrt{15}\times3\sqrt{2}\times\frac{1}{2\sqrt{3}}=\frac{3\sqrt{10}}{2}$

2-3 $\sqrt{75}\div\sqrt{21}\times\sqrt{14}=5\sqrt{3}\times\frac{1}{\sqrt{21}}\times\sqrt{14}=5\sqrt{2}$

2-4 $\frac{\sqrt{6}}{\sqrt{5}}\div\sqrt{2}\times\frac{10}{\sqrt{3}}=\frac{\sqrt{6}}{\sqrt{5}}\times\frac{1}{\sqrt{2}}\times\frac{10}{\sqrt{3}}=\frac{10}{\sqrt{5}}=2\sqrt{5}$

2-5 $\frac{\sqrt{3}}{\sqrt{2}}\div\frac{\sqrt{5}}{\sqrt{6}}\times\frac{8}{\sqrt{18}}=\frac{\sqrt{3}}{\sqrt{2}}\times\frac{\sqrt{6}}{\sqrt{5}}\times\frac{8}{3\sqrt{2}}$
$=\frac{8}{\sqrt{10}}=\frac{8\sqrt{10}}{10}=\frac{4\sqrt{10}}{5}$

2-6 $\frac{3\sqrt{3}}{\sqrt{2}}\times\frac{\sqrt{12}}{\sqrt{15}}\div\frac{\sqrt{6}}{\sqrt{5}}=\frac{3\sqrt{3}}{\sqrt{2}}\times\frac{2\sqrt{3}}{\sqrt{15}}\times\frac{\sqrt{5}}{\sqrt{6}}=3$

STEP 1

16 제곱근의 덧셈과 뺄셈 (1)

p. 74 ~ p. 75

1-1	$3, 10\sqrt{2}$	**1-2**	$5\sqrt{5}$
2-1	$3\sqrt{3}$	**2-2**	$6\sqrt{2}$
3-1	$9\sqrt{7}$	**3-2**	$5\sqrt{6}$
4-1	$3, -\sqrt{2}$	**4-2**	$-4\sqrt{3}$
5-1	$5\sqrt{5}$	**5-2**	$-5\sqrt{10}$
6-1	$3, \sqrt{2}$	**6-2**	$\sqrt{2}$
7-1	$\frac{\sqrt{5}}{4}$	**7-2**	$\frac{2\sqrt{7}}{3}$
8-1	$\frac{9\sqrt{5}}{5}$	**8-2**	$-\frac{\sqrt{3}}{12}$
9-1	$\sqrt{2}, 3\sqrt{2}$	**9-2**	$2\sqrt{3}$
10-1	$-3\sqrt{7}$	**10-2**	$-6\sqrt{5}$
11-1	$\frac{\sqrt{3}}{4}$	**11-2**	$\frac{25\sqrt{2}}{12}$

1-2 $3\sqrt{5}+2\sqrt{5}=(3+2)\sqrt{5}=5\sqrt{5}$

2-1 $\sqrt{3}+2\sqrt{3}=(1+2)\sqrt{3}=3\sqrt{3}$

2-2 $5\sqrt{2}+\sqrt{2}=(5+1)\sqrt{2}=6\sqrt{2}$

3-1 $4\sqrt{7}+5\sqrt{7}=(4+5)\sqrt{7}=9\sqrt{7}$

3-2 $2\sqrt{6}+3\sqrt{6}=(2+3)\sqrt{6}=5\sqrt{6}$

4-2 $\sqrt{3}-5\sqrt{3}=(1-5)\sqrt{3}=-4\sqrt{3}$

5-1 $7\sqrt{5}-2\sqrt{5}=(7-2)\sqrt{5}=5\sqrt{5}$

5-2 $-2\sqrt{10}-3\sqrt{10}=(-2-3)\sqrt{10}=-5\sqrt{10}$

6-2 $\frac{3\sqrt{2}}{2}-\frac{\sqrt{2}}{2}=\frac{2\sqrt{2}}{2}=\sqrt{2}$

7-1 $\frac{\sqrt{5}}{2}-\frac{\sqrt{5}}{4}=\frac{2\sqrt{5}}{4}-\frac{\sqrt{5}}{4}=\frac{\sqrt{5}}{4}$

7-2 $\sqrt{7}-\frac{\sqrt{7}}{3}=\frac{3\sqrt{7}}{3}-\frac{\sqrt{7}}{3}=\frac{2\sqrt{7}}{3}$

8-1 $\sqrt{5}+\frac{4\sqrt{5}}{5}=\frac{5\sqrt{5}}{5}+\frac{4\sqrt{5}}{5}=\frac{9\sqrt{5}}{5}$

8-2 $\frac{2\sqrt{3}}{3}-\frac{3\sqrt{3}}{4}=\frac{8\sqrt{3}}{12}-\frac{9\sqrt{3}}{12}=-\frac{\sqrt{3}}{12}$

9-2 $-2\sqrt{3}+7\sqrt{3}-3\sqrt{3}=(-2+7-3)\sqrt{3}=2\sqrt{3}$

10-1 $4\sqrt{7}-6\sqrt{7}-\sqrt{7}=(4-6-1)\sqrt{7}=-3\sqrt{7}$

10-2 $-\sqrt{5}-2\sqrt{5}-3\sqrt{5}=(-1-2-3)\sqrt{5}=-6\sqrt{5}$

11-1 $\frac{3\sqrt{3}}{4}-\frac{3\sqrt{3}}{2}+\sqrt{3}=\frac{3\sqrt{3}}{4}-\frac{6\sqrt{3}}{4}+\frac{4\sqrt{3}}{4}=\frac{\sqrt{3}}{4}$

11-2 $\frac{\sqrt{2}}{3}-\frac{\sqrt{2}}{4}+2\sqrt{2}=\frac{4\sqrt{2}}{12}-\frac{3\sqrt{2}}{12}+\frac{24\sqrt{2}}{12}=\frac{25\sqrt{2}}{12}$

17 제곱근의 덧셈과 뺄셈 (2)

p. 76

1-1	$2, 3, 5\sqrt{5}$	**1-2**	$6\sqrt{2}$
2-1	$\sqrt{13}$	**2-2**	$-\sqrt{3}$
3-1	$-\sqrt{3}$	**3-2**	$\sqrt{7}$
4-1	$-2\sqrt{6}$	**4-2**	$\sqrt{10}$
5-1	$-6\sqrt{2}$	**5-2**	$3\sqrt{5}$

1-2 $\sqrt{8}+\sqrt{32}=2\sqrt{2}+4\sqrt{2}=6\sqrt{2}$

2-1 $\sqrt{52}-\sqrt{13}=2\sqrt{13}-\sqrt{13}=\sqrt{13}$

2-2 $\sqrt{12}-\sqrt{27}=2\sqrt{3}-3\sqrt{3}=-\sqrt{3}$

3-1 $2\sqrt{12}-\sqrt{75}=2\times2\sqrt{3}-5\sqrt{3}=4\sqrt{3}-5\sqrt{3}=-\sqrt{3}$

3-2 $-\sqrt{63}+2\sqrt{28}=-3\sqrt{7}+2\times2\sqrt{7}=-3\sqrt{7}+4\sqrt{7}=\sqrt{7}$

4-1 $\sqrt{24}-\sqrt{6}-\sqrt{54}=2\sqrt{6}-\sqrt{6}-3\sqrt{6}=-2\sqrt{6}$

4-2 $\sqrt{40}-\sqrt{90}+2\sqrt{10}=2\sqrt{10}-3\sqrt{10}+2\sqrt{10}=\sqrt{10}$

5-1 $\sqrt{18}-\sqrt{32}-\sqrt{50}=3\sqrt{2}-4\sqrt{2}-5\sqrt{2}=-6\sqrt{2}$

5-2 $\sqrt{125}-\sqrt{80}+\sqrt{20}=5\sqrt{5}-4\sqrt{5}+2\sqrt{5}=3\sqrt{5}$

18 제곱근의 덧셈과 뺄셈 (3)

p. 77

1-1	$6, 2$	**1-2**	$-2\sqrt{6}+\sqrt{5}$
2-1	$-2\sqrt{2}+2\sqrt{5}$	**2-2**	$4\sqrt{10}-9\sqrt{6}$
3-1	$2\sqrt{3}-\sqrt{2}$	**3-2**	$2\sqrt{2}+4\sqrt{3}$
4-1	$2\sqrt{3}-2\sqrt{2}$	**4-2**	$10\sqrt{3}-15\sqrt{5}$

1-2 $2\sqrt{6}+\sqrt{5}-4\sqrt{6}=2\sqrt{6}-4\sqrt{6}+\sqrt{5}=-2\sqrt{6}+\sqrt{5}$

2-1 $2\sqrt{2}+3\sqrt{5}-4\sqrt{2}-\sqrt{5}=2\sqrt{2}-4\sqrt{2}+3\sqrt{5}-\sqrt{5}$
$=-2\sqrt{2}+2\sqrt{5}$

2-2 $6\sqrt{10}-10\sqrt{6}-2\sqrt{10}+\sqrt{6}=6\sqrt{10}-2\sqrt{10}-10\sqrt{6}+\sqrt{6}$
$=4\sqrt{10}-9\sqrt{6}$

3-1 $\sqrt{48}+4\sqrt{2}-\sqrt{50}-\sqrt{12}=4\sqrt{3}+4\sqrt{2}-5\sqrt{2}-2\sqrt{3}$
$=4\sqrt{3}-2\sqrt{3}+4\sqrt{2}-5\sqrt{2}$
$=2\sqrt{3}-\sqrt{2}$

3-2 $3\sqrt{8}+\sqrt{18}-\sqrt{98}+\sqrt{48}=3\times2\sqrt{2}+3\sqrt{2}-7\sqrt{2}+4\sqrt{3}$
$=6\sqrt{2}+3\sqrt{2}-7\sqrt{2}+4\sqrt{3}$
$=2\sqrt{2}+4\sqrt{3}$

4-1 $-\sqrt{27}+\sqrt{75}-\sqrt{72}+\sqrt{32}=-3\sqrt{3}+5\sqrt{3}-6\sqrt{2}+4\sqrt{2}$
$=2\sqrt{3}-2\sqrt{2}$

4-2 $\sqrt{27}+\sqrt{147}-5\sqrt{20}-\sqrt{125}=3\sqrt{3}+7\sqrt{3}-5\times2\sqrt{5}-5\sqrt{5}$
$=3\sqrt{3}+7\sqrt{3}-10\sqrt{5}-5\sqrt{5}$
$=10\sqrt{3}-15\sqrt{5}$

19 분모의 유리화를 이용한 제곱근의 덧셈과 뺄셈 p. 78 ~ p. 79

1-1	$2, \frac{9\sqrt{7}}{7}$	**1-2**	$\frac{17\sqrt{5}}{15}$
2-1	$6\sqrt{3}$	**2-2**	$8\sqrt{5}$
3-1	$\frac{2\sqrt{5}}{5}$	**3-2**	$-\frac{\sqrt{3}}{3}$
4-1	$\sqrt{2}$	**4-2**	$-\sqrt{5}$
5-1	$\frac{5\sqrt{2}}{2}$	**5-2**	$\frac{4\sqrt{7}}{7}$
6-1	$3, 9, \sqrt{2}, 8\sqrt{2}$	**6-2**	$\frac{8\sqrt{5}}{5}$
7-1	$\sqrt{3}$	**7-2**	$-4\sqrt{3}$
8-1	$\frac{5\sqrt{6}}{3}$	**8-2**	$\frac{\sqrt{3}}{3}$
9-1	$2\sqrt{2}-\sqrt{3}$	**9-2**	$\sqrt{2}-4\sqrt{3}$
10-1	$-3\sqrt{10}-2\sqrt{2}$	**10-2**	$-3\sqrt{2}+4\sqrt{5}$

1-2 $\frac{\sqrt{5}}{3}+\frac{4}{\sqrt{5}}=\frac{\sqrt{5}}{3}+\frac{4\sqrt{5}}{5}=\frac{5\sqrt{5}}{15}+\frac{12\sqrt{5}}{15}=\frac{17\sqrt{5}}{15}$

2-1 $4\sqrt{3}+\frac{6}{\sqrt{3}}=4\sqrt{3}+\frac{6\sqrt{3}}{3}=4\sqrt{3}+2\sqrt{3}=6\sqrt{3}$

2-2 $\frac{10}{\sqrt{5}}+6\sqrt{5}=\frac{10\sqrt{5}}{5}+6\sqrt{5}=2\sqrt{5}+6\sqrt{5}=8\sqrt{5}$

3-1 $\frac{3}{\sqrt{5}}-\frac{\sqrt{5}}{5}=\frac{3\sqrt{5}}{5}-\frac{\sqrt{5}}{5}=\frac{2\sqrt{5}}{5}$

3-2 $\frac{1}{\sqrt{3}}-\frac{2\sqrt{3}}{3}=\frac{\sqrt{3}}{3}-\frac{2\sqrt{3}}{3}=-\frac{\sqrt{3}}{3}$

4-1 $\frac{8}{\sqrt{2}}-\sqrt{18}=\frac{8\sqrt{2}}{2}-3\sqrt{2}=4\sqrt{2}-3\sqrt{2}=\sqrt{2}$

4-2 $\sqrt{20}-\frac{15}{\sqrt{5}}=2\sqrt{5}-\frac{15\sqrt{5}}{5}=2\sqrt{5}-3\sqrt{5}=-\sqrt{5}$

5-1 $\frac{3}{\sqrt{2}}+\frac{4}{\sqrt{8}}=\frac{3}{\sqrt{2}}+\frac{4}{2\sqrt{2}}=\frac{3\sqrt{2}}{2}+\frac{2\sqrt{2}}{2}=\frac{5\sqrt{2}}{2}$

5-2 $\frac{6}{\sqrt{7}}-\frac{4}{\sqrt{28}}=\frac{6}{\sqrt{7}}-\frac{4}{2\sqrt{7}}=\frac{6\sqrt{7}}{7}-\frac{2\sqrt{7}}{7}=\frac{4\sqrt{7}}{7}$

6-2 $-2\sqrt{20}+2\sqrt{45}-\frac{2}{\sqrt{5}}=-2\times2\sqrt{5}+2\times3\sqrt{5}-\frac{2\sqrt{5}}{5}$
$=-4\sqrt{5}+6\sqrt{5}-\frac{2\sqrt{5}}{5}$
$=2\sqrt{5}-\frac{2\sqrt{5}}{5}=\frac{8\sqrt{5}}{5}$

7-1 $\sqrt{\frac{3}{4}}-\frac{3}{\sqrt{12}}+\sqrt{3}=\frac{\sqrt{3}}{2}-\frac{3}{2\sqrt{3}}+\sqrt{3}$
$=\frac{\sqrt{3}}{2}-\frac{\sqrt{3}}{2}+\sqrt{3}=\sqrt{3}$

7-2 $-\sqrt{27}-\frac{9}{\sqrt{3}}+\frac{6}{\sqrt{3}}=-3\sqrt{3}-3\sqrt{3}+2\sqrt{3}=-4\sqrt{3}$

8-1 $2\sqrt{24}+\frac{4}{\sqrt{6}}-3\sqrt{6}=2\times2\sqrt{6}+\frac{4\sqrt{6}}{6}-3\sqrt{6}$
$=4\sqrt{6}+\frac{2\sqrt{6}}{3}-3\sqrt{6}$
$=\sqrt{6}+\frac{2\sqrt{6}}{3}=\frac{5\sqrt{6}}{3}$

8-2 $\frac{5\sqrt{6}}{\sqrt{2}}-\frac{\sqrt{12}}{3}-\sqrt{48}=5\sqrt{3}-\frac{2\sqrt{3}}{3}-4\sqrt{3}$
$=\sqrt{3}-\frac{2\sqrt{3}}{3}=\frac{\sqrt{3}}{3}$

9-1 $\frac{2\sqrt{3}}{\sqrt{6}}-4\sqrt{3}+\frac{2}{\sqrt{2}}+\sqrt{27}=\frac{2}{\sqrt{2}}-4\sqrt{3}+\frac{2}{\sqrt{2}}+3\sqrt{3}$
$=\sqrt{2}-4\sqrt{3}+\sqrt{2}+3\sqrt{3}$
$=2\sqrt{2}-\sqrt{3}$

9-2 $5\sqrt{2}-\sqrt{75}+\frac{3}{\sqrt{3}}-2\sqrt{8}=5\sqrt{2}-5\sqrt{3}+\sqrt{3}-4\sqrt{2}$
$=\sqrt{2}-4\sqrt{3}$

10-1 $\sqrt{10}+\frac{2\sqrt{10}}{\sqrt{5}}-2\sqrt{40}-\sqrt{32}$
$=\sqrt{10}+2\sqrt{2}-2\times2\sqrt{10}-4\sqrt{2}$
$=\sqrt{10}+2\sqrt{2}-4\sqrt{10}-4\sqrt{2}$
$=-3\sqrt{10}-2\sqrt{2}$

10-2 $\frac{\sqrt{72}}{2}-\frac{6\sqrt{24}}{\sqrt{3}}+2\sqrt{18}+\frac{20}{\sqrt{5}}$
$=\frac{6\sqrt{2}}{2}-6\sqrt{8}+2\times3\sqrt{2}+\frac{20\sqrt{5}}{5}$
$=3\sqrt{2}-6\times2\sqrt{2}+6\sqrt{2}+4\sqrt{5}$
$=3\sqrt{2}-12\sqrt{2}+6\sqrt{2}+4\sqrt{5}$
$=-3\sqrt{2}+4\sqrt{5}$

20 근호가 있는 식의 분배법칙 p. 80 ~ p. 81

1-1 $6, 15$ **1-2** $5\sqrt{2}+3\sqrt{6}$
2-1 $-\sqrt{6}-\sqrt{30}$ **2-2** $-2\sqrt{30}-8\sqrt{3}$
3-1 $2\sqrt{21}-\sqrt{35}$ **3-2** $\sqrt{35}-\sqrt{30}$
4-1 $-3\sqrt{2}+2\sqrt{10}$ **4-2** $-12+6\sqrt{10}$
5-1 $5\sqrt{2}+10$ **5-2** $2\sqrt{3}+3\sqrt{30}$
6-1 $3, 3, 3, 6, 2$ **6-2** $-\sqrt{3}+2$
7-1 $2\sqrt{2}-\sqrt{5}$ **7-2** $3\sqrt{7}-2\sqrt{10}$
8-1 $\sqrt{2}, \sqrt{2}, \frac{\sqrt{14}+\sqrt{10}}{2}$ **8-2** $\frac{3\sqrt{5}+\sqrt{15}}{5}$
9-1 $\sqrt{3}-\frac{\sqrt{6}}{2}$ **9-2** $\frac{\sqrt{2}}{2}-\frac{\sqrt{30}}{5}$
10-1 $\sqrt{2}+\frac{\sqrt{3}}{6}$ **10-2** $\frac{\sqrt{6}}{6}-\frac{\sqrt{2}}{2}$

2-2 $-2\sqrt{6}(\sqrt{5}+\sqrt{8})=-2\sqrt{30}-2\sqrt{48}$
$=-2\sqrt{30}-2\times4\sqrt{3}$
$=-2\sqrt{30}-8\sqrt{3}$

4-2 $-3\sqrt{2}(\sqrt{8}-\sqrt{20})=-3\sqrt{16}+3\sqrt{40}$
$=-3\times4+3\times2\sqrt{10}$
$=-12+6\sqrt{10}$

5-1 $(\sqrt{10}+\sqrt{20})\sqrt{5}=\sqrt{50}+\sqrt{100}=5\sqrt{2}+10$

5-2 $(\sqrt{2}+3\sqrt{5})\sqrt{6}=\sqrt{12}+3\sqrt{30}=2\sqrt{3}+3\sqrt{30}$

6-2 $(\sqrt{15}-\sqrt{20})\div(-\sqrt{5})=-\frac{\sqrt{15}-\sqrt{20}}{\sqrt{5}}$
$=-(\sqrt{3}-\sqrt{4})$
$=-\sqrt{3}+2$

7-1 $(\sqrt{24}-\sqrt{15})\div\sqrt{3}=\frac{\sqrt{24}-\sqrt{15}}{\sqrt{3}}=\sqrt{8}-\sqrt{5}=2\sqrt{2}-\sqrt{5}$

7-2 $(3\sqrt{21}-2\sqrt{30})\div\sqrt{3}=\frac{3\sqrt{21}-2\sqrt{30}}{\sqrt{3}}=3\sqrt{7}-2\sqrt{10}$

8-2 $\frac{3+\sqrt{3}}{\sqrt{5}}=\frac{(3+\sqrt{3})\times\sqrt{5}}{\sqrt{5}\times\sqrt{5}}=\frac{3\sqrt{5}+\sqrt{15}}{5}$

9-1 $\frac{\sqrt{6}-\sqrt{3}}{\sqrt{2}}=\frac{(\sqrt{6}-\sqrt{3})\times\sqrt{2}}{\sqrt{2}\times\sqrt{2}}=\frac{\sqrt{12}-\sqrt{6}}{2}$
$=\frac{2\sqrt{3}-\sqrt{6}}{2}=\sqrt{3}-\frac{\sqrt{6}}{2}$

9-2 $\frac{\sqrt{5}-2\sqrt{3}}{\sqrt{10}}=\frac{(\sqrt{5}-2\sqrt{3})\times\sqrt{10}}{\sqrt{10}\times\sqrt{10}}=\frac{\sqrt{50}-2\sqrt{30}}{10}$
$=\frac{5\sqrt{2}-2\sqrt{30}}{10}=\frac{\sqrt{2}}{2}-\frac{\sqrt{30}}{5}$

10-1 $\frac{4\sqrt{3}+\sqrt{2}}{2\sqrt{6}}=\frac{(4\sqrt{3}+\sqrt{2})\times\sqrt{6}}{2\sqrt{6}\times\sqrt{6}}=\frac{4\sqrt{18}+\sqrt{12}}{12}$
$=\frac{12\sqrt{2}+2\sqrt{3}}{12}=\sqrt{2}+\frac{\sqrt{3}}{6}$

10-2 $\frac{\sqrt{2}-\sqrt{6}}{2\sqrt{3}}=\frac{(\sqrt{2}-\sqrt{6})\times\sqrt{3}}{2\sqrt{3}\times\sqrt{3}}=\frac{\sqrt{6}-\sqrt{18}}{6}$
$=\frac{\sqrt{6}-3\sqrt{2}}{6}=\frac{\sqrt{6}}{6}-\frac{\sqrt{2}}{2}$

21 근호가 있는 복잡한 식의 계산 p. 82 ~ p. 83

1-1 $2, 5$ **1-2** $\sqrt{6}$
2-1 $\sqrt{3}$ **2-2** $4\sqrt{2}$
3-1 $4\sqrt{3}$ **3-2** $7\sqrt{2}$
4-1 $6\sqrt{2}$ **4-2** $15\sqrt{3}$
5-1 $2, 3, 3$ **5-2** $3+\sqrt{5}$
6-1 $-2\sqrt{2}$ **6-2** $-5\sqrt{3}$
7-1 $-5\sqrt{2}+5\sqrt{3}$ **7-2** $6-2\sqrt{3}$
8-1 $3\sqrt{3}-\frac{7\sqrt{6}}{3}$ **8-2** $5\sqrt{3}-4\sqrt{2}$
9-1 $5-5\sqrt{6}$ **9-2** $5\sqrt{2}-9\sqrt{3}$

1-2 $2\sqrt{24}-\sqrt{18}\times\sqrt{3}=2\times2\sqrt{6}-3\sqrt{2}\times\sqrt{3}$
$=4\sqrt{6}-3\sqrt{6}=\sqrt{6}$

2-1 $\sqrt{15}\times\sqrt{5}-8\sqrt{6}\div2\sqrt{2}=\sqrt{75}-\frac{8\sqrt{6}}{2\sqrt{2}}$
$=5\sqrt{3}-4\sqrt{3}=\sqrt{3}$

2-2 $\sqrt{12}\times\sqrt{6}-\sqrt{40}\div\sqrt{5}=\sqrt{72}-\frac{\sqrt{40}}{\sqrt{5}}=6\sqrt{2}-\sqrt{8}$
$=6\sqrt{2}-2\sqrt{2}=4\sqrt{2}$

3-1 $\sqrt{18}\div\frac{1}{\sqrt{6}}-\sqrt{12}=\sqrt{18}\times\sqrt{6}-2\sqrt{3}$
$=6\sqrt{3}-2\sqrt{3}=4\sqrt{3}$

3-2 $\sqrt{18}-\frac{\sqrt{12}}{\sqrt{6}}+\sqrt{10}\times\sqrt{5}=3\sqrt{2}-\sqrt{2}+5\sqrt{2}=7\sqrt{2}$

4-1 $\sqrt{72}+\frac{6}{\sqrt{2}}-\sqrt{3}\times\sqrt{6}=6\sqrt{2}+\frac{6\sqrt{2}}{2}-\sqrt{18}$

$=6\sqrt{2}+3\sqrt{2}-3\sqrt{2}=6\sqrt{2}$

4-2 $\frac{24}{\sqrt{3}}+3\sqrt{24}\times\sqrt{2}-\sqrt{75}=\frac{24\sqrt{3}}{3}+3\sqrt{48}-5\sqrt{3}$

$=8\sqrt{3}+12\sqrt{3}-5\sqrt{3}=15\sqrt{3}$

5-2 $\sqrt{3}(\sqrt{15}+\sqrt{3})-\sqrt{20}=\sqrt{45}+3-\sqrt{20}$

$=3\sqrt{5}+3-2\sqrt{5}$

$=3+\sqrt{5}$

6-1 $\sqrt{2}(3-\sqrt{5})+\sqrt{5}(\sqrt{2}-\sqrt{10})=3\sqrt{2}-\sqrt{10}+\sqrt{10}-\sqrt{50}$

$=3\sqrt{2}-5\sqrt{2}=-2\sqrt{2}$

6-2 $\sqrt{2}(3-\sqrt{6})-\sqrt{3}(3+\sqrt{6})=3\sqrt{2}-\sqrt{12}-3\sqrt{3}-\sqrt{18}$

$=3\sqrt{2}-2\sqrt{3}-3\sqrt{3}-3\sqrt{2}$

$=-5\sqrt{3}$

7-1 $\sqrt{6}\left(\frac{1}{\sqrt{2}}+\frac{1}{\sqrt{3}}\right)+2(\sqrt{12}-\sqrt{18})$

$=\sqrt{3}+\sqrt{2}+2\sqrt{12}-2\sqrt{18}$

$=\sqrt{3}+\sqrt{2}+2\times2\sqrt{3}-2\times3\sqrt{2}$

$=\sqrt{3}+\sqrt{2}+4\sqrt{3}-6\sqrt{2}$

$=-5\sqrt{2}+5\sqrt{3}$

7-2 $\frac{\sqrt{45}-\sqrt{15}}{\sqrt{5}}+\sqrt{3}(\sqrt{3}-1)=\sqrt{9}-\sqrt{3}+3-\sqrt{3}$

$=3-\sqrt{3}+3-\sqrt{3}$

$=6-2\sqrt{3}$

8-1 $\sqrt{3}(5-3\sqrt{2})-\frac{6-2\sqrt{2}}{\sqrt{3}}$

$=5\sqrt{3}-3\sqrt{6}-\frac{(6-2\sqrt{2})\times\sqrt{3}}{\sqrt{3}\times\sqrt{3}}$

$=5\sqrt{3}-3\sqrt{6}-\frac{6\sqrt{3}-2\sqrt{6}}{3}$

$=5\sqrt{3}-3\sqrt{6}-2\sqrt{3}+\frac{2\sqrt{6}}{3}$

$=3\sqrt{3}-\frac{7\sqrt{6}}{3}$

8-2 $\frac{3\sqrt{6}-4}{\sqrt{2}}-\sqrt{2}(2-\sqrt{6})$

$=\frac{(3\sqrt{6}-4)\times\sqrt{2}}{\sqrt{2}\times\sqrt{2}}-2\sqrt{2}+\sqrt{12}$

$=\frac{3\sqrt{12}-4\sqrt{2}}{2}-2\sqrt{2}+2\sqrt{3}$

$=3\sqrt{3}-2\sqrt{2}-2\sqrt{2}+2\sqrt{3}$

$=5\sqrt{3}-4\sqrt{2}$

9-1 $\sqrt{75}\left(\sqrt{3}-\frac{4}{\sqrt{2}}\right)-\frac{5}{\sqrt{3}}(\sqrt{12}-\sqrt{18})$

$=5\sqrt{3}(\sqrt{3}-2\sqrt{2})-\frac{5\sqrt{3}}{3}(2\sqrt{3}-3\sqrt{2})$

$=15-10\sqrt{6}-10+5\sqrt{6}$

$=5-5\sqrt{6}$

9-2 $\sqrt{24}\left(\sqrt{3}-\frac{5}{\sqrt{2}}\right)-(\sqrt{12}-\sqrt{18})\div\sqrt{6}$

$=2\sqrt{6}\left(\sqrt{3}-\frac{5\sqrt{2}}{2}\right)-\frac{\sqrt{12}-\sqrt{18}}{\sqrt{6}}$

$=2\sqrt{18}-5\sqrt{12}-\sqrt{2}+\sqrt{3}$

$=6\sqrt{2}-10\sqrt{3}-\sqrt{2}+\sqrt{3}$

$=5\sqrt{2}-9\sqrt{3}$

22 실수의 대소 관계

p. 84

1-1	75, 64, $>$, $>$	**1-2**	$>$
2-1	$>$	**2-2**	$>$
3-1	$<$	**3-2**	$<$
4-1	$>$	**4-2**	$<$

1-2 $(1+4\sqrt{2})-(3\sqrt{2}+2)=1+4\sqrt{2}-3\sqrt{2}-2$

$=\sqrt{2}-1=\sqrt{2}-\sqrt{1}>0$

$\therefore 1+4\sqrt{2}>3\sqrt{2}+2$

2-1 $(\sqrt{3}+\sqrt{2})-(3\sqrt{2}-\sqrt{3})=\sqrt{3}+\sqrt{2}-3\sqrt{2}+\sqrt{3}$

$=2\sqrt{3}-2\sqrt{2}=\sqrt{12}-\sqrt{8}>0$

$\therefore \sqrt{3}+\sqrt{2}>3\sqrt{2}-\sqrt{3}$

2-2 $(\sqrt{18}-3)-(\sqrt{8}-4)=3\sqrt{2}-3-2\sqrt{2}+4$

$=\sqrt{2}+1>0$

$\therefore \sqrt{18}-3>\sqrt{8}-4$

3-1 $(5\sqrt{3}-3\sqrt{2})-(\sqrt{2}+2\sqrt{3})=5\sqrt{3}-3\sqrt{2}-\sqrt{2}-2\sqrt{3}$

$=3\sqrt{3}-4\sqrt{2}$

$=\sqrt{27}-\sqrt{32}<0$

$\therefore 5\sqrt{3}-3\sqrt{2}<\sqrt{2}+2\sqrt{3}$

3-2 $(7-\sqrt{3})-(3\sqrt{3}+1)=7-\sqrt{3}-3\sqrt{3}-1$

$=6-4\sqrt{3}$

$=\sqrt{36}-\sqrt{48}<0$

$\therefore 7-\sqrt{3}<3\sqrt{3}+1$

4-1 $(\sqrt{7}-1)-(4-\sqrt{7})=\sqrt{7}-1-4+\sqrt{7}$
$=2\sqrt{7}-5$
$=\sqrt{28}-\sqrt{25}>0$
$\therefore \sqrt{7}-1>4-\sqrt{7}$

4-2 $(2\sqrt{5}-3)-\sqrt{5}=\sqrt{5}-3=\sqrt{5}-\sqrt{9}<0$
$\therefore 2\sqrt{5}-3<\sqrt{5}$

STEP 2

기본연산 집중연습 | 16~22

p. 85 ~ p. 87

1-1	$-\sqrt{3}+\sqrt{7}$	**1-2**	$-\sqrt{3}-5\sqrt{6}$
1-3	$8\sqrt{2}-7\sqrt{3}$	**1-4**	$-2\sqrt{5}-\sqrt{7}$
1-5	$-\sqrt{2}+7\sqrt{5}$	**1-6**	$-2\sqrt{2}-5\sqrt{3}$
1-7	$\sqrt{3}-2\sqrt{6}$	**1-8**	$-\sqrt{2}-\sqrt{5}$
2-1	$5\sqrt{3}$	**2-2**	0
2-3	$\frac{4\sqrt{3}}{3}$	**2-4**	$\sqrt{2}$
2-5	$\frac{23\sqrt{2}}{15}$	**2-6**	$-\frac{5\sqrt{2}}{2}$
3-1	$\sqrt{15}+2\sqrt{3}$	**3-2**	$\sqrt{6}-3\sqrt{2}$
3-3	$\sqrt{6}-\sqrt{5}$	**3-4**	8
3-5	$\frac{\sqrt{10}-3\sqrt{6}}{2}$	**3-6**	$\frac{\sqrt{3}}{3}+\frac{\sqrt{2}}{2}$
4-1	$>$	**4-2**	$>$
4-3	$>$	**4-4**	$<$
4-5	$<$	**4-6**	$>$
4-7	$>$	**4-8**	$<$
5-1	$4\sqrt{6}$	**5-2**	$\frac{7\sqrt{6}}{6}$
5-3	$-\sqrt{2}$	**5-4**	$-4\sqrt{2}$
5-5	2	**5-6**	$-6+\sqrt{3}$
5-7	$4\sqrt{3}$	**5-8**	$-\frac{\sqrt{2}}{2}-\frac{\sqrt{6}}{6}$
5-9	$-2\sqrt{6}$	**5-10**	$-\sqrt{3}+5\sqrt{5}$

울면

1-3 $\sqrt{18}-4\sqrt{3}+5\sqrt{2}-\sqrt{27}=3\sqrt{2}-4\sqrt{3}+5\sqrt{2}-3\sqrt{3}$
$=8\sqrt{2}-7\sqrt{3}$

1-4 $2\sqrt{5}+\sqrt{28}-\sqrt{80}-3\sqrt{7}=2\sqrt{5}+2\sqrt{7}-4\sqrt{5}-3\sqrt{7}$
$=-2\sqrt{5}-\sqrt{7}$

1-5 $\sqrt{32}+\sqrt{45}+4\sqrt{5}-\sqrt{50}=4\sqrt{2}+3\sqrt{5}+4\sqrt{5}-5\sqrt{2}$
$=-\sqrt{2}+7\sqrt{5}$

1-6 $2\sqrt{18}-4\sqrt{8}+\sqrt{75}-\sqrt{300}=2\times3\sqrt{2}-4\times2\sqrt{2}+5\sqrt{3}-10\sqrt{3}$
$=6\sqrt{2}-8\sqrt{2}+5\sqrt{3}-10\sqrt{3}$
$=-2\sqrt{2}-5\sqrt{3}$

1-7 $\sqrt{24}+\sqrt{48}-\sqrt{96}-\sqrt{27}=2\sqrt{6}+4\sqrt{3}-4\sqrt{6}-3\sqrt{3}$
$=\sqrt{3}-2\sqrt{6}$

1-8 $\sqrt{32}-\sqrt{50}+\sqrt{80}-\sqrt{125}=4\sqrt{2}-5\sqrt{2}+4\sqrt{5}-5\sqrt{5}$
$=-\sqrt{2}-\sqrt{5}$

2-1 $\sqrt{48}-\frac{6}{\sqrt{3}}+\sqrt{27}=4\sqrt{3}-2\sqrt{3}+3\sqrt{3}=5\sqrt{3}$

2-2 $\sqrt{45}-\sqrt{125}+\frac{10}{\sqrt{5}}=3\sqrt{5}-5\sqrt{5}+2\sqrt{5}=0$

2-3 $\sqrt{3}-\frac{2}{\sqrt{3}}+\sqrt{27}-\sqrt{12}=\sqrt{3}-\frac{2\sqrt{3}}{3}+3\sqrt{3}-2\sqrt{3}$
$=2\sqrt{3}-\frac{2\sqrt{3}}{3}$
$=\frac{4\sqrt{3}}{3}$

2-4 $\frac{\sqrt{18}}{15}+\frac{\sqrt{3}}{\sqrt{6}}+\frac{3\sqrt{2}}{10}=\frac{3\sqrt{2}}{15}+\frac{1}{\sqrt{2}}+\frac{3\sqrt{2}}{10}$
$=\frac{\sqrt{2}}{5}+\frac{\sqrt{2}}{2}+\frac{3\sqrt{2}}{10}$
$=\frac{2\sqrt{2}}{10}+\frac{5\sqrt{2}}{10}+\frac{3\sqrt{2}}{10}$
$=\sqrt{2}$

2-5 $\sqrt{8}+\frac{2}{3\sqrt{2}}-\frac{\sqrt{32}}{5}=2\sqrt{2}+\frac{\sqrt{2}}{3}-\frac{4\sqrt{2}}{5}$
$=\frac{30\sqrt{2}}{15}+\frac{5\sqrt{2}}{15}-\frac{12\sqrt{2}}{15}$
$=\frac{23\sqrt{2}}{15}$

2-6 $\sqrt{50}-\frac{1}{\sqrt{2}}-7\sqrt{2}=5\sqrt{2}-\frac{\sqrt{2}}{2}-7\sqrt{2}$
$=-2\sqrt{2}-\frac{\sqrt{2}}{2}$
$=-\frac{5\sqrt{2}}{2}$

3-2 $\sqrt{3}(\sqrt{2}-\sqrt{6})=\sqrt{6}-\sqrt{18}=\sqrt{6}-3\sqrt{2}$

3-3 $(\sqrt{18}-\sqrt{15})\div\sqrt{3}=\frac{\sqrt{18}-\sqrt{15}}{\sqrt{3}}=\sqrt{6}-\sqrt{5}$

3-4 $(\sqrt{50}+\sqrt{18})\div\sqrt{2}=\dfrac{\sqrt{50}+\sqrt{18}}{\sqrt{2}}$
$=\sqrt{25}+\sqrt{9}$
$=5+3=8$

3-5 $\dfrac{\sqrt{5}-3\sqrt{3}}{\sqrt{2}}=\dfrac{(\sqrt{5}-3\sqrt{3})\times\sqrt{2}}{\sqrt{2}\times\sqrt{2}}=\dfrac{\sqrt{10}-3\sqrt{6}}{2}$

3-6 $\dfrac{\sqrt{2}+\sqrt{3}}{\sqrt{6}}=\dfrac{(\sqrt{2}+\sqrt{3})\times\sqrt{6}}{\sqrt{6}\times\sqrt{6}}=\dfrac{\sqrt{12}+\sqrt{18}}{6}$
$=\dfrac{2\sqrt{3}+3\sqrt{2}}{6}$
$=\dfrac{\sqrt{3}}{3}+\dfrac{\sqrt{2}}{2}$

4-1 $(\sqrt{6}+1)-3=\sqrt{6}-2=\sqrt{6}-\sqrt{4}>0$
$\therefore \sqrt{6}+1>3$

4-2 $(\sqrt{6}-1)-(\sqrt{6}-\sqrt{3})=\sqrt{6}-1-\sqrt{6}+\sqrt{3}$
$=\sqrt{3}-1$
$=\sqrt{3}-\sqrt{1}>0$
$\therefore \sqrt{6}-1>\sqrt{6}-\sqrt{3}$

4-3 $(3\sqrt{2}-1)-(2\sqrt{3}-1)=3\sqrt{2}-1-2\sqrt{3}+1$
$=3\sqrt{2}-2\sqrt{3}$
$=\sqrt{18}-\sqrt{12}>0$
$\therefore 3\sqrt{2}-1>2\sqrt{3}-1$

4-4 $(1-\sqrt{7})-(2\sqrt{7}-3)=1-\sqrt{7}-2\sqrt{7}+3$
$=4-3\sqrt{7}$
$=\sqrt{16}-\sqrt{63}<0$
$\therefore 1-\sqrt{7}<2\sqrt{7}-3$

4-5 $(5\sqrt{2}-1)-(5+\sqrt{2})=5\sqrt{2}-1-5-\sqrt{2}$
$=4\sqrt{2}-6$
$=\sqrt{32}-\sqrt{36}<0$
$\therefore 5\sqrt{2}-1<5+\sqrt{2}$

4-6 $(4\sqrt{5}+3\sqrt{6})-(5\sqrt{5}+2\sqrt{6})=4\sqrt{5}+3\sqrt{6}-5\sqrt{5}-2\sqrt{6}$
$=-\sqrt{5}+\sqrt{6}>0$
$\therefore 4\sqrt{5}+3\sqrt{6}>5\sqrt{5}+2\sqrt{6}$

4-7 $(1+\sqrt{12})-(2+\sqrt{3})=1+2\sqrt{3}-2-\sqrt{3}$
$=\sqrt{3}-1$
$=\sqrt{3}-\sqrt{1}>0$
$\therefore 1+\sqrt{12}>2+\sqrt{3}$

4-8 $(\sqrt{32}-1)-(3\sqrt{2}+1)=4\sqrt{2}-1-3\sqrt{2}-1$
$=\sqrt{2}-2$
$=\sqrt{2}-\sqrt{4}<0$
$\therefore \sqrt{32}-1<3\sqrt{2}+1$

5-1 $6\div\sqrt{6}+\sqrt{54}=\dfrac{6}{\sqrt{6}}+3\sqrt{6}=\sqrt{6}+3\sqrt{6}=4\sqrt{6}$

5-2 $2\times\sqrt{6}-5\div\sqrt{6}=2\sqrt{6}-\dfrac{5}{\sqrt{6}}=2\sqrt{6}-\dfrac{5\sqrt{6}}{6}=\dfrac{7\sqrt{6}}{6}$

5-3 $2(\sqrt{2}-\sqrt{3})-\sqrt{3}(\sqrt{6}-2)=2\sqrt{2}-2\sqrt{3}-\sqrt{18}+2\sqrt{3}$
$=2\sqrt{2}-2\sqrt{3}-3\sqrt{2}+2\sqrt{3}$
$=-\sqrt{2}$

5-4 $3\sqrt{7}-(6\sqrt{21}+8\sqrt{6})\div2\sqrt{3}=3\sqrt{7}-\dfrac{6\sqrt{21}+8\sqrt{6}}{2\sqrt{3}}$
$=3\sqrt{7}-3\sqrt{7}-4\sqrt{2}$
$=-4\sqrt{2}$

5-5 $(2\sqrt{3}+\sqrt{2})\sqrt{2}-2\sqrt{6}=2\sqrt{6}+2-2\sqrt{6}=2$

5-6 $2\sqrt{3}(1-\sqrt{3})+\dfrac{3}{\sqrt{3}}-\sqrt{12}=2\sqrt{3}-6+\sqrt{3}-2\sqrt{3}$
$=-6+\sqrt{3}$

5-7 $\dfrac{5-\sqrt{15}}{\sqrt{5}}+\sqrt{5}(\sqrt{15}-1)=\sqrt{5}-\sqrt{3}+\sqrt{75}-\sqrt{5}$
$=\sqrt{5}-\sqrt{3}+5\sqrt{3}-\sqrt{5}$
$=4\sqrt{3}$

5-8 $\dfrac{3}{\sqrt{2}}+\dfrac{5}{\sqrt{6}}-\sqrt{2}(2+\sqrt{3})=\dfrac{3\sqrt{2}}{2}+\dfrac{5\sqrt{6}}{6}-2\sqrt{2}-\sqrt{6}$
$=-\dfrac{\sqrt{2}}{2}-\dfrac{\sqrt{6}}{6}$

5-9 $\sqrt{2}\left(\dfrac{3}{\sqrt{6}}-\dfrac{18}{\sqrt{12}}\right)+\sqrt{3}\left(\dfrac{6}{\sqrt{18}}-1\right)=\dfrac{3}{\sqrt{3}}-\dfrac{18}{\sqrt{6}}+\dfrac{6}{\sqrt{6}}-\sqrt{3}$
$=\sqrt{3}-3\sqrt{6}+\sqrt{6}-\sqrt{3}$
$=-2\sqrt{6}$

5-10 $\dfrac{3}{\sqrt{3}}+\sqrt{6}\times\sqrt{30}-\dfrac{\sqrt{10}+\sqrt{24}}{\sqrt{2}}=\sqrt{3}+6\sqrt{5}-\sqrt{5}-\sqrt{12}$
$=\sqrt{3}+6\sqrt{5}-\sqrt{5}-2\sqrt{3}$
$=-\sqrt{3}+5\sqrt{5}$

STEP 3

기본연산 테스트

p. 88 ~ p. 89

1 (1) $3\sqrt{3}$ (2) $-3\sqrt{11}$ (3) $6\sqrt{7}$ (4) $-2\sqrt{31}$ (5) $9\sqrt{2}$

2 (1) $\dfrac{3\sqrt{5}}{4}$ (2) $\dfrac{\sqrt{14}}{11}$ (3) $\dfrac{\sqrt{13}}{10}$ (4) $\dfrac{2\sqrt{3}}{5}$

3 (1) 22.36 (2) 70.71 (3) 0.7071 (4) 0.2236

4 (1) $\dfrac{\sqrt{11}}{11}$ (2) $\dfrac{5\sqrt{7}}{14}$ (3) $\dfrac{\sqrt{15}}{25}$

(4) $\dfrac{2\sqrt{10}-\sqrt{30}}{5}$ (5) $\dfrac{3\sqrt{14}}{7}-2\sqrt{2}$

5 (1) $-\dfrac{3}{5}$ (2) $-5\sqrt{2}$ (3) 3 (4) $\dfrac{10\sqrt{5}}{3}$ (5) $-\dfrac{\sqrt{3}}{4}$

6 (1) $\sqrt{5}$ (2) $2\sqrt{3}-\sqrt{2}$ (3) $10\sqrt{2}-8\sqrt{3}$

(4) $\dfrac{8\sqrt{6}}{3}$ (5) $\dfrac{27\sqrt{2}}{4}$

7 (1) $<$ (2) $<$ (3) $>$ (4) $<$ (5) $>$

8 (1) $11\sqrt{3}$ (2) $15\sqrt{7}$ (3) $6+\sqrt{2}+\sqrt{5}$

(4) $2\sqrt{2}-3\sqrt{6}$ (5) $\dfrac{5\sqrt{3}}{3}-\dfrac{\sqrt{6}}{6}$

---

3 (1) $\sqrt{500}=\sqrt{100\times5}=10\sqrt{5}=10\times2.236=22.36$

(2) $\sqrt{5000}=\sqrt{100\times50}=10\sqrt{50}=10\times7.071=70.71$

(3) $\sqrt{0.5}=\sqrt{\dfrac{50}{100}}=\dfrac{\sqrt{50}}{10}=\dfrac{7.071}{10}=0.7071$

(4) $\sqrt{0.05}=\sqrt{\dfrac{5}{100}}=\dfrac{\sqrt{5}}{10}=\dfrac{2.236}{10}=0.2236$

4 (3) $\dfrac{\sqrt{3}}{\sqrt{125}}=\dfrac{\sqrt{3}}{5\sqrt{5}}=\dfrac{\sqrt{3}\times\sqrt{5}}{5\sqrt{5}\times\sqrt{5}}=\dfrac{\sqrt{15}}{25}$

(5) $\dfrac{6-4\sqrt{7}}{\sqrt{14}}=\dfrac{(6-4\sqrt{7})\times\sqrt{14}}{\sqrt{14}\times\sqrt{14}}=\dfrac{6\sqrt{14}-4\sqrt{98}}{14}$

$=\dfrac{6\sqrt{14}-28\sqrt{2}}{14}=\dfrac{3\sqrt{14}}{7}-2\sqrt{2}$

5 (1) $\dfrac{3}{\sqrt{10}}\times(-\sqrt{12})\div\sqrt{30}=\dfrac{3}{\sqrt{10}}\times(-2\sqrt{3})\times\dfrac{1}{\sqrt{30}}$

$=-\dfrac{6}{10}=-\dfrac{3}{5}$

(2) $\sqrt{75}\div(-\sqrt{21})\times\sqrt{14}=5\sqrt{3}\times\left(-\dfrac{1}{\sqrt{21}}\right)\times\sqrt{14}$

$=-5\sqrt{2}$

(3) $\sqrt{39}\div\sqrt{13}\div\sqrt{\dfrac{1}{3}}=\sqrt{39}\times\dfrac{1}{\sqrt{13}}\times\sqrt{3}=3$

(4) $\dfrac{\sqrt{2}}{3}\times\dfrac{10}{\sqrt{3}}\div\sqrt{\dfrac{2}{15}}=\dfrac{\sqrt{2}}{3}\times\dfrac{10}{\sqrt{3}}\times\dfrac{\sqrt{15}}{\sqrt{2}}=\dfrac{10\sqrt{5}}{3}$

(5) $(-\sqrt{3})\div(-\sqrt{8})\div(-\sqrt{2})$

$=(-\sqrt{3})\times\left(-\dfrac{1}{2\sqrt{2}}\right)\times\left(-\dfrac{1}{\sqrt{2}}\right)=-\dfrac{\sqrt{3}}{4}$

6 (1) $\sqrt{45}+\sqrt{80}-6\sqrt{5}=3\sqrt{5}+4\sqrt{5}-6\sqrt{5}=\sqrt{5}$

(2) $\sqrt{48}+4\sqrt{2}-\sqrt{50}-\sqrt{12}=4\sqrt{3}+4\sqrt{2}-5\sqrt{2}-2\sqrt{3}$

$=2\sqrt{3}-\sqrt{2}$

(3) $\sqrt{72}-\sqrt{75}+\sqrt{32}-\sqrt{27}=6\sqrt{2}-5\sqrt{3}+4\sqrt{2}-3\sqrt{3}$

$=10\sqrt{2}-8\sqrt{3}$

(4) $\dfrac{18}{\sqrt{6}}-\sqrt{24}+\dfrac{5\sqrt{2}}{\sqrt{3}}=\dfrac{18\sqrt{6}}{6}-2\sqrt{6}+\dfrac{5\sqrt{6}}{3}$

$=3\sqrt{6}-2\sqrt{6}+\dfrac{5\sqrt{6}}{3}=\dfrac{8\sqrt{6}}{3}$

(5) $\dfrac{\sqrt{18}}{3}-\dfrac{\sqrt{3}}{2\sqrt{6}}+3\sqrt{8}=\dfrac{3\sqrt{2}}{3}-\dfrac{1}{2\sqrt{2}}+3\times2\sqrt{2}$

$=\sqrt{2}-\dfrac{\sqrt{2}}{4}+6\sqrt{2}=\dfrac{27\sqrt{2}}{4}$

7 (1) $3-(\sqrt{5}+1)=3-\sqrt{5}-1=2-\sqrt{5}=\sqrt{4}-\sqrt{5}<0$

$\therefore 3<\sqrt{5}+1$

(2) $(\sqrt{21}-3)-2=\sqrt{21}-5=\sqrt{21}-\sqrt{25}<0$

$\therefore \sqrt{21}-3<2$

(3) $(\sqrt{7}+2)-(\sqrt{6}+2)=\sqrt{7}+2-\sqrt{6}-2$

$=\sqrt{7}-\sqrt{6}>0$

$\therefore \sqrt{7}+2>\sqrt{6}+2$

(4) $(4-\sqrt{3})-(\sqrt{19}-\sqrt{3})=4-\sqrt{3}-\sqrt{19}+\sqrt{3}$

$=4-\sqrt{19}=\sqrt{16}-\sqrt{19}<0$

$\therefore 4-\sqrt{3}<\sqrt{19}-\sqrt{3}$

(5) $(8-\sqrt{10})-(\sqrt{55}-\sqrt{10})=8-\sqrt{10}-\sqrt{55}+\sqrt{10}$

$=8-\sqrt{55}$

$=\sqrt{64}-\sqrt{55}>0$

$\therefore 8-\sqrt{10}>\sqrt{55}-\sqrt{10}$

8 (1) $\dfrac{\sqrt{27}}{3}+2\sqrt{5}\times\sqrt{15}=\dfrac{3\sqrt{3}}{3}+2\sqrt{75}=\sqrt{3}+10\sqrt{3}=11\sqrt{3}$

(2) $6\sqrt{56}\div2\sqrt{8}+4\sqrt{21}\times\sqrt{3}=\dfrac{6\sqrt{56}}{2\sqrt{8}}+4\sqrt{63}$

$=3\sqrt{7}+12\sqrt{7}=15\sqrt{7}$

(3) $\sqrt{3}(2\sqrt{3}+\sqrt{6})-(\sqrt{24}-\sqrt{15})\div\sqrt{3}$

$=6+\sqrt{18}-\dfrac{\sqrt{24}-\sqrt{15}}{\sqrt{3}}=6+3\sqrt{2}-\sqrt{8}+\sqrt{5}$

$=6+3\sqrt{2}-2\sqrt{2}+\sqrt{5}=6+\sqrt{2}+\sqrt{5}$

(4) $\dfrac{\sqrt{18}+\sqrt{6}}{\sqrt{3}}+2\sqrt{8}-\sqrt{3}(4\sqrt{2}+\sqrt{6})$

$=\sqrt{6}+\sqrt{2}+4\sqrt{2}-4\sqrt{6}-\sqrt{18}$

$=\sqrt{6}+\sqrt{2}+4\sqrt{2}-4\sqrt{6}-3\sqrt{2}$

$=2\sqrt{2}-3\sqrt{6}$

(5) $\dfrac{4-2\sqrt{2}}{\sqrt{3}}+\dfrac{\sqrt{2}+3}{\sqrt{6}}$

$=\dfrac{(4-2\sqrt{2})\times\sqrt{3}}{\sqrt{3}\times\sqrt{3}}+\dfrac{(\sqrt{2}+3)\times\sqrt{6}}{\sqrt{6}\times\sqrt{6}}$

$=\dfrac{4\sqrt{3}-2\sqrt{6}}{3}+\dfrac{\sqrt{12}+3\sqrt{6}}{6}$

$=\dfrac{8\sqrt{3}-4\sqrt{6}+2\sqrt{3}+3\sqrt{6}}{6}$

$=\dfrac{10\sqrt{3}-\sqrt{6}}{6}=\dfrac{5\sqrt{3}}{3}-\dfrac{\sqrt{6}}{6}$

3

다항식의 곱셈

STEP 1

01 (다항식)×(다항식) (1)

p. 92

1-1	ay, by	**1-2**	$3ab-4a+6b-8$
2-1	$2xy+10x-y-5$	**2-2**	$xy+3x+2y+6$
3-1	$2xy-4x+5y-10$	**3-2**	$2ac+3ad-2bc-3bd$
4-1	$2a^2+10a+8$	**4-2**	$2a^2+7a+3$
5-1	$x^2+2xy-15y^2$	**5-2**	$3x^2+5x-2$

4-1 $(a+1)(2a+8)=2a^2+8a+2a+8=2a^2+10a+8$

4-2 $(a+3)(2a+1)=2a^2+a+6a+3=2a^2+7a+3$

5-1 $(x-3y)(x+5y)=x^2+5xy-3xy-15y^2$
$=x^2+2xy-15y^2$

5-2 $(3x-1)(x+2)=3x^2+6x-x-2=3x^2+5x-2$

02 (다항식)×(다항식) (2)

p. 93

1-1	$6ab$, 5	**1-2**	$a^2-2ab+b^2+a-b$
2-1	$6x^2+9xy-17x-3y+5$	**2-2**	$2x^2-7xy+6y^2+2x-4y$
3-1	$x^2+xy-2x-y+1$	**3-2**	$x^2+2xy+y^2-x-y$
4-1	$x^2-4xy+3y^2-2x+2y$	**4-2**	$6a^2-10ab-4b^2+15a+5b$
5-1	$-3x^2+8xy-5y^2-30x+50y$		
5-2	$2x^2-5xy-12y^2+6x+9y$		

1-2 $(a-b)(a-b+1)=a^2-ab+a-ab+b^2-b$
$=a^2-2ab+b^2+a-b$

2-1 $(2x+3y-5)(3x-1)=6x^2-2x+9xy-3y-15x+5$
$=6x^2+9xy-17x-3y+5$

2-2 $(x-2y)(2x-3y+2)=2x^2-3xy+2x-4xy+6y^2-4y$
$=2x^2-7xy+6y^2+2x-4y$

3-1 $(x-1)(x+y-1)=x^2+xy-x-x-y+1$
$=x^2+xy-2x-y+1$

3-2 $(x+y)(x+y-1)=x^2+xy-x+xy+y^2-y$
$=x^2+2xy+y^2-x-y$

4-1 $(x-3y-2)(x-y)=x^2-xy-3xy+3y^2-2x+2y$
$=x^2-4xy+3y^2-2x+2y$

4-2 $(3a+b)(2a-4b+5)$
$=6a^2-12ab+15a+2ab-4b^2+5b$
$=6a^2-10ab-4b^2+15a+5b$

5-1 $(x-y+10)(-3x+5y)$
$=-3x^2+5xy+3xy-5y^2-30x+50y$
$=-3x^2+8xy-5y^2-30x+50y$

5-2 $(2x+3y)(x-4y+3)$
$=2x^2-8xy+6x+3xy-12y^2+9y$
$=2x^2-5xy-12y^2+6x+9y$

03 곱셈 공식 (1) : 합, 차의 제곱

p. 94 ~ p. 96

1-1	x, 5, 10, 25	**1-2**	x^2+2x+1
2-1	x^2+6x+9	**2-2**	$x^2+14x+49$
3-1	x, 14	**3-2**	x^2-6x+9
4-1	$x^2-10x+25$	**4-2**	$x^2-8x+16$
5-1	$a^2+\frac{3}{2}a+\frac{9}{16}$	**5-2**	$a^2-7a+\frac{49}{4}$
6-1	$2x$, 4, 4	**6-2**	$16x^2+24x+9$
7-1	$9x^2-12x+4$	**7-2**	$4x^2-20x+25$
8-1	$\frac{1}{4}x^2+x+1$	**8-2**	$\frac{9}{4}x^2-12x+16$
9-1	y, 4, y	**9-2**	$9x^2+24xy+16y^2$
10-1	$49a^2-112ab+64b^2$	**10-2**	$25a^2-60ab+36b^2$
11-1	$x^2+\frac{2}{3}xy+\frac{1}{9}y^2$	**11-2**	$25x^2-5xy+\frac{1}{4}y^2$
12-1	$-$, $2x$, 4	**12-2**	x^2+6x+9
13-1	$4x^2+4x+1$	**13-2**	$x^2+x+\frac{1}{4}$
14-1	$9x^2+12xy+4y^2$	**14-2**	$4x^2+20xy+25y^2$
15-1	$-$, $2y$, 4	**15-2**	x^2-4x+4
16-1	$9x^2-30xy+25y^2$	**16-2**	$x^2-8xy+16y^2$
17-1	$\frac{1}{4}x^2-4x+16$	**17-2**	$\frac{9}{16}x^2-3x+4$

1-2 $(x+1)^2=x^2+2\times x\times 1+1^2=x^2+2x+1$

2-1 $(x+3)^2=x^2+2\times x\times 3+3^2=x^2+6x+9$

2-2 $(x+7)^2=x^2+2\times x\times 7+7^2=x^2+14x+49$

3-2 $(x-3)^2=x^2-2\times x\times 3+3^2=x^2-6x+9$

4-1 $(x-5)^2=x^2-2\times x\times 5+5^2=x^2-10x+25$

4-2 $(x-4)^2=x^2-2\times x\times 4+4^2=x^2-8x+16$

5-1 $\left(a+\frac{3}{4}\right)^2=a^2+2\times a\times\frac{3}{4}+\left(\frac{3}{4}\right)^2=a^2+\frac{3}{2}a+\frac{9}{16}$

5-2 $\left(a-\frac{7}{2}\right)^2=a^2-2\times a\times\frac{7}{2}+\left(\frac{7}{2}\right)^2=a^2-7a+\frac{49}{4}$

6-2 $(4x+3)^2=(4x)^2+2\times 4x\times 3+3^2=16x^2+24x+9$

7-1 $(3x-2)^2=(3x)^2-2\times 3x\times 2+2^2=9x^2-12x+4$

7-2 $(2x-5)^2=(2x)^2-2\times 2x\times 5+5^2=4x^2-20x+25$

8-1 $\left(\frac{1}{2}x+1\right)^2=\left(\frac{1}{2}x\right)^2+2\times\frac{1}{2}x\times 1+1^2=\frac{1}{4}x^2+x+1$

8-2 $\left(\frac{3}{2}x-4\right)^2=\left(\frac{3}{2}x\right)^2-2\times\frac{3}{2}x\times 4+4^2$
$=\frac{9}{4}x^2-12x+16$

9-2 $(3x+4y)^2=(3x)^2+2\times 3x\times 4y+(4y)^2$
$=9x^2+24xy+16y^2$

10-1 $(7a-8b)^2=(7a)^2-2\times 7a\times 8b+(8b)^2$
$=49a^2-112ab+64b^2$

10-2 $(5a-6b)^2=(5a)^2-2\times 5a\times 6b+(6b)^2$
$=25a^2-60ab+36b^2$

11-1 $\left(x+\frac{1}{3}y\right)^2=x^2+2\times x\times\frac{1}{3}y+\left(\frac{1}{3}y\right)^2$
$=x^2+\frac{2}{3}xy+\frac{1}{9}y^2$

11-2 $\left(5x-\frac{1}{2}y\right)^2=(5x)^2-2\times 5x\times\frac{1}{2}y+\left(\frac{1}{2}y\right)^2$
$=25x^2-5xy+\frac{1}{4}y^2$

12-2 $(-x-3)^2=\{-(x+3)\}^2=(x+3)^2=x^2+6x+9$

13-1 $(-2x-1)^2=\{-(2x+1)\}^2=(2x+1)^2$
$=4x^2+4x+1$

13-2 $\left(-x-\frac{1}{2}\right)^2=\left\{-\left(x+\frac{1}{2}\right)\right\}^2=\left(x+\frac{1}{2}\right)^2$
$=x^2+x+\frac{1}{4}$

14-1 $(-3x-2y)^2=\{-(3x+2y)\}^2=(3x+2y)^2$
$=9x^2+12xy+4y^2$

14-2 $(-2x-5y)^2=\{-(2x+5y)\}^2=(2x+5y)^2$
$=4x^2+20xy+25y^2$

15-2 $(-x+2)^2=\{-(x-2)\}^2=(x-2)^2=x^2-4x+4$

16-1 $(-3x+5y)^2=\{-(3x-5y)\}^2=(3x-5y)^2$
$=9x^2-30xy+25y^2$

16-2 $(-x+4y)^2=\{-(x-4y)\}^2=(x-4y)^2$
$=x^2-8xy+16y^2$

17-1 $\left(-\frac{1}{2}x+4\right)^2=\left\{-\left(\frac{1}{2}x-4\right)\right\}^2=\left(\frac{1}{2}x-4\right)^2$
$=\frac{1}{4}x^2-4x+16$

17-2 $\left(-\frac{3}{4}x+2\right)^2=\left\{-\left(\frac{3}{4}x-2\right)\right\}^2=\left(\frac{3}{4}x-2\right)^2$
$=\frac{9}{16}x^2-3x+4$

04 곱셈 공식 (2) : 합과 차의 곱

p. 97 ~ p. 99

1-1	2, 4	**1-2**	x^2-25
2-1	x^2-1	**2-2**	a^2-9
3-1	$x^2-\frac{1}{4}$	**3-2**	$x^2-\frac{1}{9}$
4-1	x, x^2	**4-2**	$64-a^2$
5-1	$9-x^2$	**5-2**	$1-x^2$
6-1	$5x$, $25x^2$, 9	**6-2**	$4x^2-1$
7-1	$9x^2-4$	**7-2**	$25x^2-1$
8-1	$25-4x^2$	**8-2**	$1-9x^2$
9-1	$2y$, $4y^2$	**9-2**	x^2-81y^2
10-1	$49a^2-4b^2$	**10-2**	$4x^2-9y^2$
11-1	$\frac{1}{4}x^2-9y^2$	**11-2**	$\frac{9}{16}x^2-\frac{1}{25}y^2$
12-1	$-x$, x^2, 1	**12-2**	x^2-25
13-1	$9a^2-4$	**13-2**	$9x^2-25y^2$
14-1	$4x^2-9y^2$	**14-2**	$\frac{1}{9}x^2-16y^2$
15-1	a, a^2	**15-2**	$1-9a^2$
16-1	$36-a^2$	**16-2**	$4y^2-x^2$
17-1	$16-y^2$	**17-2**	$9x^2-4y^2$

1-2 $(x+5)(x-5)=x^2-5^2=x^2-25$

2-1 $(x-1)(x+1)=x^2-1^2=x^2-1$

2-2 $(a+3)(a-3)=a^2-3^2=a^2-9$

3-1 $\left(x-\frac{1}{2}\right)\left(x+\frac{1}{2}\right)=x^2-\left(\frac{1}{2}\right)^2=x^2-\frac{1}{4}$

3-2 $\left(x+\frac{1}{3}\right)\left(x-\frac{1}{3}\right)=x^2-\left(\frac{1}{3}\right)^2=x^2-\frac{1}{9}$

4-2 $(8+a)(8-a)=8^2-a^2=64-a^2$

5-1 $(3-x)(3+x)=3^2-x^2=9-x^2$

5-2 $(1-x)(1+x)=1^2-x^2=1-x^2$

6-2 $(2x+1)(2x-1)=(2x)^2-1^2=4x^2-1$

7-1 $(3x-2)(3x+2)=(3x)^2-2^2=9x^2-4$

7-2 $(5x-1)(5x+1)=(5x)^2-1^2=25x^2-1$

8-1 $(5-2x)(5+2x)=5^2-(2x)^2=25-4x^2$

8-2 $(1+3x)(1-3x)=1^2-(3x)^2=1-9x^2$

9-2 $(x+9y)(x-9y)=x^2-(9y)^2=x^2-81y^2$

10-1 $(7a-2b)(7a+2b)=(7a)^2-(2b)^2=49a^2-4b^2$

10-2 $(2x-3y)(2x+3y)=(2x)^2-(3y)^2=4x^2-9y^2$

11-1 $\left(\frac{1}{2}x+3y\right)\left(\frac{1}{2}x-3y\right)=\left(\frac{1}{2}x\right)^2-(3y)^2=\frac{1}{4}x^2-9y^2$

11-2 $\left(\frac{3}{4}x+\frac{1}{5}y\right)\left(\frac{3}{4}x-\frac{1}{5}y\right)=\left(\frac{3}{4}x\right)^2-\left(\frac{1}{5}y\right)^2$

$=\frac{9}{16}x^2-\frac{1}{25}y^2$

12-2 $(-x+5)(-x-5)=(-x)^2-5^2=x^2-25$

13-1 $(-3a+2)(-3a-2)=(-3a)^2-2^2=9a^2-4$

13-2 $(-3x+5y)(-3x-5y)=(-3x)^2-(5y)^2=9x^2-25y^2$

14-1 $(-2x-3y)(-2x+3y)=(-2x)^2-(3y)^2=4x^2-9y^2$

14-2 $\left(-\frac{1}{3}x-4y\right)\left(-\frac{1}{3}x+4y\right)=\left(-\frac{1}{3}x\right)^2-(4y)^2$

$=\frac{1}{9}x^2-16y^2$

15-2 $(3a+1)(-3a+1)=(1+3a)(1-3a)$

$=1^2-(3a)^2=1-9a^2$

16-1 $(-a-6)(a-6)=(-6-a)(-6+a)$

$=(-6)^2-a^2=36-a^2$

16-2 $(-x-2y)(x-2y)=(-2y-x)(-2y+x)$

$=(-2y)^2-x^2=4y^2-x^2$

17-1 $(4-y)(y+4)=(4-y)(4+y)=4^2-y^2=16-y^2$

17-2 $(3x-2y)(2y+3x)=(3x-2y)(3x+2y)$

$=(3x)^2-(2y)^2$

$=9x^2-4y^2$

STEP 2

기본연산 집중연습 | 01~04

p. 100 ~ p. 101

1-1 $6ab+8ac+3b+4c$ **1-2** $12ab-20ac+6b-10c$
1-3 $6x^2-7x+2$ **1-4** $2x^2+5xy+2y^2$
1-5 x^2-y^2-x-y **1-6** $x^2-4xy+3y^2-2x+2y$
1-7 $2a^2-ab-b^2-3a+3b$ **1-8** $4a^2-8ab+3b^2-2ac+bc$
2-1 ×, $4x^2-12xy+9y^2$ **2-2** ×, x^2-1
2-3 ×, $9x^2-24xy+16y^2$ **2-4** ×, x^2-9
3-1 $x^2+8x+16$ **3-2** $9x^2+12x+4$
3-3 $25x^2-10xy+y^2$ **3-4** $4x^2-28x+49$
3-5 $4x^2+12x+9$ **3-6** x^2-36
3-7 $81-64x^2$ **3-8** $1-9x^2$
3-9 $25y^2-9x^2$

4

1-5 $(x+y)(x-y-1)=x^2-xy-x+xy-y^2-y$

$=x^2-y^2-x-y$

1-6 $(x-y)(x-3y-2)=x^2-3xy-2x-xy+3y^2+2y$

$=x^2-4xy+3y^2-2x+2y$

1-7 $(2a+b-3)(a-b)=2a^2-2ab+ab-b^2-3a+3b$

$=2a^2-ab-b^2-3a+3b$

1-8 $(2a-3b-c)(2a-b)$

$=4a^2-2ab-6ab+3b^2-2ac+bc$

$=4a^2-8ab+3b^2-2ac+bc$

x^2-36	$4x^2-12x+9$	$1-9x^2$	x^2+16
$x^2+8x+16$	$-4x^2+49$	$4x^2+12x+9$	$5x^2-y^2$
$25y^2-9x^2$	$9x^2+12x+4$	$81-64x^2$	$4x^2-28x+49$
x^2-1	x^2-12	$25x^2-10xy+y^2$	$x^2+12x+36$

STEP 1

05 곱셈 공식 (3) : x의 계수가 1인 두 일차식의 곱 (1)

p. 102 ~ p. 103

1-1 5, 4
1-2 $x^2+7x+10$
2-1 x^2+5x+4
2-2 $x^2+9x+18$
3-1 $x^2+13x+36$
3-2 $x^2+15x+56$
4-1 5, 6
4-2 x^2-3x+2
5-1 $x^2-9x+20$
5-2 $x^2-13x+30$
6-1 2, 15
6-2 x^2-2x-8
7-1 x^2-6x-7
7-2 $x^2-5x-24$
8-1 $x^2-4x-21$
8-2 $x^2+2x-24$
9-1 x^2-x-30
9-2 x^2-x-72
10-1 $x^2-\frac{1}{6}x-\frac{1}{6}$
10-2 $x^2-\frac{1}{6}x-\frac{1}{3}$
11-1 $x^2-\frac{6}{5}x-\frac{8}{5}$
11-2 $x^2+\frac{1}{20}x-\frac{1}{20}$

1-2 $(x+2)(x+5)=x^2+(2+5)x+2\times5=x^2+7x+10$

2-1 $(x+1)(x+4)=x^2+(1+4)x+1\times4=x^2+5x+4$

2-2 $(x+3)(x+6)=x^2+(3+6)x+3\times6=x^2+9x+18$

3-1 $(x+4)(x+9)=x^2+(4+9)x+4\times9=x^2+13x+36$

3-2 $(x+7)(x+8)=x^2+(7+8)x+7\times8=x^2+15x+56$

4-2 $(x-1)(x-2)=x^2+(-1-2)x+(-1)\times(-2)$
$=x^2-3x+2$

5-1 $(x-5)(x-4)=x^2+(-5-4)x+(-5)\times(-4)$
$=x^2-9x+20$

5-2 $(x-10)(x-3)=x^2+(-10-3)x+(-10)\times(-3)$
$=x^2-13x+30$

6-2 $(x-4)(x+2)=x^2+(-4+2)x+(-4)\times2$
$=x^2-2x-8$

7-1 $(x-7)(x+1)=x^2+(-7+1)x+(-7)\times1$
$=x^2-6x-7$

7-2 $(x-8)(x+3)=x^2+(-8+3)x+(-8)\times3$
$=x^2-5x-24$

8-1 $(x+3)(x-7)=x^2+(3-7)x+3\times(-7)$
$=x^2-4x-21$

8-2 $(x+6)(x-4)=x^2+(6-4)x+6\times(-4)$
$=x^2+2x-24$

9-1 $(x+5)(x-6)=x^2+(5-6)x+5\times(-6)$
$=x^2-x-30$

9-2 $(x+8)(x-9)=x^2+(8-9)x+8\times(-9)$
$=x^2-x-72$

10-1 $\left(x-\frac{1}{2}\right)\left(x+\frac{1}{3}\right)=x^2+\left(-\frac{1}{2}+\frac{1}{3}\right)x+\left(-\frac{1}{2}\right)\times\frac{1}{3}$
$=x^2-\frac{1}{6}x-\frac{1}{6}$

10-2 $\left(x-\frac{2}{3}\right)\left(x+\frac{1}{2}\right)=x^2+\left(-\frac{2}{3}+\frac{1}{2}\right)x+\left(-\frac{2}{3}\right)\times\frac{1}{2}$
$=x^2-\frac{1}{6}x-\frac{1}{3}$

11-1 $\left(x+\frac{4}{5}\right)(x-2)=x^2+\left(\frac{4}{5}-2\right)x+\frac{4}{5}\times(-2)$
$=x^2-\frac{6}{5}x-\frac{8}{5}$

11-2 $\left(x+\frac{1}{4}\right)\left(x-\frac{1}{5}\right)=x^2+\left(\frac{1}{4}-\frac{1}{5}\right)x+\frac{1}{4}\times\left(-\frac{1}{5}\right)$
$=x^2+\frac{1}{20}x-\frac{1}{20}$

06 곱셈 공식 (3) : x의 계수가 1인 두 일차식의 곱 (2)

p. 104

1-1 $16y$, $16y$, 13, $48y^2$
1-2 $x^2+5xy-36y^2$
2-1 $x^2+5xy+6y^2$
2-2 $x^2+8xy+15y^2$
3-1 $x^2-10xy+21y^2$
3-2 $x^2-9xy+20y^2$
4-1 $x^2-2xy-8y^2$
4-2 $x^2+5xy-14y^2$
5-1 $x^2-xy-72y^2$
5-2 $x^2+5xy-66y^2$

1-2 $(x-4y)(x+9y)=x^2+(-4y+9y)x+(-4y)\times9y$
$=x^2+5xy-36y^2$

2-1 $(x+2y)(x+3y)=x^2+(2y+3y)x+2y\times3y$
$=x^2+5xy+6y^2$

2-2 $(x+3y)(x+5y)=x^2+(3y+5y)x+3y\times5y$
$=x^2+8xy+15y^2$

3-1 $(x-3y)(x-7y)=x^2+(-3y-7y)x+(-3y)\times(-7y)$
$=x^2-10xy+21y^2$

3-2 $(x-5y)(x-4y)=x^2+(-5y-4y)x+(-5y)\times(-4y)$
$=x^2-9xy+20y^2$

4-1 $(x+2y)(x-4y)=x^2+(2y-4y)x+2y\times(-4y)$
$=x^2-2xy-8y^2$

4-2 $(x+7y)(x-2y)=x^2+(7y-2y)x+7y\times(-2y)$
$=x^2+5xy-14y^2$

5-1 $(x+8y)(x-9y)=x^2+(8y-9y)x+8y\times(-9y)$
$=x^2-xy-72y^2$

5-2 $(x-6y)(x+11y)=x^2+(-6y+11y)x+(-6y)\times 11y$
$=x^2+5xy-66y^2$

07 곱셈 공식 (4) : x의 계수가 1이 아닌 두 일차식의 곱 (1)

p. 105 ~ p. 106

1-1	3, 6, 7, 2	**1-2**	$12x^2+7x+1$
2-1	$8x^2+24x+18$	**2-2**	$5x^2+22x+8$
3-1	$28x^2+19x+3$	**3-2**	$9x^2+30x+24$
4-1	$-4, 1, 9, 4$	**4-2**	$2x^2-11x+15$
5-1	$12x^2-13x+3$	**5-2**	$5x^2-31x+6$
6-1	4, 2, 2	**6-2**	$4x^2+5x-21$
7-1	$6x^2+x-2$	**7-2**	$12x^2+5x-3$
8-1	$8x^2+8x-6$	**8-2**	$12x^2-9x-30$
9-1	$4x^2-\frac{5}{6}x-\frac{1}{4}$	**9-2**	$9x^2-\frac{1}{2}x-\frac{1}{3}$
10-1	$8x^2+8xy-6y^2$	**10-2**	$6x^2-7xy-20y^2$
11-1	$4x^2+5xy-21y^2$	**11-2**	$12x^2-9xy-30y^2$

1-2 $(3x+1)(4x+1)=(3\times4)x^2+(3\times1+1\times4)x+1\times1$
$=12x^2+7x+1$

2-1 $(2x+3)(4x+6)=(2\times4)x^2+(2\times6+3\times4)x+3\times6$
$=8x^2+24x+18$

2-2 $(x+4)(5x+2)=(1\times5)x^2+(1\times2+4\times5)x+4\times2$
$=5x^2+22x+8$

3-1 $(7x+3)(4x+1)=(7\times4)x^2+(7\times1+3\times4)x+3\times1$
$=28x^2+19x+3$

3-2 $(3x+6)(3x+4)=(3\times3)x^2+(3\times4+6\times3)x+6\times4$
$=9x^2+30x+24$

4-2 $(x-3)(2x-5)$
$=(1\times2)x^2+\{1\times(-5)+(-3)\times2\}x+(-3)\times(-5)$
$=2x^2-11x+15$

5-1 $(3x-1)(4x-3)$
$=(3\times4)x^2+\{3\times(-3)+(-1)\times4\}x+(-1)\times(-3)$
$=12x^2-13x+3$

5-2 $(5x-1)(x-6)$
$=(5\times1)x^2+\{5\times(-6)+(-1)\times1\}x+(-1)\times(-6)$
$=5x^2-31x+6$

6-2 $(4x-7)(x+3)$
$=(4\times1)x^2+\{4\times3+(-7)\times1\}x+(-7)\times3$
$=4x^2+5x-21$

7-1 $(2x-1)(3x+2)$
$=(2\times3)x^2+\{2\times2+(-1)\times3\}x+(-1)\times2$
$=6x^2+x-2$

7-2 $(3x-1)(4x+3)$
$=(3\times4)x^2+\{3\times3+(-1)\times4\}x+(-1)\times3$
$=12x^2+5x-3$

8-1 $(2x+3)(4x-2)$
$=(2\times4)x^2+\{2\times(-2)+3\times4\}x+3\times(-2)$
$=8x^2+8x-6$

8-2 $(4x+5)(3x-6)$
$=(4\times3)x^2+\{4\times(-6)+5\times3\}x+5\times(-6)$
$=12x^2-9x-30$

9-1 $\left(2x-\frac{3}{4}\right)\left(2x+\frac{1}{3}\right)$
$=(2\times2)x^2+\left\{2\times\frac{1}{3}+\left(-\frac{3}{4}\right)\times2\right\}x+\left(-\frac{3}{4}\right)\times\frac{1}{3}$
$=4x^2-\frac{5}{6}x-\frac{1}{4}$

9-2 $\left(3x+\frac{1}{2}\right)\left(3x-\frac{2}{3}\right)$
$=(3\times3)x^2+\left\{3\times\left(-\frac{2}{3}\right)+\frac{1}{2}\times3\right\}x+\frac{1}{2}\times\left(-\frac{2}{3}\right)$
$=9x^2-\frac{1}{2}x-\frac{1}{3}$

10-1 $(2x+3y)(4x-2y)$
$=(2\times4)x^2+\{2\times(-2y)+3y\times4\}x+3y\times(-2y)$
$=8x^2+8xy-6y^2$

10-2 $(3x+4y)(2x-5y)$
$=(3\times2)x^2+\{3\times(-5y)+4y\times2\}x+4y\times(-5y)$
$=6x^2-7xy-20y^2$

11-1 $(4x-7y)(x+3y)$
$=(4\times1)x^2+\{4\times3y+(-7y)\times1\}x+(-7y)\times3y$
$=4x^2+5xy-21y^2$

11-2 $(3x-6y)(4x+5y)$
$=(3\times4)x^2+\{3\times5y+(-6y)\times4\}x+(-6y)\times5y$
$=12x^2-9xy-30y^2$

08 곱셈 공식 (4) : x의 계수가 1이 아닌 두 일차식의 곱 (2)

p. 107

1-1	$-12, 11, 2$	**1-2**	$-2x^2-17x-21$
2-1	$-6x^2-13x-5$	**2-2**	$-10x^2+9x+9$
3-1	$-6x^2+19x-10$	**3-2**	$-21x^2+8x+4$
4-1	$6x^2+5x-4$	**4-2**	$12x^2+17x-5$
5-1	$-5x^2+28xy+12y^2$	**5-2**	$6x^2+xy-2y^2$

1-2 $(-x-7)(2x+3)$
$=\{(-1)\times2\}x^2+\{(-1)\times3+(-7)\times2\}x+(-7)\times3$
$=-2x^2-17x-21$

2-1 $(3x+5)(-2x-1)$
$=\{3\times(-2)\}x^2+\{3\times(-1)+5\times(-2)\}x+5\times(-1)$
$=-6x^2-13x-5$

2-2 $(5x+3)(-2x+3)$
$=\{5\times(-2)\}x^2+\{5\times3+3\times(-2)\}x+3\times3$
$=-10x^2+9x+9$

3-1 $(-2x+5)(3x-2)$
$=\{(-2)\times3\}x^2+\{(-2)\times(-2)+5\times3\}x+5\times(-2)$
$=-6x^2+19x-10$

3-2 $(7x+2)(-3x+2)$
$=\{7\times(-3)\}x^2+\{7\times2+2\times(-3)\}x+2\times2$
$=-21x^2+8x+4$

4-1 $(-2x+1)(-3x-4)$
$=\{(-2)\times(-3)\}x^2+\{(-2)\times(-4)+1\times(-3)\}x$
$+1\times(-4)$
$=6x^2+5x-4$

4-2 $(-4x+1)(-3x-5)$
$=\{(-4)\times(-3)\}x^2+\{(-4)\times(-5)+1\times(-3)\}x$
$+1\times(-5)$
$=12x^2+17x-5$

5-1 $(-5x-2y)(x-6y)$
$=\{(-5)\times1\}x^2+\{(-5)\times(-6y)+(-2y)\times1\}x$
$+(-2y)\times(-6y)$
$=-5x^2+28xy+12y^2$

5-2 $(-2x+y)(-3x-2y)$
$=\{(-2)\times(-3)\}x^2+\{(-2)\times(-2y)+y\times(-3)\}x$
$+y\times(-2y)$
$=6x^2+xy-2y^2$

09 복잡한 식의 전개

p. 108 ~ p. 109

1-1	-21	**1-2**	$4x^2-10$
2-1	$2x^2-3x+16$	**2-2**	$2x^2-5x-8$
3-1	$-6x+9$	**3-2**	$2x^2-5x-22$
4-1	$12x$	**4-2**	$2x^2+3x-41$
5-1	$2x^2+18x-5$	**5-2**	$-8x^2-15x+6$
6-1	$2x^2-5x-5$	**6-2**	$13x-9$
7-1	$6x^2-13x+2$	**7-2**	$7x-8$
8-1	$2x^2+8xy-9y^2$	**8-2**	$-12xy$
9-1	$-3y^2+3xy$	**9-2**	$-y^2-5xy$

1-1 $(x+3)(x-7)-x(x-4)=x^2-4x-21-(x^2-4x)$
$=x^2-4x-21-x^2+4x$
$=-21$

1-2 $(x-5)(x+2)+3x(x+1)=x^2-3x-10+3x^2+3x$
$=4x^2-10$

2-1 $(x+2)^2+(x-4)(x-3)=x^2+4x+4+x^2-7x+12$
$=2x^2-3x+16$

2-2 $(x-2)^2+(x-4)(x+3)=x^2-4x+4+x^2-x-12$
$=2x^2-5x-8$

3-1 $(x-1)(x-5)-(x+2)(x-2)=x^2-6x+5-(x^2-4)$
$=x^2-6x+5-x^2+4$
$=-6x+9$

3-2 $(x+1)(x-6)+(x-4)(x+4)$
$=x^2-5x-6+x^2-16$
$=2x^2-5x-22$

4-1 $(x+3)^2-(x-3)^2=x^2+6x+9-(x^2-6x+9)$
$=x^2+6x+9-x^2+6x-9$
$=12x$

4-2 $(-x-1)(-x+1)+(x-5)(x+8)$
$=x^2-1+x^2+3x-40$
$=2x^2+3x-41$

5-1 $(2x+1)(4x+1)-6(x-1)^2$
$=8x^2+6x+1-6(x^2-2x+1)$
$=8x^2+6x+1-6x^2+12x-6$
$=2x^2+18x-5$

5-2 $(2x-1)^2-(3x-1)(4x+5)$
$=4x^2-4x+1-(12x^2+11x-5)$
$=4x^2-4x+1-12x^2-11x+5$
$=-8x^2-15x+6$

6-1 $(2x-3)(3x+2)-(2x+1)(2x-1)$
$=6x^2-5x-6-(4x^2-1)$
$=6x^2-5x-6-4x^2+1$
$=2x^2-5x-5$

6-2 $(3x-2)(4x+3)-3(-2x+1)^2$
$=12x^2+x-6-3(4x^2-4x+1)$
$=12x^2+x-6-12x^2+12x-3$
$=13x-9$

7-1 $(-4x-3)^2+(-2x-7)(5x+1)$
$=16x^2+24x+9-10x^2-37x-7$
$=6x^2-13x+2$

7-2 $(-2x+1)(3x-2)-6(-x+1)(x+1)$
$=-6x^2+7x-2-6(1-x^2)$
$=-6x^2+7x-2-6+6x^2$
$=7x-8$

8-1 $(2x+y)(2x-y)-2(x-2y)^2$
$=4x^2-y^2-2(x^2-4xy+4y^2)$
$=4x^2-y^2-2x^2+8xy-8y^2$
$=2x^2+8xy-9y^2$

8-2 $(x-3y)^2-(x+3y)^2$
$=x^2-6xy+9y^2-(x^2+6xy+9y^2)$
$=x^2-6xy+9y^2-x^2-6xy-9y^2$
$=-12xy$

9-1 $(x-y)(x+4y)-(-x-y)(-x+y)$
$=x^2+3xy-4y^2-(x^2-y^2)$
$=x^2+3xy-4y^2-x^2+y^2$
$=-3y^2+3xy$

9-2 $4(x-y)(x-5y)+(-4x+7y)(x-3y)$
$=4(x^2-6xy+5y^2)-4x^2+19xy-21y^2$
$=4x^2-24xy+20y^2-4x^2+19xy-21y^2$
$=-y^2-5xy$

STEP 2

기본연산 집중연습 | 05~09

p. 110 ~ p. 111

1-1 ×, x^2+x-6
1-2 ×, $x^2-xy-2y^2$
1-3 ×, $6x^2+x-1$
1-4 ×, $12x^2+7xy+y^2$
2-1 x^2-3x-4
2-2 $x^2-16x+63$
2-3 $x^2+2xy-15y^2$
2-4 $8x^2+22xy+15y^2$
2-5 $25x^2-25x+6$
2-6 $15x^2-7xy-2y^2$
2-7 $-4x^2+19xy-21y^2$
2-8 $3x^2+7xy+4y^2$

3

(1) 3					(6) −	(5) 4	x	y
(2) x^2	−	(3) 4	9			x^2		
−		(4) x^2	+	2	x	−	8	
3		−				8		
x		9		(7) −	2	x	+	(8) 6
	(9) 4	y^2	−	(10) 9		y		x
				a^2		+		−
(11) 3	x^2	−	x	−	1	3		5
				1		y^2		

3 (1) $(x+2)^2+(2x+1)(x-4)$
$=x^2+4x+4+2x^2-7x-4$
$=3x^2-3x$

(6) $(x-y)^2-(x+y)^2=x^2-2xy+y^2-(x^2+2xy+y^2)$
$=x^2-2xy+y^2-x^2-2xy-y^2$
$=-4xy$

(7) $(x+1)(x-3)-(x-3)(x+3)$
$=x^2-2x-3-(x^2-9)$
$=x^2-2x-3-x^2+9$
$=-2x+6$

(8) $(3x+2)(3x-2)-(3x-1)^2$
$=9x^2-4-(9x^2-6x+1)$
$=9x^2-4-9x^2+6x-1$
$=6x-5$

(9) $(y-1)(y+9)+y(3y-8)=y^2+8y-9+3y^2-8y$
$=4y^2-9$

(11) $(2x+3)^2-(x+2)(x+11)$
$=4x^2+12x+9-(x^2+13x+22)$
$=4x^2+12x+9-x^2-13x-22$
$=3x^2-x-13$

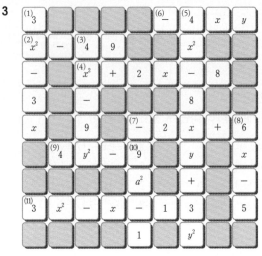

STEP 1

10 곱셈 공식을 이용한 무리수의 계산 (1) p. 112

1-1	$\sqrt{5}, 8+2\sqrt{15}$	**1-2**	$3+2\sqrt{2}$
2-1	$37+20\sqrt{3}$	**2-2**	$9-2\sqrt{14}$
3-1	$10-4\sqrt{6}$	**3-2**	$34-6\sqrt{21}$
4-1	$\sqrt{3}, 2$	**4-2**	2
5-1	1	**5-2**	-2

1-2 $(\sqrt{2}+1)^2=(\sqrt{2})^2+2\times\sqrt{2}\times1+1^2$
$=2+2\sqrt{2}+1=3+2\sqrt{2}$

2-1 $(2\sqrt{3}+5)^2=(2\sqrt{3})^2+2\times2\sqrt{3}\times5+5^2$
$=12+20\sqrt{3}+25=37+20\sqrt{3}$

2-2 $(\sqrt{7}-\sqrt{2})^2=(\sqrt{7})^2-2\times\sqrt{7}\times\sqrt{2}+(\sqrt{2})^2$
$=7-2\sqrt{14}+2=9-2\sqrt{14}$

3-1 $(\sqrt{6}-2)^2=(\sqrt{6})^2-2\times\sqrt{6}\times2+2^2$
$=6-4\sqrt{6}+4=10-4\sqrt{6}$

3-2 $(3\sqrt{3}-\sqrt{7})^2=(3\sqrt{3})^2-2\times3\sqrt{3}\times\sqrt{7}+(\sqrt{7})^2$
$=27-6\sqrt{21}+7=34-6\sqrt{21}$

4-2 $(\sqrt{5}+\sqrt{3})(\sqrt{5}-\sqrt{3})=(\sqrt{5})^2-(\sqrt{3})^2=5-3=2$

5-1 $(3+2\sqrt{2})(3-2\sqrt{2})=3^2-(2\sqrt{2})^2=9-8=1$

5-2 $(-\sqrt{5}+\sqrt{7})(-\sqrt{5}-\sqrt{7})=(-\sqrt{5})^2-(\sqrt{7})^2$
$=5-7=-2$

11 곱셈 공식을 이용한 무리수의 계산 (2) p. 113

1-1	$3, 3, 11+5\sqrt{5}$	**1-2**	$-4+3\sqrt{6}$
2-1	$-8+2\sqrt{7}$	**2-2**	$-14-2\sqrt{10}$
3-1	$-14-3\sqrt{3}$	**3-2**	$30-13\sqrt{6}$
4-1	$6+2\sqrt{2}$	**4-2**	$35+18\sqrt{3}$
5-1	$1-\sqrt{10}$	**5-2**	$12-5\sqrt{6}$

1-2 $(\sqrt{6}+5)(\sqrt{6}-2)=(\sqrt{6})^2+(5-2)\sqrt{6}+5\times(-2)$
$=6+3\sqrt{6}-10=-4+3\sqrt{6}$

2-1 $(\sqrt{7}-3)(\sqrt{7}+5)=(\sqrt{7})^2+(-3+5)\sqrt{7}+(-3)\times5$
$=7+2\sqrt{7}-15=-8+2\sqrt{7}$

2-2 $(\sqrt{10}+4)(\sqrt{10}-6)=(\sqrt{10})^2+(4-6)\sqrt{10}+4\times(-6)$
$=10-2\sqrt{10}-24=-14-2\sqrt{10}$

3-1 $(2\sqrt{3}+5)(\sqrt{3}-4)=2\times(\sqrt{3})^2+(-8+5)\sqrt{3}+5\times(-4)$
$=6-3\sqrt{3}-20=-14-3\sqrt{3}$

3-2 $(2\sqrt{6}-9)(\sqrt{6}-2)$
$=2\times(\sqrt{6})^2+(-4-9)\sqrt{6}+(-9)\times(-2)$
$=12-13\sqrt{6}+18=30-13\sqrt{6}$

4-1 $(2\sqrt{2}-1)(2\sqrt{2}+2)=4\times(\sqrt{2})^2+(4-2)\sqrt{2}+(-1)\times2$
$=8+2\sqrt{2}-2=6+2\sqrt{2}$

4-2 $(3\sqrt{3}+2)(3\sqrt{3}+4)=9\times(\sqrt{3})^2+(12+6)\sqrt{3}+2\times4$
$=27+18\sqrt{3}+8=35+18\sqrt{3}$

5-1 $(\sqrt{5}+\sqrt{2})(\sqrt{5}-2\sqrt{2})$
$=(\sqrt{5})^2+(\sqrt{2}-2\sqrt{2})\sqrt{5}+\sqrt{2}\times(-2\sqrt{2})$
$=5-\sqrt{10}-4=1-\sqrt{10}$

5-2 $(3\sqrt{2}-2\sqrt{3})(\sqrt{2}-\sqrt{3})$
$=3\times(\sqrt{2})^2+(-3\sqrt{3}-2\sqrt{3})\sqrt{2}+(-2\sqrt{3})\times(-\sqrt{3})$
$=6-5\sqrt{6}+6=12-5\sqrt{6}$

12 곱셈 공식을 이용한 분모의 유리화 p. 114 ~ p. 115

1-1	$\sqrt{2}+1, \sqrt{2}+1$	**1-2**	$\dfrac{\sqrt{3}-1}{2}$
2-1	$-3-2\sqrt{3}$	**2-2**	$\dfrac{\sqrt{10}-\sqrt{2}}{4}$
3-1	$-2\sqrt{2}+3$	**3-2**	$\dfrac{2\sqrt{3}+1}{11}$
4-1	$\sqrt{5}+\sqrt{2}$	**4-2**	$-2\sqrt{3}+2\sqrt{5}$
5-1	$(\sqrt{3}+\sqrt{2})^2, \sqrt{3}+\sqrt{2}, 5+2\sqrt{6}$		
5-2	$9+4\sqrt{5}$		
6-1	$3+2\sqrt{2}$	**6-2**	$5+2\sqrt{6}$
7-1	$\dfrac{5+\sqrt{21}}{2}$	**7-2**	$9-4\sqrt{5}$
8-1	$\dfrac{3+\sqrt{3}}{3}$	**8-2**	$-\sqrt{3}+2\sqrt{2}$
9-1	$10-7\sqrt{2}$	**9-2**	$14+8\sqrt{3}$

1-2 $\dfrac{1}{\sqrt{3}+1}=\dfrac{\sqrt{3}-1}{(\sqrt{3}+1)(\sqrt{3}-1)}=\dfrac{\sqrt{3}-1}{2}$

2-1 $\dfrac{\sqrt{3}}{\sqrt{3}-2}=\dfrac{\sqrt{3}(\sqrt{3}+2)}{(\sqrt{3}-2)(\sqrt{3}+2)}=\dfrac{3+2\sqrt{3}}{-1}=-3-2\sqrt{3}$

2-2 $\frac{\sqrt{2}}{\sqrt{5}+1}=\frac{\sqrt{2}(\sqrt{5}-1)}{(\sqrt{5}+1)(\sqrt{5}-1)}=\frac{\sqrt{10}-\sqrt{2}}{4}$

3-1 $\frac{1}{2\sqrt{2}+3}=\frac{2\sqrt{2}-3}{(2\sqrt{2}+3)(2\sqrt{2}-3)}=\frac{2\sqrt{2}-3}{-1}=-2\sqrt{2}+3$

3-2 $\frac{1}{2\sqrt{3}-1}=\frac{2\sqrt{3}+1}{(2\sqrt{3}-1)(2\sqrt{3}+1)}=\frac{2\sqrt{3}+1}{11}$

4-1 $\frac{3}{\sqrt{5}-\sqrt{2}}=\frac{3(\sqrt{5}+\sqrt{2})}{(\sqrt{5}-\sqrt{2})(\sqrt{5}+\sqrt{2})}$
$=\frac{3(\sqrt{5}+\sqrt{2})}{3}=\sqrt{5}+\sqrt{2}$

4-2 $\frac{4}{\sqrt{3}+\sqrt{5}}=\frac{4(\sqrt{3}-\sqrt{5})}{(\sqrt{3}+\sqrt{5})(\sqrt{3}-\sqrt{5})}=\frac{4(\sqrt{3}-\sqrt{5})}{-2}$
$=-2(\sqrt{3}-\sqrt{5})=-2\sqrt{3}+2\sqrt{5}$

5-2 $\frac{\sqrt{5}+2}{\sqrt{5}-2}=\frac{(\sqrt{5}+2)^2}{(\sqrt{5}-2)(\sqrt{5}+2)}$
$=(\sqrt{5})^2+2\times\sqrt{5}\times2+2^2$
$=9+4\sqrt{5}$

6-1 $\frac{\sqrt{2}+1}{\sqrt{2}-1}=\frac{(\sqrt{2}+1)^2}{(\sqrt{2}-1)(\sqrt{2}+1)}$
$=(\sqrt{2})^2+2\times\sqrt{2}\times1+1^2$
$=3+2\sqrt{2}$

6-2 $\frac{\sqrt{6}+2}{\sqrt{6}-2}=\frac{(\sqrt{6}+2)^2}{(\sqrt{6}-2)(\sqrt{6}+2)}$
$=\frac{(\sqrt{6})^2+2\times\sqrt{6}\times2+2^2}{2}$
$=\frac{10+4\sqrt{6}}{2}=5+2\sqrt{6}$

7-1 $\frac{\sqrt{7}+\sqrt{3}}{\sqrt{7}-\sqrt{3}}=\frac{(\sqrt{7}+\sqrt{3})^2}{(\sqrt{7}-\sqrt{3})(\sqrt{7}+\sqrt{3})}$
$=\frac{(\sqrt{7})^2+2\times\sqrt{7}\times\sqrt{3}+(\sqrt{3})^2}{4}$
$=\frac{10+2\sqrt{21}}{4}=\frac{5+\sqrt{21}}{2}$

7-2 $\frac{\sqrt{10}-\sqrt{8}}{\sqrt{10}+\sqrt{8}}=\frac{(\sqrt{10}-\sqrt{8})^2}{(\sqrt{10}+\sqrt{8})(\sqrt{10}-\sqrt{8})}$
$=\frac{(\sqrt{10})^2-2\times\sqrt{10}\times\sqrt{8}+(\sqrt{8})^2}{2}$
$=\frac{18-8\sqrt{5}}{2}=9-4\sqrt{5}$

8-1 $\frac{\sqrt{3}-1}{2\sqrt{3}-3}=\frac{(\sqrt{3}-1)(2\sqrt{3}+3)}{(2\sqrt{3}-3)(2\sqrt{3}+3)}$
$=\frac{6+\sqrt{3}-3}{3}=\frac{3+\sqrt{3}}{3}$

8-2 $\frac{\sqrt{6}+1}{\sqrt{2}+\sqrt{3}}=\frac{(\sqrt{6}+1)(\sqrt{2}-\sqrt{3})}{(\sqrt{2}+\sqrt{3})(\sqrt{2}-\sqrt{3})}$
$=\frac{\sqrt{12}-\sqrt{18}+\sqrt{2}-\sqrt{3}}{-1}$
$=-(2\sqrt{3}-3\sqrt{2}+\sqrt{2}-\sqrt{3})$
$=-\sqrt{3}+2\sqrt{2}$

9-1 $\frac{2-\sqrt{2}}{3+2\sqrt{2}}=\frac{(2-\sqrt{2})(3-2\sqrt{2})}{(3+2\sqrt{2})(3-2\sqrt{2})}$
$=6-4\sqrt{2}-3\sqrt{2}+4$
$=10-7\sqrt{2}$

9-2 $\frac{4+2\sqrt{3}}{2-\sqrt{3}}=\frac{(4+2\sqrt{3})(2+\sqrt{3})}{(2-\sqrt{3})(2+\sqrt{3})}$
$=8+4\sqrt{3}+4\sqrt{3}+6$
$=14+8\sqrt{3}$

13 곱셈 공식을 이용한 수의 계산 (1)

p. 116

1-1	2, 1, 2601	**1-2**	10201
2-1	5184	**2-2**	8281
3-1	2, 2, 2304	**3-2**	9025
4-1	7569	**4-2**	159201
5-1	37.21	**5-2**	94.09

1-2 $101^2=(100+1)^2=100^2+2\times100\times1+1^2$
$=10000+200+1=10201$

2-1 $72^2=(70+2)^2=70^2+2\times70\times2+2^2$
$=4900+280+4=5184$

2-2 $91^2=(90+1)^2=90^2+2\times90\times1+1^2$
$=8100+180+1=8281$

3-2 $95^2=(100-5)^2=100^2-2\times100\times5+5^2$
$=10000-1000+25=9025$

4-1 $87^2=(90-3)^2=90^2-2\times90\times3+3^2$
$=8100-540+9=7569$

4-2 $399^2=(400-1)^2=400^2-2\times400\times1+1^2$
$=160000-800+1=159201$

5-1 $6.1^2=(6+0.1)^2=6^2+2\times6\times0.1+0.1^2$
$=36+1.2+0.01=37.21$

5-2 $9.7^2=(10-0.3)^2=10^2-2\times10\times0.3+0.3^2$
$=100-6+0.09=94.09$

14 곱셈 공식을 이용한 수의 계산 (2)

p. 117

1-1	2, 2, 2496	**1-2**	896
2-1	9991	**2-2**	39996
3-1	99.96	**3-2**	24.99
4-1	8, 8, 8, 11124	**4-2**	253510
5-1	10282	**5-2**	38612

1-2 $28\times32=(30-2)(30+2)=30^2-2^2$
$=900-4=896$

2-1 $97\times103=(100-3)(100+3)=100^2-3^2$
$=10000-9=9991$

2-2 $202\times198=(200+2)(200-2)=200^2-2^2$
$=40000-4=39996$

3-1 $10.2\times9.8=(10+0.2)(10-0.2)=10^2-0.2^2$
$=100-0.04=99.96$

3-2 $4.9\times5.1=(5-0.1)(5+0.1)=5^2-0.1^2$
$=25-0.01=24.99$

4-2 $502\times505=(500+2)(500+5)$
$=500^2+(2+5)\times500+2\times5$
$=250000+3500+10=253510$

5-1 $97\times106=(100-3)(100+6)$
$=100^2+(-3+6)\times100+(-3)\times6$
$=10000+300-18=10282$

5-2 $196\times197=(200-4)(200-3)$
$=200^2+(-4-3)\times200+(-4)\times(-3)$
$=40000-1400+12=38612$

15 치환을 이용한 다항식의 전개

p. 118 ~ p. 119

1-1 $a+b$, 9, $a^2+2ab+b^2-9$
1-2 $x^2-2xy+y^2-4$
2-1 $x^2+2xy+y^2-7x-7y+10$
2-2 $x^2+4xy+4y^2+5x+10y+6$
3-1 $4x^2+4xy+y^2-16x-8y+15$
3-2 $9x^2+6xy+y^2+3x+y-2$
4-1 $x^2+2x+1-9y^2$ 연구 1, 1
4-2 $a^2-4a+4-b^2$
5-1 2, $x+y$, $x^2+2xy+y^2-2x-2y+1$
5-2 $a^2-2ab+b^2+4a-4b+4$
6-1 $a^2+4ab+4b^2-2a-4b+1$
6-2 $4x^2+12xy+9y^2+4x+6y+1$
7-1 $4x^2+4xy+y^2-12x-6y+9$
7-2 $a^2-8ab+16b^2+10a-40b+25$
8-1 $y-1$, x^2-y^2+2y-1 **8-2** $x^2-4y^2+12y-9$
9-1 $x^2-9y^2+24y-16$ **9-2** $a^2-b^2+8b-16$

1-2 $(x-y+2)(x-y-2)$
$=(A+2)(A-2)$ ← $x-y=A$로 치환
$=A^2-4$
$=(x-y)^2-4$ ← $A=x-y$를 대입
$=x^2-2xy+y^2-4$

2-1 $(x+y-2)(x+y-5)$
$=(A-2)(A-5)$ ← $x+y=A$로 치환
$=A^2-7A+10$
$=(x+y)^2-7(x+y)+10$ ← $A=x+y$를 대입
$=x^2+2xy+y^2-7x-7y+10$

2-2 $(x+2y+3)(x+2y+2)$
$=(A+3)(A+2)$ ← $x+2y=A$로 치환
$=A^2+5A+6$
$=(x+2y)^2+5(x+2y)+6$ ← $A=x+2y$를 대입
$=x^2+4xy+4y^2+5x+10y+6$

3-1 $(2x+y-3)(2x+y-5)$
$=(A-3)(A-5)$ ← $2x+y=A$로 치환
$=A^2-8A+15$
$=(2x+y)^2-8(2x+y)+15$ ← $A=2x+y$를 대입
$=4x^2+4xy+y^2-16x-8y+15$

3-2 $(3x+y-1)(3x+y+2)$
$=(A-1)(A+2)$ ← $3x+y=A$로 치환
$=A^2+A-2$
$=(3x+y)^2+(3x+y)-2$ ← $A=3x+y$를 대입
$=9x^2+6xy+y^2+3x+y-2$

4-1 $(x-3y+1)(x+3y+1)$
$=(x+1-3y)(x+1+3y)$ ⌉ $x+1=A$로 치환
$=(A-3y)(A+3y)$
$=A^2-9y^2$ ⌉ $A=x+1$을 대입
$=(x+1)^2-9y^2$
$=x^2+2x+1-9y^2$

4-2 $(a+b-2)(a-b-2)$
$=(a-2+b)(a-2-b)$ ⌉ $a-2=A$로 치환
$=(A+b)(A-b)$
$=A^2-b^2$ ⌉ $A=a-2$를 대입
$=(a-2)^2-b^2$
$=a^2-4a+4-b^2$

5-2 $(a-b+2)^2$ ⌉ $a-b=A$로 치환
$=(A+2)^2$
$=A^2+4A+4$ ⌉ $A=a-b$를 대입
$=(a-b)^2+4(a-b)+4$
$=a^2-2ab+b^2+4a-4b+4$

6-1 $(a+2b-1)^2$ ⌉ $a+2b=A$로 치환
$=(A-1)^2$
$=A^2-2A+1$ ⌉ $A=a+2b$를 대입
$=(a+2b)^2-2(a+2b)+1$
$=a^2+4ab+4b^2-2a-4b+1$

6-2 $(2x+3y+1)^2$ ⌉ $2x+3y=A$로 치환
$=(A+1)^2$
$=A^2+2A+1$ ⌉ $A=2x+3y$를 대입
$=(2x+3y)^2+2(2x+3y)+1$
$=4x^2+12xy+9y^2+4x+6y+1$

7-1 $(2x+y-3)^2$ ⌉ $2x+y=A$로 치환
$=(A-3)^2$
$=A^2-6A+9$ ⌉ $A=2x+y$를 대입
$=(2x+y)^2-6(2x+y)+9$
$=4x^2+4xy+y^2-12x-6y+9$

7-2 $(a-4b+5)^2$ ⌉ $a-4b=A$로 치환
$=(A+5)^2$
$=A^2+10A+25$ ⌉ $A=a-4b$를 대입
$=(a-4b)^2+10(a-4b)+25$
$=a^2-8ab+16b^2+10a-40b+25$

8-2 $(x-2y+3)(x+2y-3)$
$=\{x-(2y-3)\}\{x+(2y-3)\}$ ⌉ $2y-3=A$로 치환
$=(x-A)(x+A)$
$=x^2-A^2$ ⌉ $A=2y-3$을 대입
$=x^2-(2y-3)^2$
$=x^2-(4y^2-12y+9)$
$=x^2-4y^2+12y-9$

9-1 $(x+3y-4)(x-3y+4)$
$=\{x+(3y-4)\}\{x-(3y-4)\}$ ⌉ $3y-4=A$로 치환
$=(x+A)(x-A)$
$=x^2-A^2$ ⌉ $A=3y-4$를 대입
$=x^2-(3y-4)^2$
$=x^2-(9y^2-24y+16)$
$=x^2-9y^2+24y-16$

9-2 $(a+b-4)(a-b+4)$
$=\{a+(b-4)\}\{a-(b-4)\}$ ⌉ $b-4=A$로 치환
$=(a+A)(a-A)$
$=a^2-A^2$ ⌉ $A=b-4$를 대입
$=a^2-(b-4)^2$
$=a^2-(b^2-8b+16)$
$=a^2-b^2+8b-16$

STEP 2

기본연산 집중연습 | 10~15

p. 120 ~ p. 121

1-1 $14-6\sqrt{5}$ **1-2** $9+6\sqrt{2}$
1-3 10 **1-4** $-31-\sqrt{15}$
2-1 10609 **2-2** 9801
2-3 10605 **2-4** 3596
3-1 $x^2+2xy+y^2-5x-5y-14$
3-2 $9x^2+12xy+4y^2-6x-4y+1$
3-3 $4x^2+4xy+y^2-9$
3-4 $x^2-6x+9-4y^2$
4 24개

2-1 $103^2=(100+3)^2=100^2+2\times100\times3+3^2$
$=10000+600+9=10609$

2-2 $99^2=(100-1)^2=100^2-2\times100\times1+1^2$
$=10000-200+1=9801$

2-3 $101\times105=(100+1)(100+5)$
$=100^2+(1+5)\times100+1\times5$
$=10000+600+5=10605$

2-4 $62\times58=(60+2)(60-2)=60^2-2^2$
$=3600-4=3596$

3-1 $(x+y+2)(x+y-7)$ ⌉ $x+y=A$로 치환
$=(A+2)(A-7)$
$=A^2-5A-14$ ⌉ $A=x+y$를 대입
$=(x+y)^2-5(x+y)-14$
$=x^2+2xy+y^2-5x-5y-14$

3-2 $(3x+2y-1)^2$ ⌉ $3x+2y=A$로 치환
$=(A-1)^2$
$=A^2-2A+1$ ⌉ $A=3x+2y$를 대입
$=(3x+2y)^2-2(3x+2y)+1$
$=9x^2+12xy+4y^2-6x-4y+1$

3-3 $(2x+y-3)(2x+y+3)$ ⌉ $2x+y=A$로 치환
$=(A-3)(A+3)$
$=A^2-9$ ⌉ $A=2x+y$를 대입
$=(2x+y)^2-9$
$=4x^2+4xy+y^2-9$

3-4 $(x+2y-3)(x-2y-3)$
$=(x-3+2y)(x-3-2y)$ ⌉ $x-3=A$로 치환
$=(A+2y)(A-2y)$
$=A^2-4y^2$ ⌉ $A=x-3$을 대입
$=(x-3)^2-4y^2$
$=x^2-6x+9-4y^2$

4

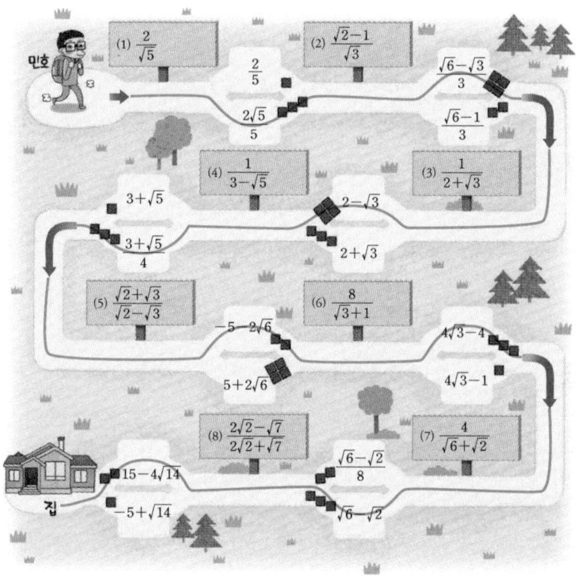

STEP 3

기본연산 테스트

p. 122 ~ p. 123

1 (1) x^2+4x+4 (2) $16x^2+8x+1$
(3) $x^2+xy+\frac{1}{4}y^2$ (4) $x^2-12x+36$
(5) $9x^2-24x+16$ (6) $x^2-x+\frac{1}{4}$
(7) $\frac{1}{16}x^2-\frac{1}{2}x+1$ (8) $9x^2+12xy+4y^2$

2 (1) x^2-49 (2) $36x^2-25$
(3) $4x^2-9$ (4) $4y^2-x^2$
(5) $\frac{1}{4}x^2-\frac{9}{16}y^2$

3 (1) $x^2+7x+10$ (2) $x^2-13xy+36y^2$
(3) $15x^2+59x+56$ (4) $20x^2+13xy-15y^2$
(5) $-12x^2-5xy+2y^2$

4 (1) × (2) × (3) × (4) ○ (5) ×

5 (1) $10+4\sqrt{6}$ (2) $12-2\sqrt{35}$ (3) -2
(4) $12+5\sqrt{6}$ (5) $16+\sqrt{6}$

6 (1) $-2\sqrt{3}+2\sqrt{5}$ (2) $\frac{\sqrt{15}+3}{2}$
(3) $-8-3\sqrt{7}$ (4) $10+7\sqrt{2}$

7 (1) $2\sqrt{2}-2$ (2) $\sqrt{2}-3$

8 (1) ㉠, 529 (2) ㉣, 10192
(3) ㉡, 998001 (4) ㉢, 6396

9 (1) $9x^2-9xy-3y^2$ (2) $13x-9$
(3) x^4-1 (4) $a^2-ab-2b^2+2a-b+1$
(5) a^2-4b^2-4b-1

---

6 (1) $\frac{4}{\sqrt{3}+\sqrt{5}}=\frac{4(\sqrt{3}-\sqrt{5})}{(\sqrt{3}+\sqrt{5})(\sqrt{3}-\sqrt{5})}$
$=\frac{4(\sqrt{3}-\sqrt{5})}{-2}=-2\sqrt{3}+2\sqrt{5}$

(2) $\frac{\sqrt{6}}{\sqrt{10}-\sqrt{6}}=\frac{\sqrt{6}(\sqrt{10}+\sqrt{6})}{(\sqrt{10}-\sqrt{6})(\sqrt{10}+\sqrt{6})}=\frac{\sqrt{60}+6}{4}$
$=\frac{2\sqrt{15}+6}{4}=\frac{\sqrt{15}+3}{2}$

(3) $\frac{\sqrt{7}+3}{\sqrt{7}-3}=\frac{(\sqrt{7}+3)^2}{(\sqrt{7}-3)(\sqrt{7}+3)}$
$=\frac{16+6\sqrt{7}}{-2}=-8-3\sqrt{7}$

(4) $\frac{2+\sqrt{2}}{3-2\sqrt{2}}=\frac{(2+\sqrt{2})(3+2\sqrt{2})}{(3-2\sqrt{2})(3+2\sqrt{2})}=10+7\sqrt{2}$

7 (1) $\frac{\sqrt{6}-2\sqrt{3}}{\sqrt{3}}+\frac{2-3\sqrt{2}}{\sqrt{2}-3}$
$=\sqrt{2}-2+\frac{(2-3\sqrt{2})(\sqrt{2}+3)}{(\sqrt{2}-3)(\sqrt{2}+3)}$
$=\sqrt{2}-2+\frac{2\sqrt{2}+6-6-9\sqrt{2}}{-7}$
$=\sqrt{2}-2+\sqrt{2}=2\sqrt{2}-2$

(2) $\frac{\sqrt{10}-\sqrt{5}}{\sqrt{5}}-\frac{2\sqrt{5}-4}{\sqrt{5}-2}$

$=\sqrt{2}-1-\frac{(2\sqrt{5}-4)(\sqrt{5}+2)}{(\sqrt{5}-2)(\sqrt{5}+2)}$

$=\sqrt{2}-1-(10+4\sqrt{5}-4\sqrt{5}-8)$

$=\sqrt{2}-3$

8 (1) $23^2=(20+3)^2=20^2+2\times20\times3+3^2$

$=400+120+9=529$

(2) $98\times104=(100-2)(100+4)$

$=100^2+(-2+4)\times100+(-2)\times4$

$=10000+200-8$

$=10192$

(3) $999^2=(1000-1)^2=1000^2-2\times1000\times1+1^2$

$=1000000-2000+1=998001$

(4) $78\times82=(80-2)(80+2)=80^2-2^2$

$=6400-4=6396$

9 (1) $(2x+y)(5x-7y)-(x-2y)(x+2y)$

$=10x^2-9xy-7y^2-(x^2-4y^2)$

$=10x^2-9xy-7y^2-x^2+4y^2$

$=9x^2-9xy-3y^2$

(2) $(3x-2)(4x+3)-3(2x-1)^2$

$=12x^2+x-6-3(4x^2-4x+1)$

$=12x^2+x-6-12x^2+12x-3$

$=13x-9$

(3) $(x-1)(x+1)(x^2+1)=(x^2-1)(x^2+1)=x^4-1$

(4) $(a+b+1)(a-2b+1)$

$=(a+1+b)(a+1-2b)$ ← $a+1=A$로 치환

$=(A+b)(A-2b)$

$=A^2-bA-2b^2$ ← $A=a+1$을 대입

$=(a+1)^2-b(a+1)-2b^2$

$=a^2+2a+1-ab-b-2b^2$

$=a^2-ab-2b^2+2a-b+1$

(5) $(a+2b+1)(a-2b-1)$

$=\{a+(2b+1)\}\{a-(2b+1)\}$ ← $2b+1=A$로 치환

$=(a+A)(a-A)$

$=a^2-A^2$ ← $A=2b+1$을 대입

$=a^2-(2b+1)^2$

$=a^2-(4b^2+4b+1)$

$=a^2-4b^2-4b-1$

4
다항식의 인수분해

STEP 1

01 인수분해 p. 126

1-1	a^2, $2a$	**1-2**	$-2x^2+6x$
2-1	$x^2+2xy+y^2$	**2-2**	$4x^2-4x+1$
3-1	x^2-4	**3-2**	$9x^2-25$
4-1	x^2+5x+6	**4-2**	$x^2-9x+14$
5-1	$2x^2-11x+5$	**5-2**	$-6x^2+13x-6$

02 인수 p. 127

1-1 3, $x-1$, x^2+x-2, $3(x-1)$ [연구] $x-1$

1-2 1, $x+1$, x^2-1, x^2-x, x^3-x

2-1 1, $x-y$, a, $(x-y)^2$

2-2 a, ab, a^2+ab, $ab(a+b)$

3-1 1, x, $x-y$, x^2-xy

3-2 $x+y$, x^2-y^2, $x-y$

1-2 $x(x-1)(x+1)=1\times\underline{x(x-1)(x+1)}$ → x^3-x

$=x\times\underline{(x-1)(x+1)}$ → x^2-1

$=\underline{x(x-1)}\times(x+1)$ → x^2-x

$=x(x+1)\times(x-1)$

2-1 $a(x-y)^2=1\times a(x-y)^2$

$=a\times(x-y)^2$

$=a(x-y)\times(x-y)$

2-2 $ab(a+b)=1\times ab(a+b)$

$=ab\times(a+b)$

$=\underline{a(a+b)}\times b$ → a^2+ab

$=b(a+b)\times a$

3-1 $x^2(x-y)=1\times x^2(x-y)$

$=x^2\times(x-y)$

$=x\times\underline{x(x-y)}$ (x^2-xy)

3-2 $(x+y)(x-y)=1\times\underline{(x+y)(x-y)}$ (x^2-y^2)

03 공통인수를 이용한 인수분해

p. 128~p. 129

1-1	$b+c$	**1-2**	$2x(y+3z)$
2-1	$2x(x-3y^2)$	**2-2**	$5x(2x+5)$
3-1	$5xy(x+2)$	**3-2**	$4x^2y(2x-3y)$
4-1	$x(a-b+c)$	**4-2**	$x(4x-6x^2+5)$
5-1	$xy(y-x+1)$	**5-2**	$4x^2y(1+3xy-2y^2)$
6-1	$a-4$	**6-2**	$(a-b)(x+y)$
7-1	$c(a+b-2)$	**7-2**	$(1-a)^2$
8-1	$(x+y)(1+x-3y)$	**8-2**	$(a-b)(2-x-y)$
9-1	$x-2y, x-2y$	**9-2**	$(a-b)(x-y)$
10-1	$(a-b)(4-x)$	**10-2**	$x(1-y)$
11-1	$(x-1)(y-1)$	**11-2**	$(y-z)(x+1)$

1-2 $2xy+6xz=2x\times y+2x\times 3z=2x(y+3z)$

2-1 $2x^2-6xy^2=2x\times x-2x\times 3y^2=2x(x-3y^2)$

2-2 $10x^2+25x=5x\times 2x+5x\times 5=5x(2x+5)$

3-1 $5x^2y+10xy=5xy\times x+5xy\times 2=5xy(x+2)$

3-2 $8x^3y-12x^2y^2=4x^2y\times 2x-4x^2y\times 3y=4x^2y(2x-3y)$

4-1 $ax-bx+cx=x\times a-x\times b+x\times c=x(a-b+c)$

4-2 $4x^2-6x^3+5x=x\times 4x-x\times 6x^2+x\times 5$
$=x(4x-6x^2+5)$

5-1 $xy^2-x^2y+xy=xy\times y-xy\times x+xy\times 1$
$=xy(y-x+1)$

5-2 $4x^2y+12x^3y^2-8x^2y^3$
$=4x^2y\times 1+4x^2y\times 3xy-4x^2y\times 2y^2$
$=4x^2y(1+3xy-2y^2)$

6-2 $x(a-b)+y(a-b)=(a-b)(x+y)$

7-1 $(a+b)c-2c=c(a+b-2)$

7-2 $(1-a)-a(1-a)=(1-a)\times 1-(1-a)\times a$
$=(1-a)(1-a)=(1-a)^2$

8-1 $(x+y)+(x-3y)(x+y)$
$=(x+y)\times 1+(x+y)\times(x-3y)$
$=(x+y)(1+x-3y)$

8-2 $2(a-b)-(x+y)(a-b)=(a-b)\{2-(x+y)\}$
$=(a-b)(2-x-y)$

9-2 $x(a-b)+y(b-a)=x(a-b)-y(a-b)$
$=(a-b)(x-y)$

10-1 $4(a-b)+x(b-a)=4(a-b)-x(a-b)$
$=(a-b)(4-x)$

10-2 $(1+x)(1-y)+(y-1)=(1+x)(1-y)-1\times(1-y)$
$=(1-y)(1+x-1)$
$=x(1-y)$

11-1 $y(x-1)-x+1=y(x-1)-(x-1)$
$=(x-1)(y-1)$

11-2 $x(y-z)-(z-y)=x(y-z)+(y-z)$
$=(y-z)(x+1)$

STEP 2

기본연산 집중연습 | 01~03

p. 130 ~ p. 131

1-1	$1, x, x+y$	**1-2**	$x, y-1, y^2-1$
1-3	$1, x, x+6, x(x+6)$	**1-4**	$1, x, y, xy, y-x$
2-1	×	**2-2**	×
2-3	×	**2-4**	○
2-5	×	**2-6**	○
3-1	$x(a+b)$	**3-2**	$x^2(x-3)$
3-3	$3a(a+3)$	**3-4**	$-x(x+3y)$
3-5	$3m(a-4b)$	**3-6**	$5ab(4a+3b)$
3-7	$3a(a-2b^2+3b)$	**3-8**	$ab(a-b+2)$
3-9	$2xy(x-2y+a)$	**3-10**	$2b(x-y)$
3-11	$(x-y)(m+n)$		

71

1-3 $x^2+6x=x(x+6)$

1-4 $xy^2-x^2y=xy(y-x)$

2-1 $12ab+8b^2=4b(3a+2b)$

2-2 $-5x^2y+xy=-xy(5x-1)$

2-3 $6a^2-a=a(6a-1)$

2-5 $4x^2y-3xy+x=x(4xy-3y+1)$

$x^2(x-3)$	$-x(x+3y)$	$3a(a+3)$	$(x-y)(m-n)$	$x(a+b)$
$3m(a-4b)$	$x(a-b)$	$2xy(x-2y+a)$	$-x(x^2-3y)$	$2b(x-y)$
$a(3a+9)$	$a(b-b^2+2a)$	$3a(a-2b^2+3b)$	$xy(2x-4y+2a)$	$ab(a-b+2)$
$2a(x-y)$	$x(x^2-32)$	$(x-y)(m+n)$	$3a(a-2b^2+9b)$	$5ab(4a+3b)$

STEP 1

04 인수분해 공식 (1) : $a^2\pm2ab+b^2$ 꼴

p. 132 ~ p. 134

1-1	3, 3, 3	**1-2**	$(x+2)^2$
2-1	$(x+6)^2$	**2-2**	$(x+7)^2$
3-1	5, 5, 5	**3-2**	$(x-4)^2$
4-1	$(x-9)^2$	**4-2**	$(x-10)^2$
5-1	$(8+x)^2$	**5-2**	$(11-x)^2$
6-1	$3x, 3x, 3x$	**6-2**	$(2x+1)^2$
7-1	$(4x+3)^2$	**7-2**	$(5x+3)^2$
8-1	$4x, 4x, 4x$	**8-2**	$(3x-1)^2$
9-1	$(5x+2)^2$	**9-2**	$(6x-1)^2$
10-1	$\left(x+\frac{1}{3}\right)^2$	**10-2**	$\left(x-\frac{1}{4}\right)^2$
11-1	$\left(2x+\frac{1}{3}\right)^2$	**11-2**	$\left(\frac{1}{2}x-3\right)^2$
12-1	$4y, 4y, x+4y$	**12-2**	$(x+y)^2$
13-1	$(x-6y)^2$	**13-2**	$\left(x-\frac{1}{4}y\right)^2$
14-1	$2x, 9y, 9y, 9y$	**14-2**	$(5x-y)^2$
15-1	$(3x+2y)^2$	**15-2**	$(2x+5y)^2$
16-1	$x-3$	**16-2**	$2(x-1)^2$
17-1	$3(x-2y)^2$	**17-2**	$5(x+y)^2$

1-2 $x^2+4x+4=x^2+2\times x\times2+2^2=(x+2)^2$

2-1 $x^2+12x+36=x^2+2\times x\times6+6^2=(x+6)^2$

2-2 $x^2+14x+49=x^2+2\times x\times7+7^2=(x+7)^2$

3-2 $x^2-8x+16=x^2-2\times x\times4+4^2=(x-4)^2$

4-1 $x^2-18x+81=x^2-2\times x\times9+9^2=(x-9)^2$

4-2 $x^2-20x+100=x^2-2\times x\times10+10^2=(x-10)^2$

5-1 $64+16x+x^2=8^2+2\times8\times x+x^2=(8+x)^2$

5-2 $121-22x+x^2=11^2-2\times11\times x+x^2=(11-x)^2$

6-2 $4x^2+4x+1=(2x)^2+2\times2x\times1+1^2=(2x+1)^2$

7-1 $16x^2+24x+9=(4x)^2+2\times4x\times3+3^2=(4x+3)^2$

7-2 $25x^2+30x+9=(5x)^2+2\times5x\times3+3^2=(5x+3)^2$

8-2 $9x^2-6x+1=(3x)^2-2\times3x\times1+1^2=(3x-1)^2$

9-1 $25x^2+20x+4=(5x)^2+2\times5x\times2+2^2=(5x+2)^2$

9-2 $36x^2-12x+1=(6x)^2-2\times6x\times1+1^2=(6x-1)^2$

10-1 $x^2+\frac{2}{3}x+\frac{1}{9}=x^2+2\times x\times\frac{1}{3}+\left(\frac{1}{3}\right)^2=\left(x+\frac{1}{3}\right)^2$

10-2 $x^2-\frac{1}{2}x+\frac{1}{16}=x^2-2\times x\times\frac{1}{4}+\left(\frac{1}{4}\right)^2=\left(x-\frac{1}{4}\right)^2$

11-1 $4x^2+\frac{4}{3}x+\frac{1}{9}=(2x)^2+2\times2x\times\frac{1}{3}+\left(\frac{1}{3}\right)^2$
$=\left(2x+\frac{1}{3}\right)^2$

11-2 $\frac{1}{4}x^2-3x+9=\left(\frac{1}{2}x\right)^2-2\times\frac{1}{2}x\times3+3^2$
$=\left(\frac{1}{2}x-3\right)^2$

12-2 $x^2+2xy+y^2=x^2+2\times x\times y+y^2=(x+y)^2$

13-1 $x^2-12xy+36y^2=x^2-2\times x\times6y+(6y)^2$
$=(x-6y)^2$

13-2 $x^2-\frac{1}{2}xy+\frac{1}{16}y^2=x^2-2\times x\times\frac{1}{4}y+\left(\frac{1}{4}y\right)^2$
$=\left(x-\frac{1}{4}y\right)^2$

14-2 $25x^2-10xy+y^2=(5x)^2-2\times5x\times y+y^2$
$=(5x-y)^2$

15-1 $9x^2+12xy+4y^2=(3x)^2+2\times3x\times2y+(2y)^2$
$=(3x+2y)^2$

15-2 $4x^2+20xy+25y^2=(2x)^2+2\times2x\times5y+(5y)^2$
$=(2x+5y)^2$

16-2 $2x^2-4x+2=2(x^2-2x+1)=2(x-1)^2$

17-1 $3x^2-12xy+12y^2=3(x^2-4xy+4y^2)=3(x-2y)^2$

17-2 $5x^2+10xy+5y^2=5(x^2+2xy+y^2)=5(x+y)^2$

05 완전제곱식이 되기 위한 조건 (1)

p. 135

1-1	49	**1-2**	64
2-1	16	**2-2**	100
3-1	25	**3-2**	36
4-1	9	**4-2**	81
5-1	$\frac{1}{9}$	**5-2**	$\frac{1}{25}$

1-2 $\square=\left(\frac{16}{2}\right)^2=64$

2-1 $\square=\left(\frac{-8}{2}\right)^2=16$

2-2 $\square=\left(\frac{-20}{2}\right)^2=100$

3-1 $\square=\left(\frac{10}{2}\right)^2=25$

3-2 $\square=\left(\frac{12}{2}\right)^2=36$

4-1 $\square=\left(\frac{-6}{2}\right)^2=9$

4-2 $\square=\left(\frac{-18}{2}\right)^2=81$

5-1 $\square=\left\{\frac{1}{2}\times\left(-\frac{2}{3}\right)\right\}^2=\frac{1}{9}$

5-2 $\square=\left(\frac{1}{2}\times\frac{2}{5}\right)^2=\frac{1}{25}$

06 완전제곱식이 되기 위한 조건 (2)

p. 136

1-1	±8	**1-2**	±10
2-1	±16	**2-2**	±20
3-1	$\pm\frac{2}{3}$	**3-2**	$\pm\frac{1}{2}$
4-1	±6	**4-2**	±18
5-1	$\pm\frac{1}{3}$	**5-2**	$\pm\frac{2}{7}$

1-2 $x^2+\square x+25=x^2+\square x+(\pm5)^2$
$\therefore \square=2\times(\pm5)=\pm10$

2-1 $x^2+\square x+64=x^2+\square x+(\pm8)^2$
$\therefore \square=2\times(\pm8)=\pm16$

2-2 $x^2+\square x+100=x^2+\square x+(\pm10)^2$
$\therefore \square=2\times(\pm10)=\pm20$

3-1 $x^2+\square x+\frac{1}{9}=x^2+\square x+\left(\pm\frac{1}{3}\right)^2$
$\therefore \square=2\times\left(\pm\frac{1}{3}\right)=\pm\frac{2}{3}$

3-2 $x^2+\square x+\frac{1}{16}=x^2+\square x+\left(\pm\frac{1}{4}\right)^2$
$\therefore \square=2\times\left(\pm\frac{1}{4}\right)=\pm\frac{1}{2}$

4-1 $x^2+\square xy+9y^2=x^2+\square xy+(\pm3y)^2$
$\therefore \square=2\times(\pm3)=\pm6$

4-2 $x^2+\square xy+81y^2=x^2+\square xy+(\pm9y)^2$
$\therefore \square=2\times(\pm9)=\pm18$

5-1 $x^2+\square xy+\frac{1}{36}y^2=x^2+\square xy+\left(\pm\frac{1}{6}y\right)^2$
$\therefore \square=2\times\left(\pm\frac{1}{6}\right)=\pm\frac{1}{3}$

5-2 $x^2+\square xy+\frac{1}{49}y^2=x^2+\square xy+\left(\pm\frac{1}{7}y\right)^2$
$\therefore \square=2\times\left(\pm\frac{1}{7}\right)=\pm\frac{2}{7}$

07 완전제곱식이 되기 위한 조건 (3)

p. 137 ~ p. 138

1-1	4 [연구] 2	**1-2**	49
2-1	9	**2-2**	9
3-1	y^2	**3-2**	$9y^2$
4-1	$16y^2$	**4-2**	$4y^2$
5-1	$\frac{1}{4}y^2$	**5-2**	$\frac{1}{25}y^2$
6-1	±12 [연구] 3, 3	**6-2**	±24
7-1	±8	**7-2**	±14
8-1	±30	**8-2**	±20
9-1	±28	**9-2**	±24
10-1	±10	**10-2**	±56
11-1	±2	**11-2**	±4

1-2 $4x^2-28x+\square=(2x)^2-2\times2x\times7+\square$
$\therefore \square=7^2=49$

2-1 $16x^2+24x+\square=(4x)^2+2\times4x\times3+\square$
$\therefore \square=3^2=9$

2-2 $25x^2+30x+\square=(5x)^2+2\times5x\times3+\square$
$\therefore \square=3^2=9$

3-1 $4x^2-4xy+\square=(2x)^2-2\times2x\times y+\square$
$\therefore \square=y^2$

3-2 $4x^2+12xy+\square=(2x)^2+2\times 2x\times 3y+\square$

$\therefore \square=(3y)^2=9y^2$

4-1 $9x^2+24xy+\square=(3x)^2+2\times 3x\times 4y+\square$

$\therefore \square=(4y)^2=16y^2$

4-2 $25x^2+20xy+\square=(5x)^2+2\times 5x\times 2y+\square$

$\therefore \square=(2y)^2=4y^2$

5-1 $9x^2+3xy+\square=(3x)^2+2\times 3x\times \frac{1}{2}y+\square$

$\therefore \square=\left(\frac{1}{2}y\right)^2=\frac{1}{4}y^2$

5-2 $25x^2+2xy+\square=(5x)^2+2\times 5x\times \frac{1}{5}y+\square$

$\therefore \square=\left(\frac{1}{5}y\right)^2=\frac{1}{25}y^2$

6-2 $9x^2+\square x+16=(3x)^2+\square x+(\pm 4)^2$

$\therefore \square=2\times 3\times(\pm 4)=\pm 24$

7-1 $16x^2+\square x+1=(4x)^2+\square x+(\pm 1)^2$

$\therefore \square=2\times 4\times(\pm 1)=\pm 8$

7-2 $49x^2+\square x+1=(7x)^2+\square x+(\pm 1)^2$

$\therefore \square=2\times 7\times(\pm 1)=\pm 14$

8-1 $9x^2+\square x+25=(3x)^2+\square x+(\pm 5)^2$

$\therefore \square=2\times 3\times(\pm 5)=\pm 30$

8-2 $25x^2+\square x+4=(5x)^2+\square x+(\pm 2)^2$

$\therefore \square=2\times 5\times(\pm 2)=\pm 20$

9-1 $4x^2+\square xy+49y^2=(2x)^2+\square xy+(\pm 7y)^2$

$\therefore \square=2\times 2\times(\pm 7)=\pm 28$

9-2 $16x^2+\square xy+9y^2=(4x)^2+\square xy+(\pm 3y)^2$

$\therefore \square=2\times 4\times(\pm 3)=\pm 24$

10-1 $25x^2+\square xy+y^2=(5x)^2+\square xy+(\pm y)^2$

$\therefore \square=2\times 5\times(\pm 1)=\pm 10$

10-2 $49x^2+\square xy+16y^2=(7x)^2+\square xy+(\pm 4y)^2$

$\therefore \square=2\times 7\times(\pm 4)=\pm 56$

11-1 $\frac{1}{4}x^2+\square xy+4y^2=\left(\frac{1}{2}x\right)^2+\square xy+(\pm 2y)^2$

$\therefore \square=2\times\frac{1}{2}\times(\pm 2)=\pm 2$

11-2 $\frac{1}{9}x^2+\square xy+36y^2=\left(\frac{1}{3}x\right)^2+\square xy+(\pm 6y)^2$

$\therefore \square=2\times\frac{1}{3}\times(\pm 6)=\pm 4$

08 인수분해 공식 (2) : a^2-b^2 꼴

p. 139 ~ p. 141

1-1	8, 8, 8	**1-2**	$(x+7)(x-7)$
2-1	$(x+4)(x-4)$	**2-2**	$(x+6)(x-6)$
3-1	$\left(x+\frac{1}{3}\right)\left(x-\frac{1}{3}\right)$	**3-2**	$\left(x+\frac{1}{2}\right)\left(x-\frac{1}{2}\right)$
4-1	$\left(x+\frac{4}{5}\right)\left(x-\frac{4}{5}\right)$	**4-2**	$\left(x+\frac{6}{7}\right)\left(x-\frac{6}{7}\right)$
5-1	$(9+x)(9-x)$	**5-2**	$(10+x)(10-x)$
6-1	4, 4, 4	**6-2**	$(2x+1)(2x-1)$
7-1	$(7x+5)(7x-5)$	**7-2**	$(6x+5)(6x-5)$
8-1	2, 2, 2	**8-2**	$(x+4y)(x-4y)$
9-1	$(2x+3y)(2x-3y)$	**9-2**	$(4x+7y)(4x-7y)$
10-1	$(6x+5y)(6x-5y)$	**10-2**	$(9x+8y)(9x-8y)$
11-1	$\left(\frac{1}{3}x+\frac{1}{2}y\right)\left(\frac{1}{3}x-\frac{1}{2}y\right)$	**11-2**	$\left(\frac{4}{7}x+\frac{2}{3}y\right)\left(\frac{4}{7}x-\frac{2}{3}y\right)$
12-1	25, 5, 5, 5	**12-2**	$3(x+1)(x-1)$
13-1	$5(x+2)(x-2)$	**13-2**	$4(x+3)(x-3)$
14-1	$6(x+y)(x-y)$	**14-2**	$3(x+5y)(x-5y)$
15-1	$5(3x+y)(3x-y)$	**15-2**	$3(3x+2y)(3x-2y)$
16-1	$(5+x)(5-x)$	**16-2**	$(11+x)(11-x)$
17-1	$-4(2x+3y)(2x-3y)$	**17-2**	$-2(5x+2y)(5x-2y)$

1-2 $x^2-49=x^2-7^2=(x+7)(x-7)$

2-1 $x^2-16=x^2-4^2=(x+4)(x-4)$

2-2 $x^2-36=x^2-6^2=(x+6)(x-6)$

3-1 $x^2-\frac{1}{9}=x^2-\left(\frac{1}{3}\right)^2=\left(x+\frac{1}{3}\right)\left(x-\frac{1}{3}\right)$

3-2 $x^2-\frac{1}{4}=x^2-\left(\frac{1}{2}\right)^2=\left(x+\frac{1}{2}\right)\left(x-\frac{1}{2}\right)$

4-1 $x^2-\frac{16}{25}=x^2-\left(\frac{4}{5}\right)^2=\left(x+\frac{4}{5}\right)\left(x-\frac{4}{5}\right)$

4-2 $x^2-\frac{36}{49}=x^2-\left(\frac{6}{7}\right)^2=\left(x+\frac{6}{7}\right)\left(x-\frac{6}{7}\right)$

5-1 $81-x^2=9^2-x^2=(9+x)(9-x)$

5-2 $100-x^2=10^2-x^2=(10+x)(10-x)$

6-2 $4x^2-1=(2x)^2-1^2=(2x+1)(2x-1)$

7-1 $49x^2-25=(7x)^2-5^2=(7x+5)(7x-5)$

7-2 $36x^2-25=(6x)^2-5^2=(6x+5)(6x-5)$

8-2 $x^2-16y^2=x^2-(4y)^2=(x+4y)(x-4y)$

9-1 $4x^2-9y^2=(2x)^2-(3y)^2=(2x+3y)(2x-3y)$

9-2 $16x^2-49y^2=(4x)^2-(7y)^2=(4x+7y)(4x-7y)$

10-1 $36x^2-25y^2=(6x)^2-(5y)^2=(6x+5y)(6x-5y)$

10-2 $81x^2-64y^2=(9x)^2-(8y)^2=(9x+8y)(9x-8y)$

11-1 $\frac{1}{9}x^2-\frac{1}{4}y^2=\left(\frac{1}{3}x\right)^2-\left(\frac{1}{2}y\right)^2$
$=\left(\frac{1}{3}x+\frac{1}{2}y\right)\left(\frac{1}{3}x-\frac{1}{2}y\right)$

11-2 $\frac{16}{49}x^2-\frac{4}{9}y^2=\left(\frac{4}{7}x\right)^2-\left(\frac{2}{3}y\right)^2$
$=\left(\frac{4}{7}x+\frac{2}{3}y\right)\left(\frac{4}{7}x-\frac{2}{3}y\right)$

12-2 $3x^2-3=3(x^2-1)=3(x+1)(x-1)$

13-1 $5x^2-20=5(x^2-4)=5(x+2)(x-2)$

13-2 $4x^2-36=4(x^2-9)=4(x+3)(x-3)$

14-1 $6x^2-6y^2=6(x^2-y^2)=6(x+y)(x-y)$

14-2 $3x^2-75y^2=3(x^2-25y^2)=3(x+5y)(x-5y)$

15-1 $45x^2-5y^2=5(9x^2-y^2)=5(3x+y)(3x-y)$

15-2 $27x^2-12y^2=3(9x^2-4y^2)=3(3x+2y)(3x-2y)$

16-1 $-x^2+25=25-x^2=(5+x)(5-x)$

16-2 $-x^2+121=121-x^2=(11+x)(11-x)$

17-1 $-16x^2+36y^2=-4(4x^2-9y^2)$
$=-4(2x+3y)(2x-3y)$

17-2 $-50x^2+8y^2=-2(25x^2-4y^2)$
$=-2(5x+2y)(5x-2y)$

STEP 2

기본연산 집중연습 | 04~08

p. 142 ~ p. 143

1-1 $(x-8)^2$ **1-2** $(3x+4)^2$
1-3 $\left(x-\frac{3}{2}\right)^2$ **1-4** $3(x-3y)^2$
1-5 $(2x+3)(2x-3)$ **1-6** $(8x+7y)(8x-7y)$
1-7 $(1+3x)(1-3x)$ **1-8** $2(4x+3y)(4x-3y)$
2-1 9 **2-2** 4
2-3 81 **2-4** 14
2-5 18 **2-6** 20
3 (1) × (2) ○ (3) × (4) ○ (5) ○ (6) × (7) × (8) ×

Level 1 획득 보석 1개, **Level 2** 획득 보석 2개

3 (1) $x^2+6xy+9y^2=(x+3y)^2$
(3) $16x^2-9y^2=(4x)^2-(3y)^2=(4x+3y)(4x-3y)$
(6) $4x^2-25=(2x)^2-5^2=(2x+5)(2x-5)$
(7) $18x^2-24x+8=2(9x^2-12x+4)=2(3x-2)^2$
(8) $25x^2+20xy+4y^2=(5x+2y)^2$

STEP 1

09 인수분해 공식 (3) : $x^2+(a+b)x+ab$ 꼴 (1)

p. 144 ~ p. 145

1-1 $-2, -3, -1, -2$ **1-2** $1, 4$
2-1 $2, 4$ **2-2** $-1, -5$
3-1 $-1, 2$ **3-2** $-2, 4$
4-1 $1, -5$ **4-2** $-5, 3$
5-1 $(x+1)(x-4), x, -4, -4x$
5-2 $(x+1)(x+4), 1, x, 4, 4x$
6-1 $(x-2)(x-7), -2, -2x, -7, -7x$
6-2 $(x-2)(x+4), -2, -2x, 4, 4x$
7-1 $(x-5)(x-7)$ **7-2** $(x-4)(x+5)$
8-1 $(x-7)(x-9)$ **8-2** $(x+3)(x-4)$
9-1 $(x-4)(x-5)$ **9-2** $(x+1)(x-8)$
10-1 $(x-3)(x+8)$ **10-2** $(x+3)(x+7)$

1-2

곱이 4인 두 정수	두 정수의 합
1, 4	5
2, 2	4
−1, −4	−5
−2, −2	−4

⇨ 곱이 4이고 합이 5인 두 정수는 1, 4이다.

2-1

곱이 8인 두 정수	두 정수의 합
1, 8	9
2, 4	6
−1, −8	−9
−2, −4	−6

⇨ 곱이 8이고 합이 6인 두 정수는 2, 4이다.

2-2

곱이 5인 두 정수	두 정수의 합
1, 5	6
−1, −5	−6

⇨ 곱이 5이고 합이 −6인 두 정수는 −1, −5이다.

3-1

곱이 −2인 두 정수	두 정수의 합
−1, 2	1
1, −2	−1

⇨ 곱이 −2이고 합이 1인 두 정수는 −1, 2이다.

3-2

곱이 −8인 두 정수	두 정수의 합
−1, 8	7
−2, 4	2
−4, 2	−2
−8, 1	−7

⇨ 곱이 −8이고 합이 2인 두 정수는 −2, 4이다.

4-1

곱이 −5인 두 정수	두 정수의 합
−1, 5	4
1, −5	−4

⇨ 곱이 −5이고 합이 −4인 두 정수는 1, −5이다.

4-2

곱이 −15인 두 정수	두 정수의 합
−1, 15	14
−3, 5	2
−5, 3	−2
−15, 1	−14

⇨ 곱이 −15이고 합이 −2인 두 정수는 −5, 3이다.

5-1 $x^2-3x-4=(x+1)(x-4)$

$x \quad 1 \longrightarrow x$

$x \quad -4 \longrightarrow -4x\ (+$

$-3x$

5-2 $x^2+5x+4=(x+1)(x+4)$

$x \quad 1 \longrightarrow x$

$x \quad 4 \longrightarrow 4x\ (+$

$5x$

6-1 $x^2-9x+14=(x-2)(x-7)$

$x \quad -2 \longrightarrow -2x$

$x \quad -7 \longrightarrow -7x\ (+$

$-9x$

6-2 $x^2+2x-8=(x-2)(x+4)$

$x \quad -2 \longrightarrow -2x$

$x \quad 4 \longrightarrow 4x\ (+$

$2x$

7-1 $x^2-12x+35=(x-5)(x-7)$

$x \quad -5 \longrightarrow -5x$

$x \quad -7 \longrightarrow -7x\ (+$

$-12x$

7-2 $x^2+x-20=(x-4)(x+5)$

$x \quad -4 \longrightarrow -4x$

$x \quad 5 \longrightarrow 5x\ (+$

x

8-1 $x^2-16x+63=(x-7)(x-9)$

$x \quad -7 \longrightarrow -7x$

$x \quad -9 \longrightarrow -9x\ (+$

$-16x$

8-2 $x^2-x-12=(x+3)(x-4)$

$x \quad 3 \longrightarrow 3x$

$x \quad -4 \longrightarrow -4x\ (+$

$-x$

9-1 $x^2-9x+20=(x-4)(x-5)$

$x \quad -4 \longrightarrow -4x$

$x \quad -5 \longrightarrow -5x\ (+$

$-9x$

9-2 $x^2-7x-8=(x+1)(x-8)$

$x \quad 1 \longrightarrow x$

$x \quad -8 \longrightarrow -8x\ (+$

$-7x$

10-1 $x^2+5x-24=(x-3)(x+8)$

$x \quad -3 \longrightarrow -3x$

$x \quad 8 \longrightarrow 8x\ (+$

$5x$

10-2 $x^2+10x+21=(x+3)(x+7)$

$x \quad 3 \longrightarrow 3x$

$x \quad 7 \longrightarrow 7x\ (+$

$10x$

10 인수분해 공식 (3) : $x^2+(a+b)x+ab$ 꼴 (2)

p. 146 ~ p. 147

1-1 $(x+2y)(x+3y)$, $2y$, $3y$, $3xy$
1-2 $(x+y)(x+3y)$, y, xy, $3y$, $3xy$
2-1 $(x-2y)(x-5y)$, $-2y$, $-2xy$, $-5y$, $-5xy$
2-2 $(x-3y)(x-7y)$, $-3y$, $-3xy$, $-7y$, $-7xy$
3-1 $(x+3y)(x-4y)$, $3y$, $3xy$, $-4y$, $-4xy$
3-2 $(x+4y)(x-9y)$, $4y$, $4xy$, $-9y$, $-9xy$
4-1 $(x-4y)(x+6y)$, $-4y$, $-4xy$, $6y$, $6xy$
4-2 $(x-3y)(x+10y)$, $-3y$, $-3xy$, $10y$, $10xy$
5-1 $(x+y)(x+3y)$ **5-2** $(x+3y)(x+4y)$
6-1 $(x-2y)(x-3y)$ **6-2** $(x-2y)(x-9y)$
7-1 $(x-y)(x+4y)$ **7-2** $(x-7y)(x+8y)$
8-1 $(x+3y)(x-7y)$ **8-2** $(x+6y)(x-7y)$
9-1 $2(x+1)(x+5)$ **9-2** $3(x+1)(x-7)$
10-1 $4(x-y)(x-3y)$ **10-2** $3(x+3y)(x-5y)$

1-1 $x^2+5xy+6y^2=(x+2y)(x+3y)$

$x \quad 2y \longrightarrow 2xy$
$x \quad 3y \longrightarrow 3xy\ (+$
$5xy$

1-2 $x^2+4xy+3y^2=(x+y)(x+3y)$

$x \quad y \longrightarrow xy$
$x \quad 3y \longrightarrow 3xy\ (+$
$4xy$

2-1 $x^2-7xy+10y^2=(x-2y)(x-5y)$

$x \quad -2y \longrightarrow -2xy$
$x \quad -5y \longrightarrow -5xy\ (+$
$-7xy$

2-2 $x^2-10xy+21y^2=(x-3y)(x-7y)$

$x \quad -3y \longrightarrow -3xy$
$x \quad -7y \longrightarrow -7xy\ (+$
$-10xy$

3-1 $x^2-xy-12y^2=(x+3y)(x-4y)$

$x \quad 3y \longrightarrow 3xy$
$x \quad -4y \longrightarrow -4xy\ (+$
$-xy$

3-2 $x^2-5xy-36y^2=(x+4y)(x-9y)$

$x \quad 4y \longrightarrow 4xy$
$x \quad -9y \longrightarrow -9xy\ (+$
$-5xy$

4-1 $x^2+2xy-24y^2=(x-4y)(x+6y)$

$x \quad -4y \longrightarrow -4xy$
$x \quad 6y \longrightarrow 6xy\ (+$
$2xy$

4-2 $x^2+7xy-30y^2=(x-3y)(x+10y)$

$x \quad -3y \longrightarrow -3xy$
$x \quad 10y \longrightarrow 10xy\ (+$
$7xy$

5-1 $x^2+4xy+3y^2=(x+y)(x+3y)$

$x \quad y \longrightarrow xy$
$x \quad 3y \longrightarrow 3xy\ (+$
$4xy$

5-2 $x^2+7xy+12y^2=(x+3y)(x+4y)$

$x \quad 3y \longrightarrow 3xy$
$x \quad 4y \longrightarrow 4xy\ (+$
$7xy$

6-1 $x^2-5xy+6y^2=(x-2y)(x-3y)$

$x \quad -2y \longrightarrow -2xy$
$x \quad -3y \longrightarrow -3xy\ (+$
$-5xy$

6-2 $x^2-11xy+18y^2=(x-2y)(x-9y)$

$x \quad -2y \longrightarrow -2xy$
$x \quad -9y \longrightarrow -9xy\ (+$
$-11xy$

7-1 $x^2+3xy-4y^2=(x-y)(x+4y)$

$x \quad -y \longrightarrow -xy$
$x \quad 4y \longrightarrow 4xy\ (+$
$3xy$

7-2 $x^2+xy-56y^2=(x-7y)(x+8y)$

$x \quad -7y \longrightarrow -7xy$
$x \quad 8y \longrightarrow 8xy\ (+$
xy

8-1 $x^2-4xy-21y^2=(x+3y)(x-7y)$

$x \quad 3y \longrightarrow 3xy$
$x \quad -7y \longrightarrow -7xy\ (+$
$-4xy$

8-2 $x^2-xy-42y^2=(x+6y)(x-7y)$

$x \quad 6y \longrightarrow 6xy$
$x \quad -7y \longrightarrow -7xy\ (+$
$-xy$

9-1 $2x^2+12x+10=2(x^2+6x+5)$

$x \quad 1 \longrightarrow x$
$x \quad 5 \longrightarrow 5x\ (+$
$6x$

$=2(x+1)(x+5)$

9-2 $3x^2-18x-21=3(x^2-6x-7)$

$x \quad 1 \longrightarrow x$
$x \quad -7 \longrightarrow -7x\ (+$
$-6x$

$=3(x+1)(x-7)$

10-1 $4x^2-16xy+12y^2=4(x^2-4xy+3y^2)$

$x \quad -y \longrightarrow -xy$
$x \quad -3y \longrightarrow -3xy\ (+$
$-4xy$

$=4(x-y)(x-3y)$

10-2 $3x^2-6xy-45y^2=3(x^2-2xy-15y^2)$

$x \quad 3y \longrightarrow 3xy$

$x \quad -5y \longrightarrow -5xy \ (+$

$-2xy$

$=3(x+3y)(x-5y)$

11 인수분해 공식 (4) : $acx^2+(ad+bc)x+bd$ 꼴 (1)

p. 148 ~ p. 149

1-1 $(x+2)(2x+1)$, $4x$, $2x$, 1, x

1-2 $(x+2)(5x+2)$, $10x$, $5x$, 2, $2x$

2-1 $(x-1)(2x-3)$, $-2x$, $2x$, -3, $-3x$

2-2 $(2x-1)(3x-2)$, $-3x$, $3x$, -2, $-4x$

3-1 $(3x-4)(x+2)$, $3x$, -4, $-4x$, $6x$

3-2 $(2x-3)(3x+5)$, $2x$, -3, $-9x$, $10x$

4-1 $(x+1)(2x-3)$, $2x$, $2x$, -3, $-3x$

4-2 $(3x-2)(3x+1)$, $3x$, -2, $-6x$, $3x$

5-1 $(x+3)(4x+1)$ **5-2** $(x+3)(2x+3)$

6-1 $(3x+2)(4x+3)$ **6-2** $(x-2)(5x-2)$

7-1 $(x-3)(3x-2)$ **7-2** $(x-4)(2x-9)$

8-1 $(2x-1)(2x+3)$ **8-2** $(x+2)(3x-1)$

9-1 $(x-2)(2x+9)$ **9-2** $(2x-3)(3x+1)$

10-1 $(x+1)(5x-9)$ **10-2** $(x-6)(5x+1)$

1-1 $2x^2+5x+2=(x+2)(2x+1)$

$x \quad 2 \longrightarrow 4x$

$2x \quad 1 \longrightarrow x \ (+$

$5x$

1-2 $5x^2+12x+4=(x+2)(5x+2)$

$x \quad 2 \longrightarrow 10x$

$5x \quad 2 \longrightarrow 2x \ (+$

$12x$

2-1 $2x^2-5x+3=(x-1)(2x-3)$

$x \quad -1 \longrightarrow -2x$

$2x \quad -3 \longrightarrow -3x \ (+$

$-5x$

2-2 $6x^2-7x+2=(2x-1)(3x-2)$

$2x \quad -1 \longrightarrow -3x$

$3x \quad -2 \longrightarrow -4x \ (+$

$-7x$

3-1 $3x^2+2x-8=(3x-4)(x+2)$

$3x \quad -4 \longrightarrow -4x$

$x \quad 2 \longrightarrow 6x \ (+$

$2x$

3-2 $6x^2+x-15=(2x-3)(3x+5)$

$2x \quad -3 \longrightarrow -9x$

$3x \quad 5 \longrightarrow 10x \ (+$

x

4-1 $2x^2-x-3=(x+1)(2x-3)$

$x \quad 1 \longrightarrow 2x$

$2x \quad -3 \longrightarrow -3x \ (+$

$-x$

4-2 $9x^2-3x-2=(3x-2)(3x+1)$

$3x \quad -2 \longrightarrow -6x$

$3x \quad 1 \longrightarrow 3x \ (+$

$-3x$

5-1 $4x^2+13x+3=(x+3)(4x+1)$

$x \quad 3 \longrightarrow 12x$

$4x \quad 1 \longrightarrow x \ (+$

$13x$

5-2 $2x^2+9x+9=(x+3)(2x+3)$

$x \quad 3 \longrightarrow 6x$

$2x \quad 3 \longrightarrow 3x \ (+$

$9x$

6-1 $12x^2+17x+6=(3x+2)(4x+3)$

$3x \quad 2 \longrightarrow 8x$

$4x \quad 3 \longrightarrow 9x \ (+$

$17x$

6-2 $5x^2-12x+4=(x-2)(5x-2)$

$x \quad -2 \longrightarrow -10x$

$5x \quad -2 \longrightarrow -2x \ (+$

$-12x$

7-1 $3x^2-11x+6=(x-3)(3x-2)$

$x \quad -3 \longrightarrow -9x$

$3x \quad -2 \longrightarrow -2x \ (+$

$-11x$

7-2 $2x^2-17x+36=(x-4)(2x-9)$

$x \qquad -4 \longrightarrow -8x$

$2x \qquad -9 \longrightarrow \underline{-9x}\,(+$

$-17x$

8-1 $4x^2+4x-3=(2x-1)(2x+3)$

$2x \qquad -1 \longrightarrow -2x$

$2x \qquad 3 \longrightarrow \underline{6x}\,(+$

$4x$

8-2 $3x^2+5x-2=(x+2)(3x-1)$

$x \qquad 2 \longrightarrow 6x$

$3x \qquad -1 \longrightarrow \underline{-x}\,(+$

$5x$

9-1 $2x^2+5x-18=(x-2)(2x+9)$

$x \qquad -2 \longrightarrow -4x$

$2x \qquad 9 \longrightarrow \underline{9x}\,(+$

$5x$

9-2 $6x^2-7x-3=(2x-3)(3x+1)$

$2x \qquad -3 \longrightarrow -9x$

$3x \qquad 1 \longrightarrow \underline{2x}\,(+$

$-7x$

10-1 $5x^2-4x-9=(x+1)(5x-9)$

$x \qquad 1 \longrightarrow 5x$

$5x \qquad -9 \longrightarrow \underline{-9x}\,(+$

$-4x$

10-2 $5x^2-29x-6=(x-6)(5x+1)$

$x \qquad -6 \longrightarrow -30x$

$5x \qquad 1 \longrightarrow \underline{x}\,(+$

$-29x$

12 인수분해 공식 (4) : $acx^2+(ad+bc)x+bd$ 꼴 (2)

p. 150 ~ p. 151

1-1 $(2x+3y)(2x+5y)$, $6xy$, $2x$, $5y$, $10xy$
1-2 $(x+2y)(2x+3y)$, $4xy$, $2x$, $3y$, $3xy$
2-1 $(2x-y)(5x+3y)$, $2x$, $-y$, $-5xy$, $6xy$
2-2 $(2x-y)(3x+4y)$, $-3xy$, $3x$, $4y$, $8xy$
3-1 $(x+2y)(5x-3y)$, $10xy$, $5x$, $-3y$, $-3xy$
3-2 $(x+4y)(3x-2y)$, $12xy$, $3x$, $-2y$, $-2xy$
4-1 $(x-2y)(2x+3y)$, x, $-2y$, $-4xy$, $3xy$
4-2 $(2x-3y)(4x+5y)$, $-12xy$, $4x$, $5y$, $10xy$
5-1 $(x+6y)(2x+y)$ **5-2** $(2x+3y)(5x+y)$
6-1 $(x-2y)(5x-2y)$ **6-2** $(2x-3y)(3x-5y)$
7-1 $(2x-3y)(3x+5y)$ **7-2** $(2x+3y)(5x-7y)$
8-1 $(x+2y)(2x-5y)$ **8-2** $(2x-3y)(3x+4y)$
9-1 $3(x+2)(2x+1)$ **9-2** $2(x-2)(5x-3)$
10-1 $2(2x+y)(2x-3y)$ **10-2** $3(x+4y)(3x-y)$

1-1 $4x^2+16xy+15y^2=(2x+3y)(2x+5y)$

$2x \qquad 3y \longrightarrow \boxed{6xy}$

$\boxed{2x} \qquad \boxed{5y} \longrightarrow \underline{\boxed{10xy}}\,(+$

$16xy$

1-2 $2x^2+7xy+6y^2=(x+2y)(2x+3y)$

$x \qquad 2y \longrightarrow \boxed{4xy}$

$\boxed{2x} \qquad \boxed{3y} \longrightarrow \underline{\boxed{3xy}}\,(+$

$7xy$

2-1 $10x^2+xy-3y^2=(2x-y)(5x+3y)$

$\boxed{2x} \qquad \boxed{-y} \longrightarrow \boxed{-5xy}$

$5x \qquad 3y \longrightarrow \underline{\boxed{6xy}}\,(+$

xy

2-2 $6x^2+5xy-4y^2=(2x-y)(3x+4y)$

$2x \qquad -y \longrightarrow \boxed{-3xy}$

$\boxed{3x} \qquad \boxed{4y} \longrightarrow \underline{\boxed{8xy}}\,(+$

$5xy$

3-1 $5x^2+7xy-6y^2=(x+2y)(5x-3y)$

$x \qquad 2y \longrightarrow \boxed{10xy}$

$\boxed{5x} \qquad \boxed{-3y} \longrightarrow \underline{\boxed{-3xy}}\,(+$

$7xy$

3-2 $3x^2+10xy-8y^2=(x+4y)(3x-2y)$

$x \qquad 4y \longrightarrow \boxed{12xy}$

$\boxed{3x} \qquad \boxed{-2y} \longrightarrow \underline{\boxed{-2xy}}\,(+$

$10xy$

4-1 $2x^2-xy-6y^2=(x-2y)(2x+3y)$

$\boxed{x} \qquad \boxed{-2y} \longrightarrow \boxed{-4xy}$

$2x \qquad 3y \longrightarrow \underline{\boxed{3xy}}\,(+$

$-xy$

4-2 $8x^2-2xy-15y^2=(2x-3y)(4x+5y)$

$2x \qquad -3y \longrightarrow \boxed{-12xy}$

$\boxed{4x} \qquad \boxed{5y} \longrightarrow \underline{\boxed{10xy}}\,(+$

$-2xy$

5-1 $2x^2+13xy+6y^2=(x+6y)(2x+y)$

$x \qquad 6y \longrightarrow 12xy$

$2x \qquad y \longrightarrow \underline{xy}\,(+$

$13xy$

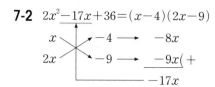

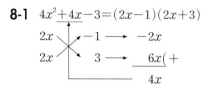

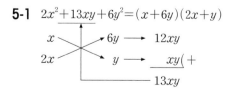

5-2 $10x^2+17xy+3y^2=(2x+3y)(5x+y)$

$2x \to 3y \to 15xy$
$5x \to y \to 2xy\ (+$
$17xy$

6-1 $5x^2-12xy+4y^2=(x-2y)(5x-2y)$

$x \to -2y \to -10xy$
$5x \to -2y \to -2xy\ (+$
$-12xy$

6-2 $6x^2-19xy+15y^2=(2x-3y)(3x-5y)$

$2x \to -3y \to -9xy$
$3x \to -5y \to -10xy\ (+$
$-19xy$

7-1 $6x^2+xy-15y^2=(2x-3y)(3x+5y)$

$2x \to -3y \to -9xy$
$3x \to 5y \to 10xy\ (+$
xy

7-2 $10x^2+xy-21y^2=(2x+3y)(5x-7y)$

$2x \to 3y \to 15xy$
$5x \to -7y \to -14xy\ (+$
xy

8-1 $2x^2-xy-10y^2=(x+2y)(2x-5y)$

$x \to 2y \to 4xy$
$2x \to -5y \to -5xy\ (+$
$-xy$

8-2 $6x^2-xy-12y^2=(2x-3y)(3x+4y)$

$2x \to -3y \to -9xy$
$3x \to 4y \to 8xy\ (+$
$-xy$

9-1 $6x^2+15x+6=3(2x^2+5x+2)$

$x \to 2 \to 4x$
$2x \to 1 \to x\ (+$
$5x$

$=3(x+2)(2x+1)$

9-2 $10x^2-26x+12=2(5x^2-13x+6)$

$x \to -2 \to -10x$
$5x \to -3 \to -3x\ (+$
$-13x$

$=2(x-2)(5x-3)$

10-1 $8x^2-8xy-6y^2=2(4x^2-4xy-3y^2)$

$2x \to y \to 2xy$
$2x \to -3y \to -6xy\ (+$
$-4xy$

$=2(2x+y)(2x-3y)$

10-2 $9x^2+33xy-12y^2=3(3x^2+11xy-4y^2)$

$x \to 4y \to 12xy$
$3x \to -y \to -xy\ (+$
$11xy$

$=3(x+4y)(3x-y)$

STEP 2

기본연산 집중연습 | 09~12

p. 152 ~ p. 153

1-1	$(x-4)(x+7)$	**1-2**	$(x+2)(x+7)$
1-3	$(x-8)(x-9)$	**1-4**	$(x+7)(x+10)$
1-5	$2(x+2)(x-10)$	**1-6**	$(x+2y)(x-5y)$
1-7	$(x-5)(2x+1)$	**1-8**	$(x+1)(4x-1)$
1-9	$(x-3)(4x+1)$	**1-10**	$(x-2)(3x+8)$
1-11	$(x+3y)(5x-2y)$	**1-12**	$(2x+y)(2x-3y)$
2	티셔츠		

2

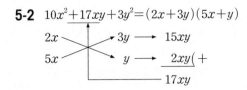

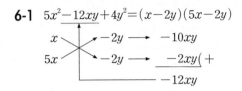

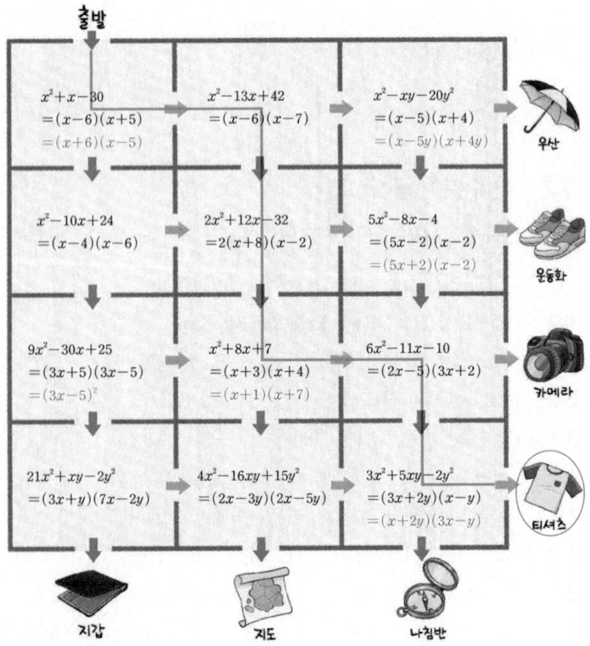

출발
x²+x−30 =(x−6)(x+5) =(x+6)(x−5)
x²−13x+42 =(x−6)(x−7)
x²−xy−20y² =(x−5)(x+4) =(x−5y)(x+4y)
우산
x²−10x+24 =(x−4)(x−6)
2x²+12x−32 =2(x+8)(x−2)
5x²−8x−4 =(5x−2)(x−2) =(5x+2)(x−2)
운동화
9x²−30x+25 =(3x+5)(3x−5) =(3x−5)²
x²+8x+7 =(x+3)(x+4) =(x+1)(x+7)
6x²−11x−10 =(2x−5)(3x+2)
카메라
21x²+xy−2y² =(3x+y)(7x−2y)
4x²−16xy+15y² =(2x−3y)(2x−5y)
3x²+5xy−2y² =(3x+2y)(x−y) =(x+2y)(3x−y)
티셔츠
지갑
지도
나침반

STEP 1

13 복잡한 식의 인수분해 (1) : 공통인수 p. 154

1-1	$a, a, 2$	**1-2**	$y(1+x)(1-x)$
2-1	$x(x-2)(x+5)$	**2-2**	$2x(y+3)(y-4)$
3-1	$a(x-5)(x+6)$	**3-2**	$y(x+1)(2x-3)$
4-1	$2z(3x+4y)(3x-4y)$	**4-2**	$3c(5a+4b)(5a-4b)$
5-1	$xy(x+3y)^2$	**5-2**	$ab\left(a-\frac{1}{3}b\right)^2$

1-2 $y-x^2y=y(1-x^2)=y(1+x)(1-x)$

2-1 $x^3+3x^2-10x=x(x^2+3x-10)=x(x-2)(x+5)$

2-2 $2xy^2-2xy-24x=2x(y^2-y-12)=2x(y+3)(y-4)$

3-1 $ax^2+ax-30a=a(x^2+x-30)=a(x-5)(x+6)$

3-2 $2x^2y-xy-3y=y(2x^2-x-3)=y(x+1)(2x-3)$

4-1 $18x^2z-32y^2z=2z(9x^2-16y^2)$
$=2z(3x+4y)(3x-4y)$

4-2 $75a^2c-48b^2c=3c(25a^2-16b^2)$
$=3c(5a+4b)(5a-4b)$

5-1 $x^3y+6x^2y^2+9xy^3=xy(x^2+6xy+9y^2)=xy(x+3y)^2$

5-2 $a^3b-\frac{2}{3}a^2b^2+\frac{1}{9}ab^3=ab\left(a^2-\frac{2}{3}ab+\frac{1}{9}b^2\right)$
$=ab\left(a-\frac{1}{3}b\right)^2$

14 복잡한 식의 인수분해 (2) : 치환 이용 p. 155 ~ p. 156

1-1	$3, 3, x-4$	**1-2**	$(x-2)(x+7)$
2-1	$(x-2)(x+1)$	**2-2**	$(x+3)(x-5)$
3-1	$(x-4)^2$	**3-2**	$(x+6)^2$
4-1	$(x+1)(3x+10)$	**4-2**	$3x(9x+5)$
5-1	$B, x-y, 3x(x+2y)$	**5-2**	$(x+y+1)(x-y-9)$
6-1	$(3x+y)(-x+3y)$	**6-2**	$-9x(11x-10y)$
7-1	$(-2x+7)^2$	**7-2**	$(x+4y+7)(x-6y-13)$
8-1	$3, (x-2y+4)(x-2y-3)$		
8-2	$(x+y-1)(x+y+4)$		
9-1	$(x+4y-1)(x+4y-3)$		
9-2	$(2x+y-3)(2x+y+5)$		

1-2 $(x+1)^2+3(x+1)-18$
$=A^2+3A-18$ ← $x+1=A$로 치환
$=(A-3)(A+6)$ ← 인수분해
$=(x+1-3)(x+1+6)$ ← $A=x+1$을 대입
$=(x-2)(x+7)$

2-1 $(x-4)^2+7(x-4)+10$
$=A^2+7A+10$ ← $x-4=A$로 치환
$=(A+2)(A+5)$ ← 인수분해
$=(x-4+2)(x-4+5)$ ← $A=x-4$를 대입
$=(x-2)(x+1)$

2-2 $(x+1)^2-4(x+1)-12$
$=A^2-4A-12$ ← $x+1=A$로 치환
$=(A+2)(A-6)$ ← 인수분해
$=(x+1+2)(x+1-6)$ ← $A=x+1$을 대입
$=(x+3)(x-5)$

3-1 $(x-1)^2-6(x-1)+9$
$=A^2-6A+9$ ← $x-1=A$로 치환
$=(A-3)^2$ ← 인수분해
$=(x-1-3)^2$ ← $A=x-1$을 대입
$=(x-4)^2$

3-2 $(x+1)^2+10(x+1)+25$
$=A^2+10A+25$ ← $x+1=A$로 치환
$=(A+5)^2$ ← 인수분해
$=(x+1+5)^2$ ← $A=x+1$을 대입
$=(x+6)^2$

4-1 $3(x+3)^2-5(x+3)-2$
$=3A^2-5A-2$ ← $x+3=A$로 치환
$=(A-2)(3A+1)$ ← 인수분해
$=(x+3-2)\{3(x+3)+1\}$ ← $A=x+3$을 대입
$=(x+1)(3x+10)$

4-2 $3(3x+1)^2-(3x+1)-2$
$=3A^2-A-2$ ← $3x+1=A$로 치환
$=(A-1)(3A+2)$ ← 인수분해
$=(3x+1-1)\{3(3x+1)+2\}$ ← $A=3x+1$을 대입
$=3x(9x+5)$

5-2 $x-4=A,\ y+5=B$로 치환하면

$(x-4)^2-(y+5)^2$

$=A^2-B^2=(A+B)(A-B)$

$=\{(x-4)+(y+5)\}\{(x-4)-(y+5)\}$

$=(x+y+1)(x-y-9)$

6-1 $x+2y=A,\ 2x-y=B$로 치환하면

$(x+2y)^2-(2x-y)^2$

$=A^2-B^2=(A+B)(A-B)$

$=\{(x+2y)+(2x-y)\}\{(x+2y)-(2x-y)\}$

$=(3x+y)(-x+3y)$

6-2 $x-5y=A,\ 2x-y=B$로 치환하면

$(x-5y)^2-25(2x-y)^2$

$=A^2-25B^2=(A+5B)(A-5B)$

$=\{(x-5y)+5(2x-y)\}\{(x-5y)-5(2x-y)\}$

$=-9x(11x-10y)$

7-1 $x+1=A,\ x-2=B$로 치환하면

$(x+1)^2-6(x+1)(x-2)+9(x-2)^2$

$=A^2-6AB+9B^2=(A-3B)^2$

$=\{x+1-3(x-2)\}^2=(-2x+7)^2$

7-2 $x-1=A,\ y+2=B$로 치환하면

$(x-1)^2-2(x-1)(y+2)-24(y+2)^2$

$=A^2-2AB-24B^2=(A+4B)(A-6B)$

$=\{x-1+4(y+2)\}\{x-1-6(y+2)\}$

$=(x+4y+7)(x-6y-13)$

8-2 $(x+y)(x+y+3)-4$

↓ $x+y=A$로 치환

$=A(A+3)-4$

↓ 전개

$=A^2+3A-4$

↓ 인수분해

$=(A-1)(A+4)$

↓ $A=x+y$를 대입

$=(x+y-1)(x+y+4)$

9-1 $(x+4y)(x+4y-4)+3$

↓ $x+4y=A$로 치환

$=A(A-4)+3$

↓ 전개

$=A^2-4A+3$

↓ 인수분해

$=(A-1)(A-3)$

↓ $A=x+4y$를 대입

$=(x+4y-1)(x+4y-3)$

9-2 $-12+(2x+y-1)(2x+y+3)$

↓ $2x+y=A$로 치환

$=-12+(A-1)(A+3)$

↓ 전개

$=A^2+2A-15$

↓ 인수분해

$=(A-3)(A+5)$

↓ $A=2x+y$를 대입

$=(2x+y-3)(2x+y+5)$

15 복잡한 식의 인수분해 (3) : 항이 4개인 경우 (1)

p. 157

1-1	$x+y,\ x+y,\ x+y$	**1-2**	$(x+y)(a+b)$
2-1	$(y-1)(3x-1)$	**2-2**	$(a-1)(b-c)$
3-1	$(y-5)(x-1)$	**3-2**	$(b-1)(a+b)$
4-1	$(x-a)(x-b)$	**4-2**	$(x+y)(x-y-1)$

1-2 $ax+ay+bx+by=a(x+y)+b(x+y)$

$=(x+y)(a+b)$

2-1 $3xy-3x-y+1=3x(y-1)-(y-1)$

$=(y-1)(3x-1)$

2-2 $ab-b+c-ac=b(a-1)-c(a-1)=(a-1)(b-c)$

3-1 $xy-5x-y+5=x(y-5)-(y-5)=(y-5)(x-1)$

3-2 $ab-a+b^2-b=a(b-1)+b(b-1)=(b-1)(a+b)$

4-1 $x^2+ab-ax-bx=x^2-ax+ab-bx$

$=x(x-a)-b(x-a)$

$=(x-a)(x-b)$

4-2 $x^2-y-y^2-x=x^2-y^2-y-x$

$=(x+y)(x-y)-(x+y)$

$=(x+y)(x-y-1)$

16 복잡한 식의 인수분해 (3) : 항이 4개인 경우 (2)

p. 158

1-1	4, 4, 4	**1-2**	$(x+y+3)(x-y+3)$
2-1	$(x+y-2)(x-y-2)$	**2-2**	$(x-3y+3)(x-3y-3)$
3-1	$y+1,\ y,\ y$	**3-2**	$(2x+y+5)(2x+y-5)$
4-1	$(x+y-4)(x-y+4)$	**4-2**	$(x+y+1)(x-y+1)$

1-2 $x^2+6x+9-y^2=(x^2+6x+9)-y^2$

$=(x+3)^2-y^2$

$=(x+3+y)(x+3-y)$

$=(x+y+3)(x-y+3)$

2-1 $x^2-4x+4-y^2=(x^2-4x+4)-y^2$

$=(x-2)^2-y^2$

$=(x-2+y)(x-2-y)$

$=(x+y-2)(x-y-2)$

2-2 $x^2-6xy+9y^2-9=(x^2-6xy+9y^2)-9$

$=(x-3y)^2-3^2$

$=(x-3y+3)(x-3y-3)$

3-2 $4x^2+y^2+4xy-25=(4x^2+4xy+y^2)-25$
$=(2x+y)^2-5^2$
$=(2x+y+5)(2x+y-5)$

4-1 $x^2-y^2+8y-16=x^2-(y^2-8y+16)$
$=x^2-(y-4)^2$
$=\{x+(y-4)\}\{x-(y-4)\}$
$=(x+y-4)(x-y+4)$

4-2 $x^2-y^2+2x+1=x^2+2x+1-y^2$
$=(x+1)^2-y^2$
$=(x+1+y)(x+1-y)$
$=(x+y+1)(x-y+1)$

17 복잡한 식의 인수분해 (4) : 항이 5개 이상인 경우 p. 159

1-1	$x+4$, $x+y+4$	**1-2**	$(x-3)(x-y-3)$
2-1	$(a-2)(a+2b-3)$	**2-2**	$(a-1)(a+b+2)$
3-1	$(a+3b)(a-b-2)$	**3-2**	$(x-2y)(x-3y-1)$
4-1	y, $A+3$, $x+y+3$	**4-2**	$(a-3b+2)(a-3b-1)$

1-2 $x^2-xy-6x+3y+9=-xy+3y+x^2-6x+9$
$=-y(x-3)+(x-3)^2$
$=(x-3)(-y+x-3)$
$=(x-3)(x-y-3)$

2-1 $a^2+2ab-5a-4b+6=2ab-4b+a^2-5a+6$
$=2b(a-2)+(a-2)(a-3)$
$=(a-2)(2b+a-3)$
$=(a-2)(a+2b-3)$

2-2 $a^2+ab+a-b-2=ab-b+a^2+a-2$
$=b(a-1)+(a-1)(a+2)$
$=(a-1)(b+a+2)$
$=(a-1)(a+b+2)$

3-1 $a^2+2ab-3b^2-2a-6b$
$=(a-b)(a+3b)-2(a+3b)$
$=(a+3b)(a-b-2)$

3-2 $x^2-5xy+6y^2-x+2y$
$=(x-2y)(x-3y)-(x-2y)$
$=(x-2y)(x-3y-1)$

4-2 $a^2-6ab+9b^2+a-3b-2$
$=(a-3b)^2+(a-3b)-2$
　$a-3b=A$로 치환
$=A^2+A-2$
　인수분해
$=(A+2)(A-1)$
　$A=a-3b$를 대입
$=(a-3b+2)(a-3b-1)$

18 인수분해 공식을 이용한 수의 계산 p. 160 ~ p. 161

1-1	43, 20, 300	**1-2**	640
2-1	3900	**2-2**	100
3-1	1, 1, 100, 9800	**3-2**	600
4-1	16200	**4-2**	9200
5-1	0.6	**5-2**	350
6-1	29, 900	**6-2**	10000
7-1	900	**7-2**	8100
8-1	4900	**8-2**	100
9-1	10000	**9-2**	2500
10-1	100	**10-2**	80
11-1	$6\sqrt{10}$	**11-2**	$10\sqrt{2}$

1-2 $64\times43-64\times33=64(43-33)=64\times10=640$

2-1 $39\times47+39\times53=39(47+53)=39\times100=3900$

2-2 $25\times2.7+25\times1.3=25(2.7+1.3)=25\times4=100$

3-2 $35^2-25^2=(35+25)(35-25)=60\times10=600$

4-1 $131^2-31^2=(131+31)(131-31)$
$=162\times100=16200$

4-2 $10\times51^2-10\times41^2=10(51^2-41^2)$
$=10(51+41)(51-41)$
$=10\times92\times10=9200$

5-1 $3\times1.05^2-3\times0.95^2=3(1.05^2-0.95^2)$
$=3(1.05+0.95)(1.05-0.95)$
$=3\times2\times0.1=0.6$

5-2 $7\times25.5^2-7\times24.5^2=7(25.5^2-24.5^2)$
$=7(25.5+24.5)(25.5-24.5)$
$=7\times50\times1=350$

6-2 $98^2+2\times98\times2+4=(98+2)^2=100^2=10000$

7-1 $32^2-2\times32\times2+2^2=(32-2)^2=30^2=900$

7-2 $97^2-2\times97\times7+49=(97-7)^2=90^2=8100$

8-1 $74^2-2\times74\times4+4^2=(74-4)^2=70^2=4900$

8-2 $8.5^2+2\times8.5\times1.5+1.5^2=(8.5+1.5)^2=10^2=100$

9-1 $102^2-4\times102+4=102^2-2\times102\times2+2^2$
$=(102-2)^2=100^2=10000$

9-2 $54^2-8\times54+4^2=54^2-2\times54\times4+4^2$
$=(54-4)^2=50^2=2500$

10-1 $\sqrt{82^2+2\times82\times18+18^2}=\sqrt{(82+18)^2}=\sqrt{100^2}=100$

10-2 $\sqrt{79^2+2\times79+1}=\sqrt{(79+1)^2}=\sqrt{80^2}=80$

11-1 $\sqrt{23^2-13^2}=\sqrt{(23+13)(23-13)}=\sqrt{36\times10}=6\sqrt{10}$

11-2 $\sqrt{51^2-49^2}=\sqrt{(51+49)(51-49)}=\sqrt{100\times2}=10\sqrt{2}$

19 인수분해 공식을 이용한 식의 값 p. 162 ~ p. 163

1-1	10000 연구 4	**1-2**	2500
2-1	10300	**2-2**	995000
3-1	3	**3-2**	6
4-1	$5-3\sqrt{5}$	**4-2**	$12-2\sqrt{3}$
5-1	$x+y$, 85, 15, 7000	**5-2**	10000
6-1	$4\sqrt{10}$	**6-2**	$12\sqrt{2}$
7-1	64	**7-2**	12
8-1	-35	**8-2**	$2\sqrt{3}$
9-1	$3-8\sqrt{3}$	**9-2**	$-4\sqrt{30}$

1-2 $x^2+10x+25=(x+5)^2$
$=(45+5)^2$ ← $x=45$를 대입
$=50^2=2500$

2-1 $x^2-7x+10=(x-2)(x-5)$
$=(105-2)(105-5)$ ← $x=105$를 대입
$=103\times100$
$=10300$

2-2 $x^2+x-6=(x-2)(x+3)$
$=(997-2)(997+3)$ ← $x=997$을 대입
$=995\times1000=995000$

3-1 $x^2-4x+4=(x-2)^2$
$=(2+\sqrt{3}-2)^2$ ← $x=2+\sqrt{3}$을 대입
$=(\sqrt{3})^2=3$

3-2 $x^2+2x+1=(x+1)^2$
$=(\sqrt{6}-1+1)^2$ ← $x=\sqrt{6}-1$을 대입
$=(\sqrt{6})^2=6$

4-1 $x^2-x-2=(x+1)(x-2)$
$=(\sqrt{5}-1+1)(\sqrt{5}-1-2)$ ← $x=\sqrt{5}-1$을 대입
$=\sqrt{5}(\sqrt{5}-3)=5-3\sqrt{5}$

4-2 $x^2-3x+2=(x-1)(x-2)$
$=(2\sqrt{3}+1-1)(2\sqrt{3}+1-2)$ ← $x=2\sqrt{3}+1$을 대입
$=2\sqrt{3}(2\sqrt{3}-1)$
$=12-2\sqrt{3}$

5-2 $x^2+2xy+y^2=(x+y)^2$
$=(89+11)^2$ ← $x=89, y=11$을 대입
$=100^2=10000$

6-1 $x^2-y^2=(x+y)(x-y)$
$=\{(\sqrt{5}+\sqrt{2})+(\sqrt{5}-\sqrt{2})\}$ ← $x=\sqrt{5}+\sqrt{2}$, $y=\sqrt{5}-\sqrt{2}$를 대입
$\times\{(\sqrt{5}+\sqrt{2})-(\sqrt{5}-\sqrt{2})\}$
$=2\sqrt{5}\times2\sqrt{2}=4\sqrt{10}$

6-2 x^2-y^2
$=(x+y)(x-y)$
$=\{(3+\sqrt{2})+(3-\sqrt{2})\}$ ← $x=3+\sqrt{2}$, $y=3-\sqrt{2}$를 대입
$\times\{(3+\sqrt{2})-(3-\sqrt{2})\}$
$=6\times2\sqrt{2}=12\sqrt{2}$

7-1 $x^2+2xy+y^2$
$=(x+y)^2$
$=(4+\sqrt{5}+4-\sqrt{5})^2$ ← $x=4+\sqrt{5}$, $y=4-\sqrt{5}$를 대입
$=8^2=64$

7-2 $x^2-2xy+y^2$
$=(x-y)^2$
$=\{(2+\sqrt{3})-(2-\sqrt{3})\}^2$ ← $x=2+\sqrt{3}$, $y=2-\sqrt{3}$을 대입
$=(2\sqrt{3})^2=12$

8-1 $x^2-xy-2y^2$
$=(x+y)(x-2y)$ ← $x=5.5, y=4.5$를 대입
$=(5.5+4.5)(5.5-2\times4.5)$
$=10\times(-3.5)=-35$

8-2 x^2y-xy^2
$=xy(x-y)$
$=(2+\sqrt{3})(2-\sqrt{3})$ ← $x=2+\sqrt{3}$, $y=2-\sqrt{3}$을 대입
$\times\{(2+\sqrt{3})-(2-\sqrt{3})\}$
$=(4-3)\times2\sqrt{3}=2\sqrt{3}$

9-1 $x=\frac{1}{2-\sqrt{3}}=\frac{2+\sqrt{3}}{(2-\sqrt{3})(2+\sqrt{3})}=2+\sqrt{3}$
$x^2-12x+20$
$=(x-2)(x-10)$
$=(2+\sqrt{3}-2)(2+\sqrt{3}-10)$ ← $x=2+\sqrt{3}$을 대입
$=\sqrt{3}(\sqrt{3}-8)$
$=3-8\sqrt{3}$

9-2 $x=\frac{1}{\sqrt{6}+\sqrt{5}}=\frac{\sqrt{6}-\sqrt{5}}{(\sqrt{6}+\sqrt{5})(\sqrt{6}-\sqrt{5})}=\sqrt{6}-\sqrt{5}$

$y=\frac{1}{\sqrt{6}-\sqrt{5}}=\frac{\sqrt{6}+\sqrt{5}}{(\sqrt{6}-\sqrt{5})(\sqrt{6}+\sqrt{5})}=\sqrt{6}+\sqrt{5}$

$x^2-y^2=(x+y)(x-y)$

$=\{(\sqrt{6}-\sqrt{5})+(\sqrt{6}+\sqrt{5})\}$ ← $x=\sqrt{6}-\sqrt{5}$, $y=\sqrt{6}+\sqrt{5}$를 대입

$\times\{(\sqrt{6}-\sqrt{5})-(\sqrt{6}+\sqrt{5})\}$

$=2\sqrt{6}\times(-2\sqrt{5})=-4\sqrt{30}$

STEP 2

기본연산 집중연습 | 13~19

p. 164 ~ p. 165

1-1	$3y(x+1)(x+3)$	**1-2**	$(a+b-1)^2$
1-3	$(x+1)(x+7)$	**1-4**	$-(x+5)(5x+3)$
1-5	$2(x-1)(6x-1)$	**1-6**	$(x+y-1)(x+y-3)$
2-1	$(x+1)(y+1)$	**2-2**	$(x-4)(y-1)$
2-3	$(x+y+3)(x+y-3)$	**2-4**	$(3x+y+1)(3x-y+1)$
2-5	$(x-2y)(x+2y-1)$	**2-6**	$(a+b+c)(a-b-c)$
2-7	$(x+2)(x-2)(x+3)$	**2-8**	$(a-3)(2a+b+1)$
3-1	160	**3-2**	1700
3-3	199	**3-4**	40
3-5	400	**3-6**	5000
4-1	39	**4-2**	2
4-3	16	**4-4**	$4\sqrt{6}$
4-5	3	**4-6**	-2

1-1 $3x^2y+12xy+9y=3y(x^2+4x+3)=3y(x+1)(x+3)$

1-2 $a+b=A$로 치환하면

$(a+b)^2-2(a+b)+1=A^2-2A+1=(A-1)^2$

$=(a+b-1)^2$

1-3 $x+2=A$로 치환하면

$(x+2)^2+4(x+2)-5=A^2+4A-5$

$=(A-1)(A+5)$

$=(x+2-1)(x+2+5)$

$=(x+1)(x+7)$

1-4 $2x-1=A$, $3x+4=B$로 치환하면

$(2x-1)^2-(3x+4)^2$

$=A^2-B^2$

$=(A+B)(A-B)$

$=\{(2x-1)+(3x+4)\}\{(2x-1)-(3x+4)\}$

$=(5x+3)(-x-5)$

$=-(x+5)(5x+3)$

1-5 $2x-1=A$로 치환하면

$3(2x-1)^2+(1-2x)-2$

$=3(2x-1)^2-(2x-1)-2$

$=3A^2-A-2=(A-1)(3A+2)$

$=(2x-1-1)\{3(2x-1)+2\}$

$=(2x-2)(6x-1)=2(x-1)(6x-1)$

1-6 $x+y=A$로 치환하면

$(x+y)(x+y-4)+3=A(A-4)+3$

$=A^2-4A+3$

$=(A-1)(A-3)$

$=(x+y-1)(x+y-3)$

2-1 $xy+y+x+1=y(x+1)+x+1=(x+1)(y+1)$

2-2 $xy-4y+4-x=y(x-4)-(x-4)$

$=(x-4)(y-1)$

2-3 $x^2+2xy+y^2-9=(x^2+2xy+y^2)-9$

$=(x+y)^2-3^2$

$=(x+y+3)(x+y-3)$

2-4 $9x^2-y^2+6x+1=(9x^2+6x+1)-y^2$

$=(3x+1)^2-y^2$

$=(3x+1+y)(3x+1-y)$

$=(3x+y+1)(3x-y+1)$

2-5 $x^2-4y^2-x+2y=(x^2-4y^2)-(x-2y)$

$=(x+2y)(x-2y)-(x-2y)$

$=(x-2y)(x+2y-1)$

2-6 $a^2-b^2-c^2-2bc=a^2-(b^2+2bc+c^2)$

$=a^2-(b+c)^2$

$=(a+b+c)\{a-(b+c)\}$

$=(a+b+c)(a-b-c)$

2-7 $x^3+3x^2-4x-12=x^2(x+3)-4(x+3)$

$=(x+3)(x^2-4)$

$=(x+3)(x+2)(x-2)$

$=(x+2)(x-2)(x+3)$

2-8 $2a^2+ab-5a-3b-3$

$=ab-3b+2a^2-5a-3$

$=b(a-3)+(a-3)(2a+1)$

$=(a-3)(b+2a+1)$

$=(a-3)(2a+b+1)$

3-1 $16\times7+16\times3=16(7+3)=16\times10=160$

3-2 $17\times47+17\times53=17(47+53)=17\times100=1700$

3-3 $100^2-99^2=(100+99)(100-99)=199\times1=199$

3-4 $\sqrt{58^2-42^2}=\sqrt{(58+42)(58-42)}=\sqrt{100\times16}=40$

3-5 $21^2-2\times21+1=(21-1)^2=20^2=400$

3-6 $60^2\times2.5-40^2\times2.5=2.5(60^2-40^2)$
$=2.5(60+40)(60-40)$
$=2.5\times100\times20$
$=5000$

4-1 $\sqrt{x^2-6x+9}=\sqrt{(x-3)^2}$
$=\sqrt{(42-3)^2}$ ← $x=42$를 대입
$=\sqrt{39^2}=39$

4-2 $x^2+2x+1=(x+1)^2$
$=(\sqrt{2}-1+1)^2$ ← $x=\sqrt{2}-1$을 대입
$=(\sqrt{2})^2=2$

4-3 $x^2+2xy+y^2$
$=(x+y)^2$
$=(2-\sqrt{5}+2+\sqrt{5})^2$ ← $x=2-\sqrt{5}, y=2+\sqrt{5}$를 대입
$=4^2=16$

4-4 x^2-y^2
$=(x+y)(x-y)$
$=(\sqrt{3}+\sqrt{2}+\sqrt{3}-\sqrt{2})$
$\times\{(\sqrt{3}+\sqrt{2})-(\sqrt{3}-\sqrt{2})\}$ ← $x=\sqrt{3}+\sqrt{2}$, $y=\sqrt{3}-\sqrt{2}$를 대입
$=2\sqrt{3}\times2\sqrt{2}=4\sqrt{6}$

4-5 $x=\dfrac{1}{2+\sqrt{3}}=2-\sqrt{3}$이므로
$x^2-4x+4=(x-2)^2=(2-\sqrt{3}-2)^2=(-\sqrt{3})^2=3$

4-6 $x=\dfrac{1}{\sqrt{2}+1}=\sqrt{2}-1,\ y=\dfrac{1}{\sqrt{2}-1}=\sqrt{2}+1$이므로
$x^2y-xy^2=xy(x-y)$
$=(\sqrt{2}-1)(\sqrt{2}+1)\{(\sqrt{2}-1)-(\sqrt{2}+1)\}$
$=(2-1)\times(-2)=-2$

STEP 3

기본연산 테스트

p. 166 ~ p. 167

1 (1) ○ (2) ○ (3) ○ (4) ×
2 (1) $xy(4x+7)$ (2) $2a(ab^2-b+1)$ (3) $(x-6)^2$
(4) $(4a-5b)^2$ (5) $(y+5x)(y-5x)$
(6) $\dfrac{1}{3}\left(x+\dfrac{1}{2}y\right)\left(x-\dfrac{1}{2}y\right)$
3 (1) $2x+4$ (2) a^2+4
4 (1) 49 (2) 16 (3) 40 (4) $\dfrac{1}{2}$
5 (1) $4(x-3)(x+7)$ (2) $(a+2b)(a-5b)$
(3) $(2x+3)(5x-4)$ (4) $(3x-2y)(6x-y)$
(5) $(a-2)(8a+3)$
6 (1) $(x+9)(x+3)$ (2) $y(x-2)(5x+4)$
(3) $(x+y+2)(x-y+2)$ (4) $(x+y-4)(x-y+4)$
(5) $(2x-3y-5)^2$ (6) $(x-2)(x-3y-3)$
7 (1) ㉠, 9200 (2) ㉢, 64 (3) ㉣, 10000 (4) ㉡, 62.8
8 (1) 8100 (2) $-5\sqrt{2}+2$ (3) $24\sqrt{2}$

1 (4) $a^2b+ab^2=ab(a+b)$의 인수는
$1, a, b, ab, a+b, a(a+b), b(a+b), \underbrace{ab(a+b)}_{a^2b+ab^2}$

3 (2) $2a^2-8=2(a^2-4)=2(a+2)(a-2)$

6 (1) $x+6=A$로 치환하면
$(x+6)^2-9=A^2-9=(A+3)(A-3)$
$=(x+6+3)(x+6-3)$
$=(x+9)(x+3)$
(2) $5x^2y-6xy-8y=y(5x^2-6x-8)$
$=y(x-2)(5x+4)$
(3) $x^2+4x+4-y^2=(x+2)^2-y^2$
$=(x+2+y)(x+2-y)$
$=(x+y+2)(x-y+2)$
(4) $x^2-y^2+8y-16=x^2-(y^2-8y+16)$
$=x^2-(y-4)^2$
$=(x+y-4)(x-y+4)$
(5) $2x-3y=A$로 치환하면
$(2x-3y)(2x-3y-10)+25$
$=A(A-10)+25$
$=A^2-10A+25$
$=(A-5)^2$
$=(2x-3y-5)^2$
(6) $x^2-3xy-5x+6y+6$
$=-3xy+6y+x^2-5x+6$
$=-3y(x-2)+(x-2)(x-3)$
$=(x-2)(x-3y-3)$

중학 연산의 빅데이터

빅터 연산

난이도 별점
쉬움 ★
보통 ★★★
어려움 ★★★★★
최상위 ★★★★★★★

적인 예시로
원리를 이해하고,
습을 충분히
고 싶다면?

전략 수학
★★

빠른 복습을 위해
난이도 높은 교재를
찾고 있거나, **응용력**
향상을 위한 교재가
필요하다면?

유형 해결의 법칙
★★★★

고등학교 입학 전,
고등 수학 연산의 원리를
이해하고 **연산 연습**을
해보고 싶다면?

최고수준 해법수학
★★★★★★

다양한 유형의
문제로 실력을 쌓고
학교 시험도
대비하고 싶다면?

최강 TOT
★★★★★★★

쉬우면서도
시험에 꼭나오는 문제를
확인하여
시험에 자신감을
갖고 싶다면?

고등 빅터연산
★★★

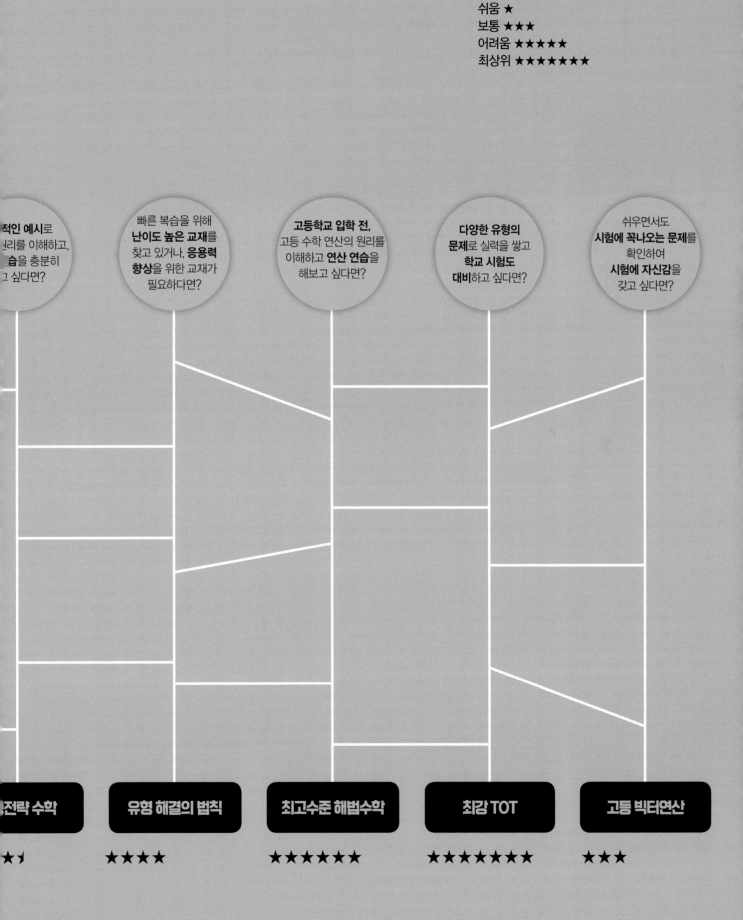